Werner Franke/Wilhelm Dangelmaier (Hrsg.)

RFID – Leitfaden für die Logistik

Werner Franke/Wilhelm Dangelmaier (Hrsg.)

RFID – Leitfaden für die Logistik

Anwendungsgebiete, Einsatzmöglichkeiten, Integration, Praxisbeispiele

GABLER

Bibliografische Information Der Deutschen Nationalbibliothek
Die Deutsche Nationalbibliothek verzeichnet diese Publikation in der Deutschen Nationalbibliografie; detaillierte bibliografische Daten sind im Internet über <http://dnb.d-nb.de> abrufbar.

1. Auflage September 2006

Lektorat: Maria Akhavan-Hezavei

Der Gabler Verlag ist ein Unternehmen von Springer Science+Business Media.
www.gabler.de

Umschlaggestaltung: Nina Faber de.sign, Wiesbaden
Druck und buchbinderische Verarbeitung: Wilhelm & Adam, Heusenstamm
Gedruckt auf säurefreiem und chlorfrei gebleichtem Papier
Printed in Germany

ISBN-10 3-8349-0303-5
ISBN-13 978-3-8349-0303-7

Vorwort der Herausgeber

Radio Frequency Identification (RFID) ist keine grundsätzlich neue Technologie, sondern seit Jahrzehnten bekannt und wird bereits vielfach eingesetzt. Die ersten RFID-Anwendungen wurden bereits Ende des Zweiten Weltkrieges zur Freund-Feind-Erkennung in Flugzeugen und Panzern benutzt. Schon in den 70er Jahren kamen kommerzielle Vorläufer der RFID-Technik als elektronische Warensicherungssysteme mit einem Bit Speicherkapazität zur Anwendung. Durch auf Mikrowellentechnik bzw. Induktion basierende Prüfung der Markierung sollte Diebstahl reduziert werden. Einen weiteren Schwerpunkt der Anwendung bildete die Nutztieridentifikation in der Landwirtschaft. In den 80er und 90er Jahren wurde RFID auch bei Mautsystemen in den USA und Norwegen verbreitet eingesetzt. Später erweiterte sich das Anwendungsspektrum von RFID-Systemen um Zugangskontrollen, Skipässe, Tickets, Bestandsverwaltung in Bibliotheken, Wegfahrsperren, bargeldloses Zahlen, Positionsbestimmung in fahrerlosen Transportsystemen, Echtheitsnachweis zur Fälschungssicherung, Patientenidentifikation usw.

Die vielfältigen Einsatzarten zeigen, dass Skeptiker, in RFID im Logistikbereich lediglich eine technische Variante des Barcodes sehen, das tatsächliche Nutzenpotenzial dieser Technik unterschätzen. Im Gegensatz zu Barcodes gestattet die RFID-Technik das berührungslose Schreiben und Lesen von Informationen ohne Sichtkontakt, beispielsweise innerhalb von Produkten, Verpackungen, Lager- und Transporteinheiten. RFID-Transponder mit wieder beschreibbarem Flash-Speicher erlauben es darüber hinaus, die codierten Daten während einzelner Produktions- oder Logistikschritte zu aktualisieren oder mit ergänzenden Informationen anzureichern. Barcodes dagegen fungieren lediglich als statische Informationsträger, die bei Änderungen oder Erweiterungen neu erstellt und durch einen zusätzlichen Arbeitsschritt nochmals auf dem Lager-, Transport- oder Produktionsgut angebracht werden müssen. Auf Grund von Miniaturisierung können gegenüber dem Barcode mehr Informationen bei gleichzeitig geringerem Platzbedarf hinterlegt werden. Weiterhin ist eine Beschleunigung der Abläufe durch sogenannte Pulk-Lesungen möglich. Dabei können je nach Leseart in wenigen Sekunden dutzende von Objekten gleichzeitig erkannt werden. Es lassen sich also ganze Liefer- oder Lagereinheiten samt Inhalt in einem Moment erkennen, erfassen und automatisiert verarbeiten. Zeitraubendes und mühsames Abladen oder Auspacken der Einheiten entfällt. Die RFID-Technik ermöglicht eine Vielzahl nutzbringender Verbesserungsmöglichkeiten im Umfeld der Produktion und Logistik. Diese führen zu Fehlerreduktion und Steigerung der Produktivität bei Wareneingang, Versand, Kommissionierung, Inventur, Bestandsverwaltung sowie der Verfolgung von

Warenbewegungen, Fertigungsschritten oder anderen operativen Prozessen entlang der gesamten Supply Chain.

Neben den sich durch RFID eröffnenden Chancen spielen aber auch neue Risiken eine Rolle, die in der Gesellschaft zu nicht zu vernachlässigenden Bedenken führen. Das „Pervasive Computing" bezeichnet die alles durchdringende Vernetzung des Alltags durch den Einsatz „intelligenter" Gegenstände. Durch automatisiertes Sammeln (z. B. durch RFID-Transponder) und Mining von Daten könnten wertvolle Persönlichkeitsprofile über Konsumenten erstellt und missbraucht werden, was in der Öffentlichkeit zu kontroversen Diskussionen zwischen Verbraucherschützern, Industrie und Politikern führt.

Wer sich heute aus dem Blickwinkel des Logistikers mit dem Thema RFID objektiv und umfassend auseinander setzen möchte, wird mit einer unüberschaubaren Vielzahl von verteilten, ungeordneten, teilweise falschen oder spekulativen Informationen konfrontiert. Eine eigene Recherche ist deshalb nur sehr mühsam und mit hohem Zeitaufwand durchzuführen. Dieser Umstand motivierte uns, das hier vorliegende Buch zusammenzustellen und, angereichert mit unseren persönlichen Erfahrungen, als Leitfaden für den RFID-interessierten Logistiker zu veröffentlichen. Wir danken an dieser Stelle allen, die zur Schaffung dieses Buches beigetragen haben. Unser besonderer Dank gilt den beiden Autoren Herrn Frank Wecker und Herrn Christian Sprenger für ihre kompetenten, sachkundigen Beiträge und die immer konstruktive, freundliche Zusammenarbeit. Weiterhin möchten wir auch Herrn Simon Kellner sowie Herrn Marco Schuldt unseren herzlichen Dank für ihre tatkräftige Unterstützung und sehr große Einsatzbereitschaft aussprechen.

WILHELM DANGELMAIER & WERNER FRANKE

Vorwort der Autoren

Liebe Leserinnen und Leser,

gerne begrüßen wir Sie als Leser dieses Buches zum Thema RFID in der Logistik. Das Thema RFID taucht schon seit einigen Jahren immer wieder in den Medien auf und zwar in den unterschiedlichsten Bereichen. Es wird über *Future Stores* mit intelligenten Waren und vollautomatischen Kassensystemen berichtet oder über die Tieridentifikation von Haus- und Nutztieren. Es gibt Eintrittskarten oder Ausweisdokumente mit integrierten Mikrochips und zum bargeldlosen Bezahlen oder zum Öffnen der eigenen Haustür lassen sich manche Menschen Transponder unter die Haut injizieren. Aber was genau ist RFID? Woher kommt die Technik, wie funktioniert sie, was kann man alles mit RFID anstellen und wo liegen die Grenzen von RFID? Um solche Fragen zu beantworten, haben wir dieses Buch geschrieben.

Die Anwendungsmöglichkeiten von RFID sind sehr vielfältig und die Technik lässt sich in sehr vielen Bereichen einsetzen. Besonders großes Potenzial bietet RFID für die Optimierung und Verbesserung von logistischen Systemen. Da die meisten Bücher, die es zur Zeit zu dem Thema auf dem deutschen Markt gibt, sich überwiegend mit der Technik und nicht mit den Einsatzmöglichkeiten speziell in der Logistik beschäftigen, haben wir den Schwerpunkt auf den Einsatz von RFID in der Logistik gelegt. Zu Anfang erhält man einen Einblick in die geschichtliche Entwicklung und die Grundlagen der RFID-Technik. Es werden Vor- und Nachteile der Technik aufgezeigt sowie Einsatz- und Entwicklungsmöglichkeiten beschrieben. Dank der sehr guten Unterstützung von verschiedenen Firmen und unserer einschlägigen Projekterfahrung erhält der Leser einen umfassenden Einblick in den derzeitigen Stand der Technik. Aktuelle Studien und Anwendungsbeispiele zeigen, was zurzeit schon möglich ist. Diese werden um Zukunftsszenarien ergänzt, die zeigen, wohin die Entwicklung gehen könnte. Dabei werden die Beispiele kritisch betrachtet und ihre Vorteile, aber auch die Nachteile dargestellt. Bei den zahlreichen Beispielen kann natürlich nicht alles bis ins kleinste Detail beschrieben werden, vielmehr soll ein umfassender Überblick über die Einsatzmöglichkeiten von RFID gegeben werden.

Natürlich waren wir als Autoren nicht alleine an der Entstehung dieses Buches beteiligt, deshalb möchten wir an dieser Stelle allen danken, die zu der Entstehung und Veröffentlichung dieses Buches beigetragen haben. Ein besonderes Dankeschön möchten wir an Olga Fink und Theresa Donner schicken sowie unseren Familien und allen Freunden, die uns bei der Entstehung dieses Buches unterstützt haben. Ein zusätzliches, sehr herzliches Dankeschön, noch mal an Olga Fink sowie Anja Sprenger und Thorsten Herbst für ihre Lektorentätigkeit und die hilfreichen Anregungen.

Auch gilt unser Dank den beiden Herausgebern des Buches, Werner Franke und Professor Wilhelm Dangelmaier, die uns mit hilfreichen Tipps zur Seite standen, sowie dem Gabler Verlag für die Unterstützung und die Publikation dieses Buches.

Zum Schluss bleibt uns nur noch, Ihnen gute Unterhaltung und viel Spaß beim Lesen dieses Buches zu wünschen.

Mit freundlichen Grüßen

CHRISTIAN SPRENGER & FRANK WECKER

Inhaltsverzeichnis

Teil III

Teil IV

Teil VII

Teil VIII

Teil IX

Abbildungsverzeichnis

Tabellenverzeichnis

Teil 1

Einführung

Einführung

1. Einführung

Die Logistik in Unternehmen gewinnt heute immer mehr an Bedeutung. Es geht mittlerweile nicht mehr allein darum, die Ware möglichst effizient an den Kunden zu bringen, sondern es werden zusätzliche Anforderungen an die Unternehmenslogistik gestellt. Immer neue Strategien und Techniken finden ihren Einzug in die Logistik und sollen diese Anforderungen erfüllen, zu ihrer Erfüllung beitragen oder die Logistik effizienter gestalten. Dabei gilt der Einsatz moderner Informations- und Kommunikationstechnologien als unumgängliche Voraussetzung, um nicht an Wettbewerbsfähigkeit zu verlieren. Die optischen Identifikationsverfahren, wie der Barcode, gehören zu diesen Technologien und sind bisher weit verbreitet. Sie haben aber bereits ein Ende der Entwicklungsstufe erreicht. Deshalb gerät derzeit eine andere, auf Funk basierende, Identifikationstechnologie zunehmend in das Visier der Logistiker, die Radiofrequenzidentifikation oder kurz RFID.

Bereits in den frühen 90er Jahren kam die RFID-Technologie vermehrt ins Gespräch, wenn auch erst in logistikfremden Bereichen. Als erste Anwendungsgebiete gelten die Tieridentifikation, Zutrittskontrolle oder Wegfahrsperren in Pkws. Später wurde die Identifikationstechnologie zur dezentralen Steuerung von Produktionsprozessen, zum Beispiel in der Automobilindustrie, eingesetzt. [Pfla01, S. 1 ff.] Das technische Grundprinzip selbst ist dabei keine neue, innovative Technologie, sondern hat seine Ursprünge bereits im 2. Weltkrieg. Dennoch bietet sich durch die Erschließung immer neuer Einsatzfelder erhebliches Rationalisierungs- und Einsparungspotenzial.

Die Studie „RFID 2003 Patent Report" von Bruce Nappi zeigt beispielsweise auf, dass in den Jahren 1970 bis 2003 insgesamt 1.256 verschiedene Patente mit dem Begriff RFID genehmigt wurden [Hell04-ol]. Mit zunehmender Funktionalität, Speicherfähigkeit und gleichzeitiger Reduktion der Größe von RFID-Transpondern sowie der Kosten steht die RFID-Technologie heute vor der Masseneinführung durch Verbrauchsgüter in Handel und Logistik. [AIM01-ol]

So wird allein auf dem US-Markt ein Anstieg der Ausgaben im Bereich der Handelslogistik für RFID von 91,5 Mio. US-Dollar (2003) auf 1,3 Mrd. US-Dollar (2008) prognostiziert. In Europa sollen es über 2,5 Mrd. Euro (2008) sein (s. Abbildung 1). Der flächendeckende Einsatz soll bis 2008 in den großen Handelsketten erfolgen. [BME04] [JHN+04-ol, S. 8] [Sore04-ol]

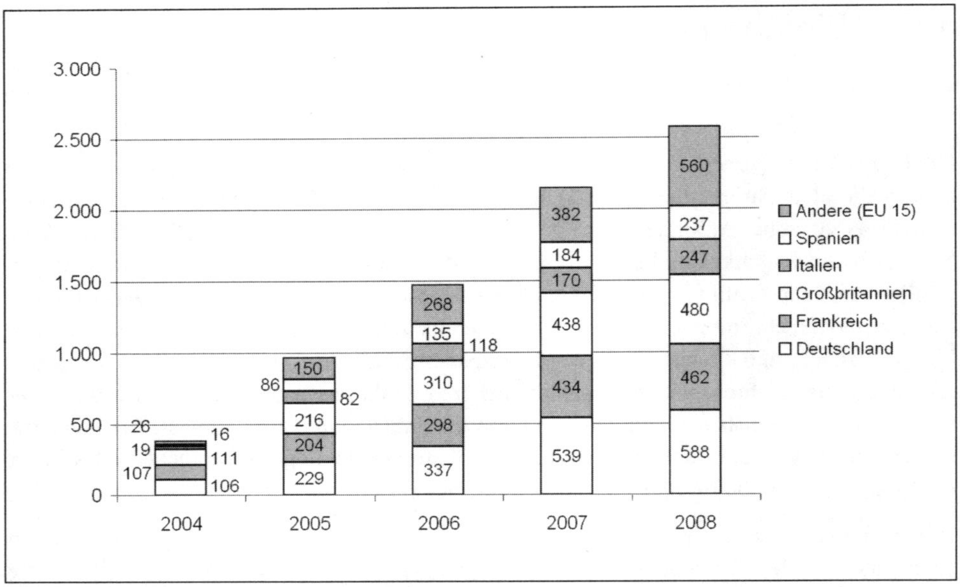

Abbildung 1: *Gesamtmarkt RFID im Handel nach Ländern (EU)* [Sore04-ol]

Anderen Analysten ist dieser Optimismus hingegen etwas voreilig und man vermutet, dass *„die RFID-Blase wächst, bis sie platzt, weil die Kosten und Schwierigkeiten der Inbetriebnahme unterschätzt werden"*. [Born04, S. 32][1]

Zu diesen geteilten Meinungen kommt noch die öffentliche Diskussion über die RFID-Technologie, da im Bereich der Anwendungsgebiete vielfach von intelligenten Produkten gesprochen wird und dadurch die Ängste potentieller Kunden geschürt werden [ChFM03, S. 1f]. Entsprechende Anwendungen lassen hingegen auf sich warten. Wenn dann noch Datenschutzkriterien zur Sprache kommen und die Angst vor dem gläsernen Menschen die Runde macht, ziehen Konsumenten Seite an Seite mit Datenschützern gegen die RFID-Technologie zu Felde und bezeichnen den Transponder als „Schnüffel-Chip" [Zeid04]. Im Fokus der Diskussion steht dann mehr die Technologie und nicht mehr die Vorteile, die sich durch den RFID-Einsatz ergeben können.

Trotzdem stecken bereits seit Mitte der 90er Jahre Unternehmen aus Industrie und Handel viel Geld und Zeit in die Etablierung und Erforschung der Technologie, um mit einer verbesserten Identifikationstechnologie Rationalisierungs- und Optimierungspotentiale zu erforschen, Kosten zu senken und Qualität zu steigern [BoDL04, S. 34f]. Viele Pilotprojekte bestätigen, dass im Business-to-Business-Bereich mit der RFID-Technologie ein hoher betriebswirtschaftlicher Nutzen verbunden ist [ChFM03, S. 1f]. Die bedeutendsten Treiber sind zweifelsohne die großen Handelsunternehmen, wie z. B. der Metro-Konzern.

---

[1] Zu lesen unter den von IDC zu Beginn des Jahres 2004 veröffentlichten Top-10-Prognosen.

Nicht die Kontrolle und das Ausspionieren von Kunden werden angestrebt, sondern der Einsatz der Technologie zur Identifikation, Sendungsverfolgung und Qualitätssicherung. Für den Kunden soll die Verfügbarkeit gesteigert werden. Neue Anwendungsgebiete werden erschlossen und neue Geschäftsfelder entstehen. Kosten sollen gesenkt und Prozesse effizienter gestaltet werden.

Die Rechnung für den Handel und die Industrie kann aufgehen: Durch die Schaffung von „smarten Produkten“[2] (intelligenten Produkten) wird mit Hilfe von RFID die Transparenz in logistischen Prozessen durch jederzeit verfügbare Zustandsinformationen erhöht und führt mittelfristig von der Synchronisierung von Material- und Informationsflüssen zum so genannten Materialflussinternet [Voig04]. Es werden nicht nur einfache Prozesse, wie die automatische Erfassung am Wareneingang, deutlich vereinfacht, sondern eine Vielzahl autonomer, selbst gesteuerter Systeme entsteht, die die intelligenten RFID-Transponder vor Ort nutzen und die logistischen Steuerungssysteme verändern werden [Tenh04]. Es lassen sich dadurch Rationalisierungs- und Optimierungspotentiale in der logistischen Kette realisieren, die mit herkömmlichen Identifikationsverfahren offenbar nicht erreichbar sind. Dabei sind ID-Verfahren wie der weit verbreitete Barcode heute schon Standard und spielen eine immer wichtigere Rolle bei der Vernetzung der Wirtschaft und der unternehmensübergreifenden Optimierung von Geschäftsprozessen und Waren. RFID könnte nach dem Barcode der nächste Schritt sein. Noch wird diskutiert, ob RFID als sinnvolle Alternative den Barcode verdrängen oder ergänzen wird. Dass die RFID-Technologie mittlerweile ihren Platz gefunden hat, ist sicher. Jedoch bleibt abzuwarten, wie sich die Technik weiter am Markt etabliert.

Dieses Buch soll den betriebswirtschaftlichen Nutzen von RFID beleuchten und neben den Einsatzmöglichkeiten auch die Auswirkungen betrachten. Natürlich kann dies nur durch eine Momentaufnahme geschehen, die mit möglichen Zukunftsszenarien und Beispielen aus der Praxis ergänzt wird. Ob und wie sich die Technologie tatsächlich durchsetzen wird, kann hier nicht beantwortet werden und wird sich erst in der Zukunft herausstellen.

---

2 Der Begriff „Smarte Produkte“ stammt aus dem Bereich Ubiquitous Computing und bezeichnet „intelligente Produkte“, die mit einem Mikrochip versehen sind. [FlDi03]

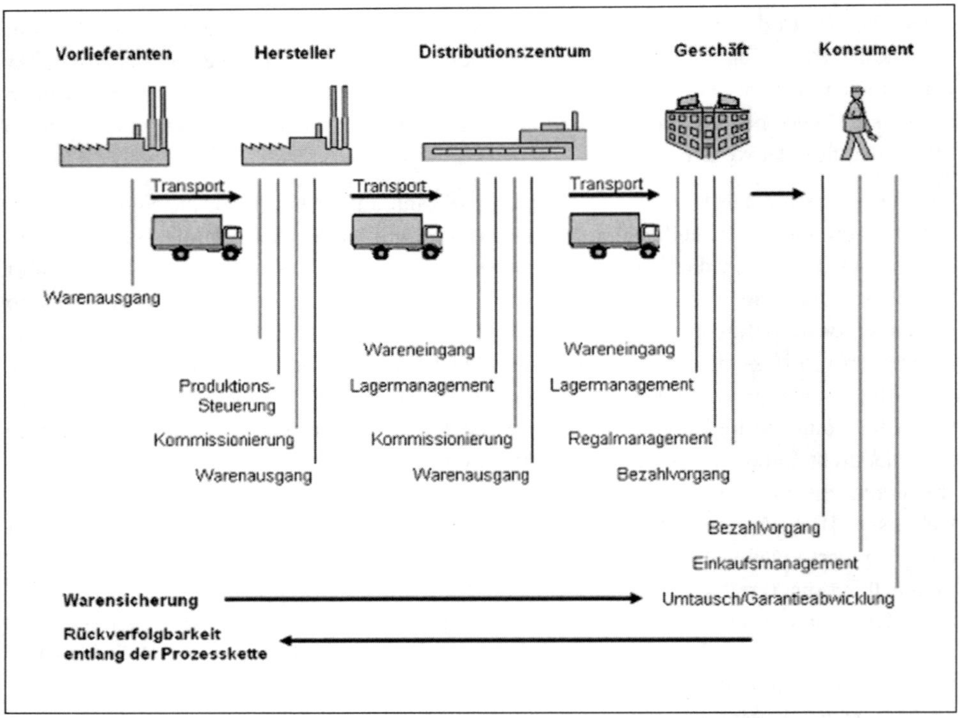

Abbildung 2: Mehr Effizienz entlang der Wertschöpfungskette durch den Einsatz von RFID [EAN04-ol]

1.1 RFID: Was ist das?

Die Abkürzung RFID steht für „Radio Frequency Identification" und bezeichnet eine Technologie, die genauso wie der Barcode auf einer Übertragung von Daten basiert. Der Datenaustausch erfolgt über die Luft zwischen einem Datenträger (Transponder) und einer Lese-/Schreibeinrichtung (Scanner). Es werden dabei kleine Datenmengen von 1 Bit bis etwa 30 Kilobyte übertragen. Die Informationen können vom Lese- oder Schreibgerät abgerufen und ggf. verändert werden. [Fink02, S.6]

Zentrale Komponente des Transponders ist ein Mikrochip, auf dem Daten gespeichert werden. Wenn sich der Transponder im Empfangsbereich des Lese-/Schreibgerätes befindet, wird er von dem elektromagnetischen Feld des Lese-/Schreibgerätes aktiviert. Über ein Koppelelement, meist eine Spule im Transponder, die als Antenne dient, werden die Daten an das Lese-/Schreibgerät geschickt. Der dadurch entstehende Dialog aus Senden und Empfangen zwischen den beiden Geräten wird durch festgelegte Kommunikationsprotokolle geregelt. Aus diesen wechselnden Aktivitäten von Senden und Empfangen ergibt sich auch das Kunstwort „Transponder", das sich aus „TRANSmitter" und „resPONDER" zusammensetzt. Es findet also nicht, wie beim Barcode, eine optische Abtastung der Hell-Dunkel-Felder statt, sondern die Daten werden per Funk übertragen. Die genauere Funktionsweise wird in Kapitel 2.2 (Grundlegende Funktionsweise) beschrieben.

Mit den Transpondern können Waren, Verpackungen oder Transportbehälter versehen werden, auf denen dann der Produktcode und weitere Informationen gespeichert werden können, wie z. B. eine eindeutige Produktidentifikationsnummer, Produktionsdatum oder die Haltbarkeit bei Lebensmitteln. RFID lässt sich aber nicht nur zur Warenidentifikation einsetzen. Einige Anwendungsbeispiele werden in der Tabelle 1 aufgezeigt.

Ticketing	Security	Tracking/Tracing Inventur
▪ Maut-Gebühren ▪ Pay on Scan ▪ Pay per Use ▪ Sport-Events (z. B. Fußball-WM 2006)	▪ EAS (Electronic Article Surveillance) ▪ Echtheitszertifikate ▪ Zutrittskontrollen ▪ Wegfahrsprerren in Pkws	▪ Animal Tracking ▪ Ausleihsysteme (z. B. in Büchereien) ▪ Fluggepäck ▪ Lagerverwaltung ▪ Logistik ▪ KEP-Dienste ▪ Produktkennzeichnung ▪ Prozesssteuerung ▪ Prozessüberwachung ▪ Recycling ▪ Rückrufe ▪ Supply Chain Management

Tabelle 1: *Exemplarische Auflistung einiger Anwendungen und Anwendungsbereiche, in denen RFID-Technik eingesetzt werden kann*

Werden Geräte mit Transpondern ausgestattet, werden sie oft auch als „Smarte Dinge" bezeichnet. „Ubiquitous Computing" (UbiComp) oder „Pervasive Computing" (Pervasive) sind wissenschaftliche Disziplinen, die diese Anwendungsmöglichkeit erforschen [FlDi03, S. 611]. Untersucht werden in diesem Bereich Objekte, die mit sogenannten Transpondern ausgerüstet sind und mit ihrer Umwelt kommunizieren können. Es werden z. B. Arzneimittel, Handelswaren, Autoersatzteile, Transportbehälter oder Laboreinrichtungen mit einer gewissen Intelligenz ausgestattet. Zusätzliche Einrichtungen an Transpondern wie beispielsweise Sensoren, die Umweltdaten messen, sollen diesen Nutzen und die Verbindung mit dem Objekt und seiner Umwelt verstärken.

Der wesentliche Vorteil bei der Identifizierung mit RFID gegenüber dem Barcode ist, dass Lese-/Schreibgerät und Transponder keinen Sichtkontakt benötigen, um Daten auszutauschen. Dadurch können die Transponder innerhalb der Ware eingearbeitet werden oder durch Verpackungen gelesen werden und sind somit gegen äußere Einflüsse wie Schmutz, Feuchtigkeit, Temperaturen und Beschädigungen geschützt. Ein weiterer wichtiger

Vorteil gegenüber dem Barcode ist die Pulkerfassung, d. h., es können mehrere Objekte auf einmal von einem Lesegerät gelesen werden (z. B. eine komplette Europalette mit einzeln verpackten Waren). Mittlerweile gibt es eine Vielzahl von unterschiedlichen Transpondern, die Reichweiten von 2 mm bis 100 m erreichen können und in jeder erdenklichen Form und Größe erhältlich sind, von Sandkorngröße (0,4 x 0,4 x 0,4 mm) bis hin zur Größe eines Mobiltelefons. Mit RFID wird also die kontaktlose Identifikation, Steuerung und Verfolgung von Objekten ermöglicht.

1.2 Geschichte der RFID-Technologie

In den Medien wird vom „Future Store“ und ähnlichen zukunftsweisenden Pilotprojekten berichtet, die sich mit der „neuen“ RFID-Technologie beschäftigen. Blickt man aber zurück in die Geschichte, merkt man schnell, dass es sich bei dieser Technologie keineswegs um eine „neue Technik“ handelt.

Grundlagen für die RFID-Technologie bildet die Radar- und Radiowellentechnik. 1922 wurden die Radarwellen in Amerika entdeckt. Mit Hilfe der Radartechnik können durch Reflexion von ausgesendeten Radiowellen Geschwindigkeit und Position eines Gegenstandes festgestellt werden. Im 2. Weltkrieg wurde auf diesem Prinzip aufbauend eine Technik entwickelt, die der Flugzeugidentifikation dienen sollte. Mit Hilfe dieser Technik wollten die britischen Streitkräfte in der Lage sein, ihre eigenen, aus dem nur 25 Meilen entfernten besetzten Frankreich zurückkehrenden Flugzeuge, von denen des Feindes zu unterscheiden. Hierzu wurde ein System entwickelt, das mittels eines Transponders – der in das verbündete Flugzeug montiert wurde – signalisierte, ob es sich um ein eigenes oder ein feindliches Flugzeug handelte. Der Name für dieses System war IFF (Identify: Friend or Foe System). [Eagl02-ol] Ein Teil der Luftfahrtverkehrskontrolle arbeitet heute noch mit einem ähnlichen System.

Später in den 60ern und frühen 70ern trieb der Bedarf an Sicherheit für die Ausrüstung und das Personal im militärischen Nuklear-Bereich die Entwicklung von RFID-Systemen weiter voran. Hier wurde die Technik überwiegend zur Zutritts- und Berechtigungskontrolle eingesetzt. Ab 1977 wurde die RFID-Technologie von den Militärs für zivile Anwendungen freigegeben. Es entwickelten sich zwei Gesellschaften, Amtech in New Mexico und Identronix in Santa Cruz, Kalifornien, die die zivile Nutzung erforschen sollten.

Bereits 1978 wurde an der Universität in Chicago einer Milchkuh einer der frühen RFID-Transponder eingepflanzt. Mit ihm konnte die Kennung des Tieres und über einen Sensor die Temperatur ermittelt werden, womit die Gesundheit, der Eisprung des Tieres usw. überwacht wurde. Außerdem konnte hierdurch eine automatische Fütterung durchgeführt werden, wodurch Überfüttern einzelner Tiere vermieden wurde, da jedes Tier einzigartig war und die ID des Transponders eine eindeutige ID des Tieres übermittelte. Hieraus ergab sich ein weiterer Vorteil, da auf das bisherige „Brandmarken“ der Tiere verzichtet werden konnte. Durch das „Brandmarken“ wurde bis zu 1/3 der Haut für die Weiterverarbeitung in der Lederindustrie unbrauchbar. [Eagl02-ol]

Andere Unternehmen, die ebenfalls zur Entwicklung beitrugen, waren die amerikanischen Eisenbahn-Unternehmen. Diese waren bei dem Versuch gescheitert, ihre rollenden Bestände in den Eisenbahnwagen mit Hilfe der Strichcodetechnologie zu identifizieren. Da sie eine Technologie benötigten, die selbst bei Schmutz, Regen, Schnee, Nebel, Öl und in direktem Sonnenlicht funktionierte, wurden auf Basis der RFID-Technologie Problemlösungen entwickelt.

Weitere Anwendungsgebiete, die erschlossen wurden, waren z. B. die Identifizierung von Fahrzeugen, Identifizierung von verpackter Containerfracht, automatische Mauterfassungssysteme für Autobahnen, Zugangskontrollen zu gesicherten Bereichen oder das schlüssellose Öffnen und Starten von Autos.

Die frühe Forschung basierte auf 900 MHz und 900/1800 MHz-Systemen. Ab 1983 gab es RFID-Produkte mit LF (Low Frequence), MF (Middle Frequence), VHF (Very High Frequence), UHF (Ultra High Frequence) und Mikrowellenfrequenz. Seit 1984 wurden RFID-Produkte von mehreren US- und europäischen Gesellschaften hergestellt.

Anfangs wurden Chips entwickelt, die bei der Herstellung oder bei der Installation manuell programmiert wurden. Andere konnten elektronisch entweder durch direkten Kontakt oder über die RF-Verbindung programmiert werden. Mehrere Gesellschaften lieferten ab 1984 Tags mit vollen Schreib-/Lese-Fähigkeiten im Kilobyte-Bereich. [Eagl02-ol]

In den 80er Jahren hat sich das Hauptziel dann weg von der Suche nach Anwendungsgebieten, hin zu Leistungsverbesserungen verschoben. Heute stehen bei der Forschung und Entwicklung der RFID-Technologie Kostenreduktion und Größenminimierung im Vordergrund.

Ab 1984 wurde mit der Serienproduktion von RFID-Geräten begonnen. 1988/1989 wurden die ersten industriellen Anwendungen entwickelt und seitdem steigt das Marktwachstum stetig.

Teil 2

Grundlagen der RFID-Technologie

Grundlagen der RFID-Technologie

2. Grundlagen der RFID-Technologie

Vielfach werden RFID-Systeme als eine Weiterentwicklung des Barcode-Systems gesehen. In Wirklichkeit bietet diese Technik aber weitaus mehr Möglichkeiten, als die Barcode-Technologie jemals zu leisten im Stande wäre. Mit RFID können Objekte über den gespeicherten Produktcode identifiziert werden, man kann darüber hinaus aber noch weitere Informationen speichern und die Transponder sogar mit Sensoren versehen, die dann z. B. die Temperatur von Produkten überwachen können. In der noch relativ jungen wissenschaftlichen Disziplin Ubiquitous Computing, kurz UbiComp, spricht man sogar von dem „Internet der Dinge". Mit Transpondern und Sensoren ausgestattete Dinge, die als „Smarte Dinge" bezeichnet werden, haben die Möglichkeit, ihre Umgebung wahrzunehmen und eine vollautomatische Maschinen-Maschinen-Beziehung zwischen realen Dingen und bestehenden Informationssystemen herzustellen. So können Informationssysteme mit Ereignissen der realen Welt verbunden werden. Die meisten UbiComp-Publikationen beschreiben allerdings noch anwendungsorientierte Szenarien, wie z. B. die intelligente Milchflasche, die dem Kühlschrank mitteilt, dass das Haltbarkeitsdatum bald abgelaufen ist und der Kühlschrank dann über das Internet eine neue bestellt. [FlDi03]

Nach der VDI-Richtlinie 4416 sind die Komponenten eines RFID-Systems ein Datenträger, die Sende- und Empfangseinrichtung und die Auswerteeinheit.

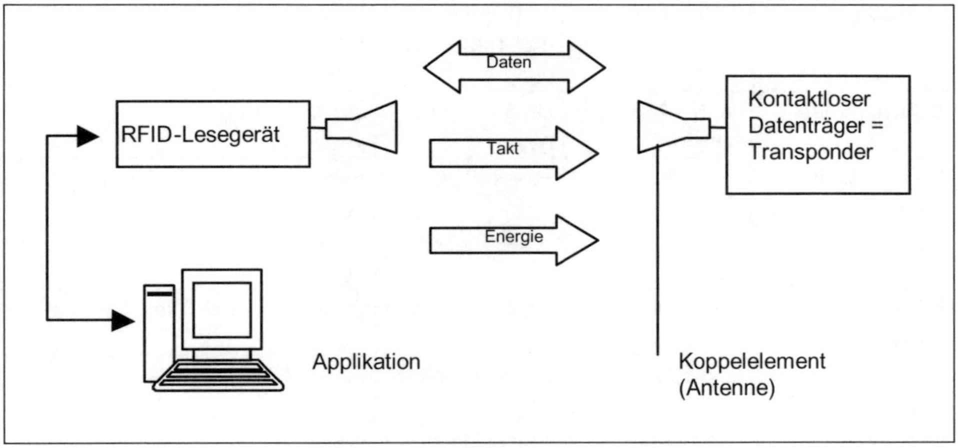

Abbildung 3: RFID-System [Fink02, S. 7]

Der Datenträger wird meistens als Transponder bezeichnet. Er dient zur Kennzeichnung des zu identifizierenden Objektes und ist üblicherweise mit diesem fest verbunden, wie z. B. Smartlabels, die aufgeklebt werden können. Auf dem Datenträger können neben den Informationen, die das Objekt eindeutig beschreiben, wie z. B. der Electronic Product Code

(EPC), noch weitere Informationen gespeichert werden. Neben Baugruppen, die zur Datenspeicherung benötigt werden, erhält er noch eine Spule, die als Antenne dient und zur berührungslosen Datenübertragung erforderlich ist.

Die Sende- und Empfangseinrichtung bezeichnet die Antenne im Lese- bzw. Schreibgerät (wenn im nachfolgenden Text von Lesegeräten gesprochen wird, sind damit auch Lese- und Schreibgeräte gemeint). Sie wandelt die drahtlos übermittelten Daten in leistungsgebundene Daten um, die von der Auswerteeinheit weiterverarbeitet werden können.

Die Auswerteeinheit ist ebenfalls Bestandteil des Lese-/Schreibgerätes. Sie wandelt die Daten um und überprüft diese, stellt gleichzeitig die Schnittstelle zum übergeordneten Informationssystem dar und überträgt die Daten zur Datenverarbeitungsebene, dem Back-End-System[3]. [AIK+04]

Frequenz	Low Frequency (LF)	High Frequency (HF)	Ultra High Frequency (UHF)	Microwave (MW)
	125 kHz (120-148 kHz)	13.56 MHz "Smartlabels" (13,553 -13.562 MHz)	EU: 868 MHz (0,5 W) USA: 915 MHz (2,0 W) (962-928 MHz)	2.45 GHz 5.8 GHz
Kommunikation	Induktive Magnetische Feldkopplung		Elektromagnetische Wellen	
Verfügbarkeit seit	> 30 Jahre	> 10 Jahre ISO 15693 seit 2002	EU: relativ neu USA: > 2 Jahre	
Speichergröße	ca. 5 – 256 Byte	ca. 5 – 1024 Byte	ca. 32 – 128 kByte	
Lesbare Distanz (bei Kreditkarten-größe)	~0 – 100 cm	~0 – 150 cm	EU: ~0 – 300+ cm USA: ~0 – 500+ cm	> 100 m
Beeinflussung (außer Metall)	kein Einfluss	geringer Einfluss	je nach Material	kein Einfluss
Wasser, Feuchtigkeit	kein Einfluss	geringer Einfluss	starker Einfluss	starker Einfluss
Lesbarkeit auf Metall	beschränkt	sehr schlecht	gut	gut

[3] Back-End-System: Das Back-End-System ist Teil einer Server-Struktur, der teilnehmerfern liegt. Es wird benutzt, um die Mainframes, Minicomputer und Peripheriegeräte zu verbinden. Ein Back-End-Sytem benötigt typischerweise eine hohe Bandbreite und wird in der Regel mit optischen Übertragungsmedien realisiert. [SOL05-ol]

Lesbare Mengen	1	ca. 80 Stück/s	ca. 40 Stück/s	
Datentransferrate	langsam	mittel	schnell	schnell
Störungsresistenz	hoch	hoch	von Umgebung abhängig	empfindlich
Standard für Luftschnittstelle	ISO 18000 part 2	ISO 18000 part 3	ISO 18000 part 6 A/B	ISO 18000 part 4

Tabelle 2: *Frequenzbereiche von Transpondern [HuSc04, S. 6f] [Rees04]*

2.1 Unterscheidungsmerkmale

Es gibt eine Vielzahl unterschiedlicher RFID-Systeme und mittlerweile auch sehr viele verschiedene Hersteller. Um einen Überblick zu erhalten, muss man geeignete Unterscheidungsmerkmale finden. Unterscheiden kann man die Systeme nach verschiedenen Merkmalen. Hier wurden die Energieversorgung, Betriebsart, Speicherkapazität, Programmierbarkeit des Speichers, der Frequenzbereich, die Reichweite und die Bauform als Unterscheidungsmerkmale gewählt. Diese Einteilung soll es ermöglichen, die vielen verschiedenen Systeme nach technischen Gesichtspunkten zu differenzieren und unterscheiden.

Darüber hinaus sind für den Anwender auch noch andere Kriterien, wie bestimmte Randbedingungen wichtig. Hierzu zählen Leseabstände, Lesegeschwindigkeiten, Betriebs- und Lagertemperaturen, Fremdmaterialien hinter dem Transponder, Verschmutzungen, mechanische Beanspruchungen durch Vibration, Stoß oder freien Fall, Störstrahlungen und natürlich spielen auch die Kosten eine große Rolle. Auf diese Bedingungen wird in den Kapiteln 4 und 5 bei den jeweiligen Einsatzmöglichkeiten in der Produktionslogistik näher eingegangen.

Die unterschiedlichen technischen Differenzierungsmerkmale sind noch einmal in der Abbildung 4 aufgezeigt. In der Reihenfolge der Grafik werden die Unterscheidungsmerkmale nun erläutert.

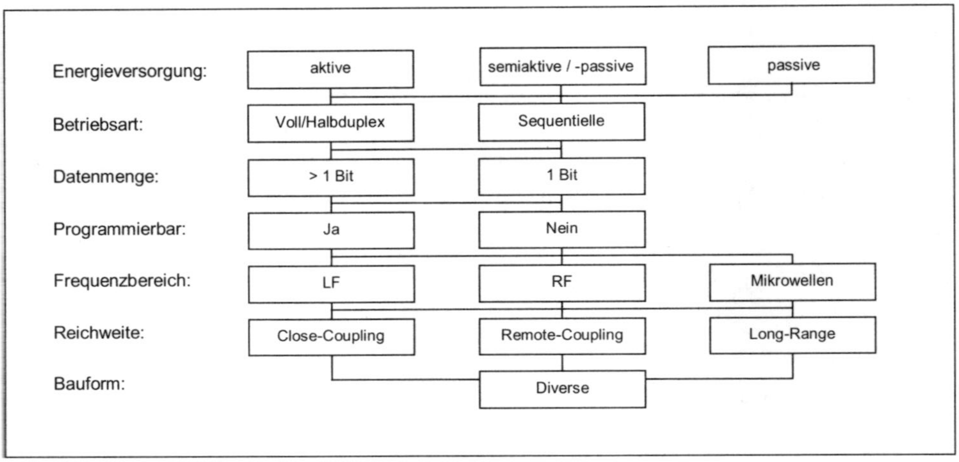

Abbildung 4: *Unterscheidungsmerkmale*

2.1.1 Energieversorgung

Ein wesentliches und sehr häufiges Unterscheidungsmerkmal von RFID-Systemen ist die Energieversorgung. Die Energieversorgung hat eine große Auswirkung auf die Bauform und die Leistungsfähigkeit des Transponders. Man unterscheidet zwischen passiven, semiaktiven/semipassiven und aktiven Transpondern. Bei passiven Transpondern werden nicht-flüchtige Speicher in Form von ROM-, PROM-, EPROM-, EEPROM- oder FRAM-Bausteinen verwendet. Hierbei wird nur Energie für die Datenübertragung benötigt, die aus dem Feld des Lesegerätes entnommen wird. Da auf eine Batterie verzichtet werden kann, ist es möglich, diese Transponder besonders klein und kostengünstig zu produzieren. Deshalb eignen sich passive Transponder u. a. gut zur Auszeichnung von Produkten und Einzelartikeln, weil hierbei große Stückzahlen erforderlich sind und die Kosten ein wesentliches Kriterium darstellen.

Einen Sonderfall stellen die semiaktiven und semipassiven Transponder dar. Hierbei wird die Batterie lediglich zum Erhalt des Datenspeichers verwendet. Die Energie, die zur Datenübertragung benötigt wird, wird ebenfalls aus dem Feld des Lesegerätes gewonnen. Es besitzen also sowohl die semiaktiven wie auch die semipassiven Transponder eine Batterie. Das „passiv" bei der Bezeichnung bezieht sich nicht auf die Energieversorgung, sondern auf die Funktionsweise beim Senden. [IDSy04-ol] Diese wird im Kapitel 2.2 erklärt.

Von der Energie des Lesegerätes (fast) unabhängig sind die aktiven Transponder. Diese besitzen eine eigene Batterie, die den Datenspeicher sowie die übrigen Bausteine mit Energie versorgt, und können zusätzlich noch mit Sensoren ausgestattet werden. Aktive Transponder sind zwar aufwändiger konstruiert und somit teurer als passive, trotzdem gibt es für sie schon viele Einsatzschwerpunkte in Bereichen, in denen es sich nicht um Massenwaren handelt und die Preisfrage nicht die entscheidende Rolle spielt. Wichtiger ist hierbei der konkrete Nutzen in der Supply Chain. Hierzu zählen die Identifizierung von Fahrzeugen, Kennzeichnung von Mehrwegbehältern oder Bauteile in der Industrie.

2.1.2 Betriebsart

Bei den Betriebsarten gibt es zwei wichtige Unterscheidungsmerkmale. Die Vollduplex (full-duplex, FDX) und Halbduplex (half-duplex, HDX), sowie Sequenzielle Systeme (SEQ).

Sobald der Transponder in das Feld des Lesegerätes kommt, wird dieser bei den Voll- und Halbduplexverfahren aktiv und fängt an zu senden. Da durch äußere Einflüsse und die Entfernung zwischen Sender und Empfänger die Signale des Transponders sehr schwach sein können, müssen geeignete Verfahren angewendet werden, um die Signale des Transponders von denen des Lesegerätes zu unterscheiden. Hierzu verwendet man in der Praxis die sogenannte Lastmodulation oder Lastmodulation mit Hilfsträgern, sowie die (Sub-) Harmonischen Sendefrequenzen des Lesegerätes. Bei den sequenziellen Verfahren wird das Feld des Lesegerätes periodisch unterbrochen. Der Transponder erkennt diese Lücken und beginnt, aktiv zu werden und zu senden. [Fink02]

2.1.3 Datenmenge

Die Unterscheidung in den Datengrößen von 1 Bit und größer als 1 Bit scheint wenig sinnvoll, da man RFID-Systeme ja meistens wegen der Speichermöglichkeiten auf dem Transponder einsetzt. Aus technischer Sicht und von dem Anwendungsgebiet her gesehen, ist sie aber sehr wohl sinnvoll, da die 1-Bit-Systeme technisch weniger aufwändig und viel günstiger sind. Bei den 1-Bit-Systemen hat man nur die Möglichkeit zu erkennen, ob ein Transponder im Feld des Lesegerätes ist oder nicht. Diese Systeme werden meistens zum Diebstahlschutz eingesetzt, wie man es aus vielen Kaufhäusern kennt.

Heute gängige RFID-Transponder, die für reine Identifikationsfunktionen genutzt werden, haben einen 96 Bit (entspricht einer 32-stelligen Dezimalzahl) großen Speicher. Sollen darüber hinaus noch Informationen auf dem Transponder gespeichert werden, gibt es Transponder mit Kapazitäten von 512 Bit bis zu 64 KBit. Solche Transponder sind bereits in der Praxis erfolgreich eingesetzt worden. [Habe04]

2.1.4 Programmierbarkeit der Transponder

Ein weiteres Unterscheidungsmerkmal ist die Programmierbarkeit der Transponder. Sehr einfache Transponder werden bei der Herstellung einmal beschrieben, z. B. mit einer Seriennummer. Danach können die Daten nur noch von dem Transponder gelesen und nicht mehr verändert werden. Bei den beschreibbaren Transpondern gibt es drei Verfahren, wie die Daten auf den Speicher gelangen.

Für Systeme mit induktiver Kopplung, also Systeme mit magnetischer Kopplung, verwendet man überwiegend EEPROMs (electrically erasable programmable read only memory). EEPROMs sind passive Transponder, denn die Daten gehen auch ohne Versorgungsspannung nicht verloren. Weil auf einem solchen Transponder kein Platz für eine Batterie benötigt wird, können die Transponder sehr klein gebaut werden. Die Speicherkapazität von EEPROMs reicht von 16 Byte bis zu 32 kByte. Der Nachteil von diesen Speichern ist allerdings ein sehr hoher Energieverbrauch. Man braucht also ein sehr starkes Feld vom Lesegerät und erreicht nicht so große Reichweiten. Ein weiterer Nachteil ist, dass auf einem EEPROM maximal 100.000-mal geschrieben werden kann. Eine größere Anzahl von Schreibvorgängen kann mit den neuentwickelten FRAMs (ferromagnetic random access memory) erreicht werden. Hierbei ist die Leistungsaufnahme um den Faktor 100 geringer im Vergleich zu EEPROMs und die FRAMs können bis zu 10^{10}-mal wiederbeschrieben werden.

Bei Mikrowellensystemen, sogenannte Backsscater-Verfahren, aber auch bei induktiv gekoppelten Systemen werden sogenannte statische RAMs (SRAM) verwendet. Die Speichergröße bei SRAMs geht von 1 kByte bis zu 512 kByte. Damit die Daten auf den SRAMs nicht verloren gehen, benötigen diese allerdings eine permanente Energieversorgung. Die Transponder müssen also eine eigene Batterie besitzen und können somit nicht so klein gebaut werden. Außerdem gibt es noch Probleme bei der Herstellung von SRAMs. Deshalb sind diese noch nicht so weit verbreitet. Der Vorteil ist, dass SRAMs beliebig oft beschrieben werden können und eine sehr hohe Schreibgeschwindigkeit besitzen.

Bei den programmierbaren Transpondern werden die Schreib-/Leseverfahren durch die innere Logik gesteuert. Die einfachste Form dies umzusetzen sind Zustandsautomaten. Der Nachteil bei den Automaten ist jedoch, dass sie nur durch eine Schaltungsänderung umprogrammiert werden können, was jedoch sehr aufwändig ist. Eine gute Verbesserung hat die technische Entwicklung der Mikroprozessoren gebracht. Diese können einfach programmiert werden und sogar ein eigenes Betriebssystem besitzen. [Fink02]

2.1.5 Frequenzbereich

Der Frequenzbereich von RFID-Systemen ist ein weiteres wichtiges Unterscheidungsmerkmal. Von der Frequenz hängt die jeweilige Reichweite und Leistungsfähigkeit der Systeme ab. Man bezeichnet die Frequenz, auf der gesendet und empfangen wird, als Betriebsfrequenz. Meistens senden Transponder und Lesegerät auf derselben Frequenz, was aber nicht zwangläufig so sein muss. Der Transponder kann auch auf einer eigenen Frequenz senden, was aber zu einem höheren technischen Aufwand führt und meist nicht zweckmäßig ist.

Welche Frequenzen verwendet werden können, wird weltweit durch postalische Bestimmungen geregelt. Diese sind vielfach von Land zu Land verschieden. Da der Warenverkehr aber häufig über die Landesgrenzen hinaus verläuft, ist es wichtig, dass die verwendeten Frequenzen weltweit abgestimmt werden.

Frequenz / Land	LF kHz	HF MHz	UHF MHz	MW GHz
Europa	125	13,56	865-868	2,45
USA, Kanada	125	13,56	915	2,45
Australien	125	13,56	918-926	2,45
Südafrika	125	13,56	913-915	2,45
Japan	125	13,56	950-956	2,45
Korea	125	13,56	910-914	-
China	-	-	915	2,45

Tabelle 3: *Weltweite Frequenzen [HuSc04, S. 11] [Buch04a, S. 39]*

Es gibt drei Bereiche, in denen die Betriebsfrequenzen aufgeteilt werden können. Den LF-Bereich (low frequency) von 30 kHz bis 300 kHz, den RF-Bereich (radio frequency) bzw. HF-Bereich (high frequency) von 3 MHz bis 30 MHz und den Mikrowellen-Bereich bzw. UHF-Bereich (ultra high frequency) von 300 MHz bis 3 GHz und höher. [Fink02]

Bei der Identifikation von einzelnen Objekten wird in Deutschland überwiegend mit passiven Transpondern auf der 13,56 MHz-Frequenz im HF-Bereich gearbeitet. Hierfür gibt es bereits den zugelassenen ISO-Standard 15693. Aber auch Frequenzen im UHF-Bereich werden verwendet, da sich damit größere Reichweiten erzielen lassen. Der Nachteil bei den UHF-Systemen ist, dass es hierfür noch keine weltweit einheitlichen Standards gibt. So wird in Europa mit einer Frequenz von 868 MHz, nach ETSI (European Telecomunication Standards Institute), gearbeitet, in den USA kommen aber aus historischen postalischen Gründen Frequenzen von 902 und 928 MHz zum Einsatz. [Loin04b] Für den globalen Einsatz gibt es spezielle Transponder und Lesegeräte, die mit mehreren Frequenzen arbeiten können, also z. B. 902 MHz für die USA und 868 MHz für Europa.

2.1.6 Reichweite/Lesegeschwindigkeit

Weitere Unterscheidungsmerkmale von RFID-Systemen sind die Reichweite und die Lesegeschwindigkeit. Die Reichweiten von RFID-Systemen sind abhängig von dem eingesetzten Transponder (aktiv/passiv), der verwendeten Frequenz und der Umgebung, in der das System eingesetzt wird. So verringern Flüssigkeiten und Metalle in der Umgebung des Transponders die Reichweiten noch enorm. Einteilen kann man die Systeme in drei Gruppen, die Close-Coupling-, Remote-Coupling- und Longe-Range-Systeme. Die geringste Reichweite bieten die sogenannten Close-Coupling-Systeme. Ihre Reichweite geht von 0 bis 1 cm. Zu diesen Systemen gehören z. B. kontaklose Chipkartensysteme mit Zahlungsfunktion. Die zweite Gruppe sind die Remote-Coupling-Systeme mit einer Reichweite von 0 bis 1 m. Diese Systeme arbeiten meistens in einem Frequenzbereich unter 30 MHz. Zu ihnen gehören die häufig eingesetzten Smart-Labels[4] mit einer Sendefrequenz von 13,56 MHz.

Die dritte Gruppe mit der größten Reichweite sind die Long-Range-Systeme. Bei ihnen können mit aktiven Transpondern Reichweiten von bis zu 100 m realisiert werden [Müll04-ol]. Longe-Range-Systeme verwenden die UHF-Bänder 868 MHz in Europa und 902 und 928 in den USA sowie die Mikrowellenfrequenzen 2,5 GHz und 5,8 GHz [Fink02]. Die Long-Range-Systeme werden wegen der großen Reichweiten überwiegend in der Produktion und in der Lagerhaltung eingesetzt. Für Massenanwendungen sind die Systeme derzeit noch uninteressant, da die Transponder noch recht groß und teuer sind. Ein Transponder kann bis zu 50 Euro kosten.

Gerade für die Pulkerfassung, also wenn z. B. viele Produkte auf einer Palette auf einmal gelesen werden sollen, ist die Lesegeschwindigkeit wichtig. Von der Lesegeschwindigkeit ist abhängig, wie schnell die Transponder an dem Lesegerät vorbeigeführt werden können. Die 13,56 MHz Systeme haben eine Datenrate von 58 bzw. von 116-KBit/s. Je mehr Transponder im Lesefeld sind, desto höher wird die Transferzeit [Habe04]. Die Kommunikationszeit der Transponder ist von vielen Faktoren abhängig. Technische Faktoren sind die Leistungsfähigkeit der internen Elektronik, der Betriebsart (lesen/schreiben), des verwendeten Übertragungsprotokolls, der zu übertragenden Datenmenge und der Übertragungsbandbreite. Aber auch äußere Faktoren, wie z. B. Umgebungsmaterialien (Verpackungen), Fördergeschwindigkeit oder das Material des Transpondergehäuses, wirken sich auf die Kommunikationszeiten aus [AIK+04].

2.1.7 Bauform

Transponder kann man theoretisch in jedes Gehäuse einbauen. Allerdings haben unterschiedliche Materialien unterschiedliche Wirkung auf das Feld des Lesegerätes. Problematisch ist es z. B., Transponder in Eisen einzuarbeiten, da das Eisen das Feld vom Transponder abschirmt bzw. die Funkwellen reflektiert. Häufig findet man Transponder in

---

[4] Smart-Labels: Flexible Etiketten, in denen Transponder eingearbeitet sind; siehe Kapitel 2.1.7 (…).

Etiketten eingearbeitet oder zum Aufkleben, sogenannte Smart Labels. Diese haben den Transponder im Inneren und sind außen häufig noch mit einem Barcode bedruckt.

Für größere Transponder werden vielfach die sogenannten Disks (Münzen) verwendet. Dies sind runde Spritzgussgehäuse, in die der Transponder eingearbeitet ist. Es gibt aber auch Transponder in Glaspatronen, die z. B. zur Identifikation von großen Hunden verwendet werden, wie sie in NRW seit dem 1. Januar 2003 vorgeschrieben sind. Dieser Transponder ist nur reiskorngroß und wird mit einer Injektionsspritze unter die Halshaut des Hundes platziert.

Es werden Transponder in Kunststoffnägel bei der Holzlagerung oder in Uhren zur kontaktlosen Zutrittskontrolle eingesetzt. Allen modernen Transpondern, die in der Logistik eingesetzt werden, ist gemein, dass sie einen Silizium-Chip haben, auf dem die Daten gespeichert werden. Diese sind in der Produktion noch recht aufwändig und teuer.

Vorteile erhofft man sich hier von der Entwicklung von polymeren Transpondern. Polymere sind seit langen bekannt als „Plastik"-Gehäuse, -Verpackungen und -Klebstoffe. Mit ihnen können aber auch Leiterbahnen, Widerstände und Kondensatoren hergestellt werden. Hierbei werden mit einer Polymerpaste die benötigten Bauteile für einen Transponder „gedruckt". Mit dieser Technologie können sehr einfache Transponder für den Masseneinsatz direkt auf die Verpackung gedruckt werden. Im Bereich der Transponderherstellung befindet sich diese Technologie aber noch im Versuchsstadium. Im Vergleich zu den Siliziumtranspondern bieten diese Transponder auch nur eine eingeschränkte Funktionalität und geringere Lebensdauer. [Rei04-ol]

In Abbildung 5 sind einige Beispiele für unterschiedliche Bauformen dargestellt, Näheres findet sich im Kapitel 2.

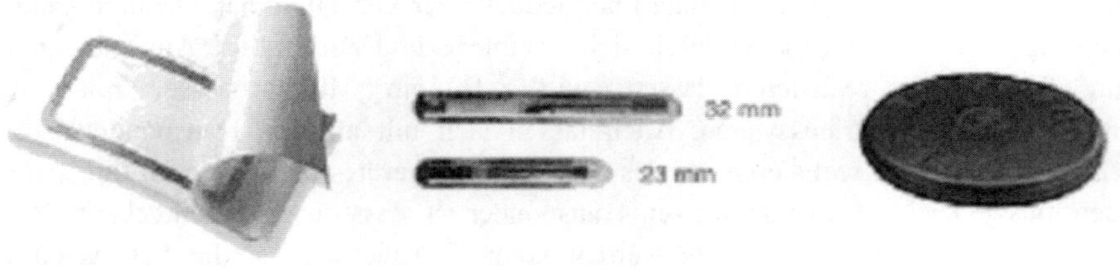

Transponder auf Papier, in Glasröhrchen, Scheibentransponder (von links)

Abbildung 5: *Transponder in unterschiedlichen Bauformen [HuSc04]*

2.2 Grundlegende Funktionsweise

In diesem Kapitel wird die grundlegende Funktionsweise von RFID-Systemen, also das Zusammenwirken von Transpondern und Lesegeräten sowie die Datenübertragung an das Back-End-System, beschrieben. Insbesondere werden die Schwerpunkte auf die Energieversorgung der Transponder und auf den Datenfluss zwischen Transponder und Lesegerät bzw. zwischen Lesegerät und Transponder gelegt.

2.2.1 Energieversorgung bei aktiven und passiven Transpondern

Wie bereits kurz bei den Unterscheidungsmerkmalen beschrieben wurde, gibt es in Bezug auf die Energieversorgung zwei unterschiedliche Transponderarten, nämlich aktive und passive Transponder.

Die aktiven Transponder haben eine eigene Energieversorgung durch eine Batterie oder eine Stützbatterie. Wenn der Transponder nicht im Ansprechbereich des Lesegerätes ist, befindet sich dieser in einem Energiesparmodus (Stand-By). Kommt er in den Ansprechbereich des Lesegerätes, erhält er ein Signal, das ihn aktiviert. Die Kommunikation zwischen Transponder und Lesegerät kann nun beginnen. Eine Stützbatterie in einem Transponder reicht nicht zur permanenten Stromversorgung aus. Diese wird vor der Kommunikation zwischen Transponder und Lesegerät durch das Feld des Lesegerätes aufgeladen und versorgt dann den Transponder mit der nötigen Energie. Der Vorteil von aktiven Transpondern ist, dass man das Sendefeld von Lesegerät und Transponder trennen kann, da die beiden Komponenten unabhängig voneinander sind. Ein weiterer Vorteil ist, dass man durch die Batterie eine größere und gleichmäßige Energiequelle zur Verfügung hat. Dadurch kann man größere Speicher verwenden, wodurch sich komplexe und aufwändige Anwendungen mit einem Transponder realisieren lassen, wie z. B. ein Mikroprozessor mit eigenen Applikationen und Betriebssystem. Auch lassen sich mit aktiven Transpondern größere Reichweiten einfacher realisieren, da das Feld des Lesegerätes nicht so groß dimensioniert werden muss. Der Nachteil von aktiven Transponder ist, dass durch die eingebaute Batterie nicht so kleine Bauformen erreicht werden können. Außerdem ist die Lebenszeit einer Batterie begrenzt, wodurch die Lebenszeit des Transponders ebenfalls begrenzt wird. Der Energieverbrauch ist abhängig von der Nutzungshäufigkeit des Transponders, d. h., je häufiger der Transponder angesprochen wird, desto geringer ist die Lebensdauer der Batterie. [Fink02]

Bei semiaktiven und semipassiven Transpondern dient die Batterie nur zur Versorgung des Datenspeichers. Die Energie für das Senden und Empfangen wird ebenfalls dem Energiefeld des Lesegerätes entnommen [IDSy04-ol].

Passive Transponder haben keine eigene Stromversorgung. Sie beziehen ihre Energie über das Sendefeld des Lesegerätes. Kommt ein Lesegerät in den Ansprechbereich eines

Transponders, wird dieser aktiv. Ist er außerhalb des Ansprechbereichs, ist er inaktiv und hat keine eigene Energie. Es können also nur Speicher verwendet werden, die Daten auch ohne Energieversorgung behalten.

Ermöglicht wurden die passiven Transponder durch die Entwicklung der Integrated Circuit (IC)-Technologie, insbesondere der Complementary Metal Oxid Semiconductor (CMOS)-Technik, die einen extrem geringen Energieverbrauch ermöglicht [Habe04]. Hierbei sind alle Schaltungsbestandteile der Anwendung auf einem Siliziumbaustein vereint, wie z. B. Energieextraktor zur Energiegewinnung, Mikroprozessor, Speicher für Identifikationsnummer und andere Daten und Sensorelemente.

Zur Versorgung des Transponders wird deshalb vom Lesegerät ein Hochfrequenzfeld erzeugt. Durch dieses Feld wird an der Antennenspule des Transponders durch Induktion Spannung erzeugt, die zur Energieversorgung dient. Die Antennenspulen dienen dabei als Transformator. Je höher die Frequenz des Lesegerätes ist, desto geringer ist die Windungszahl der Spule. Bei einer Frequenz von 135 kHz benötigt man zwischen 100 und 1.000 Windungen. Bei einer Frequenz von 13,56 MHz sind es nur noch 6 bis 10 Windungen. Konkret wird im Transponder etwa eine Spannung von 1,8 Volt erzeugt. Die Frequenz hat aber auch einen Einfluss auf die Reichweite der Systeme. [Fink02]

Vorteile der passiven Systeme sind, dass sie bedingt durch die einfachere Bauweise günstig hergestellt werden können. Außerdem müssen keine Batterien Platz finden, die häufig temperaturempfindlich sind. Dadurch können passive Transponder in fast jeder beliebigen Form gebaut oder eingearbeitet werden und z. B. auch auf Klebeetiketten angebracht werden. Nachteil der Systeme ist, dass die Felder von Lesegerät und Transponder unterschieden werden müssen. Diese sind immer gleichzeitig aktiv, da der Transponder ja vom Feld des Lesegerätes abhängig ist.

2.2.2 Betriebsarten (FDX, HDX, SEQ)

Die Betriebsarten sind die Verfahren, mit denen die Energieübertragung und die Kommunikation zwischen Lesegerät und Transponder sowie vom Transponder zum Lesegerät realisiert werden. Bei den Unterscheidungsmerkmalen, wurden die 3 Verfahren, die differenziert werden schon genannt. Es gibt die Voll- und Halbduplexverfahren sowie das sequentielle Verfahren. Diese Verfahren werden bei Transpondern mit Mikrochips angewandt, also bei Systemen mit einer Datenmenge, die größer als 1-Bit ist. Bei den 1-Bit-Transpondern werden andere Verfahren angewandt, die sich die unterschiedlichen physikalischen Effekte der Systeme zunutze machen. Darauf wird hier aber nicht näher eingegangen, da diese Systeme für den Logistikbereich uninteressant sind. Den Duplexverfahren ist gemeinsam, dass die Energieübertragung zum Transponder permanent ist und diese bei passiven Systemen angewendet werden. Ansonsten sind alle drei Verfahren unterschiedlich.

Bei Halbduplexverfahren findet die Datenübertragung von dem Transponder zum Lesegerät zeitversetzt zu der Datenübertragung vom Lesegerät zum Transponder statt. Ein Verfahren, das häufig angewendet wird, ist die *„Lastmodulation"*. Hierbei senden Lesegerät und Transponder auf derselben Frequenz. Kommt ein Transponder in das Feld des Lesegerätes (oder umgekehrt), wird dem Feld Energie entzogen. Dadurch merkt das Lesegerät, dass ein Transponder in der Umgebung ist. Durch An- und Abschalten eines Lastwiderstandes im Transponder werden Spannungsänderungen erzeugt. Steuert man das An- und Abschalten des Widerstandes mit Daten, können diese so übertragen werden. Diese Form der Datenübertragung nennt man Lastmodulation. Stark vereinfacht kann man sich das wie bei der Übertragung von Informationen beim Morsen vorstellen. Technisch lassen sich Verfahren mit Lastmodulation sehr einfach realisieren. Die Lastmodulation wird überwiegend bei Systemen mit einer Frequenz von unter 30 MHz eingesetzt. Diese Verfahren sind den Verfahren bei der Radartechnik ähnlich. Da bei dem Verfahren der Lastmodulation (und auch bei der Radartechnik) die Empfänger unmittelbar das Feld des Lesegerätes beeinflussen, nennt man die Verfahren auch *„harmonische"* Verfahren. [Fink02]

Zwischen dem Feld des Lesegerätes und dem Transponder kommt es aber meistens durch physikalische Einflüsse zu sehr großen Spannungsunterschieden bei den Aus- und Eingangssignalen. Bei einer Frequenz von 13,56 MHz und einer Antennenspannung von 100 V (die hohe Antennenspannung wird durch Resonanz erzeugt, d. h., die Antenne wird in Schwingung versetzt) hat man ein Nutzsignal von nur 10 mV. Da das geringe Nutzsignal nur mit hohem schaltungstechnischen Aufwand erfasst werden kann, hat man die *„Lastmodulation mit Hilfsträgern"* entwickelt. Durch die Erhöhung der Taktfrequenz im Transponder entstehen zwei sogenannte Spektrallinien. Das bedeutet, dass zwei Signale auf leicht abweichenden Frequenzen gesendet werden. Es entstehen also zwei Seitenbänder. Diese lassen sich vom Lesegerät wesentlich einfacher empfangen. Da man bei diesem Verfahren aber eine größere Bandbreite benötigt, ist es nur in den ISM-Frequenzbereichen 6,78 MHz, 13,56 MHz und 27,125 MHz zugelassen (Genaueres zu den Frequenzen im Kapitel 2.4). [Fink02]

Lastmodulation und Lastmodulation mit Hilfsträgern werden häufig bei Voll- und Halbduplexsystemen sowie bei den sequentiellen Verfahren angewendet. Bei diesen Verfahren können allerdings nur Reichweiten von ca. 1 Meter erreicht werden.

Für Systeme, bei denen der Abstand zwischen Transponder und Lesegeräte deutlich größer als ein Meter ist, wird die *„Backscatter Kopplung"* angewendet, die auch als Verfahren des *„Modulierten Rückstrahlquerschnitts"* bezeichnet wird. Hierbei handelt es sich um sich ausbreitende elektromagnetische Wellen, die, wenn sie den Transponder erreichen, moduliert und anschließend reflektiert werden.

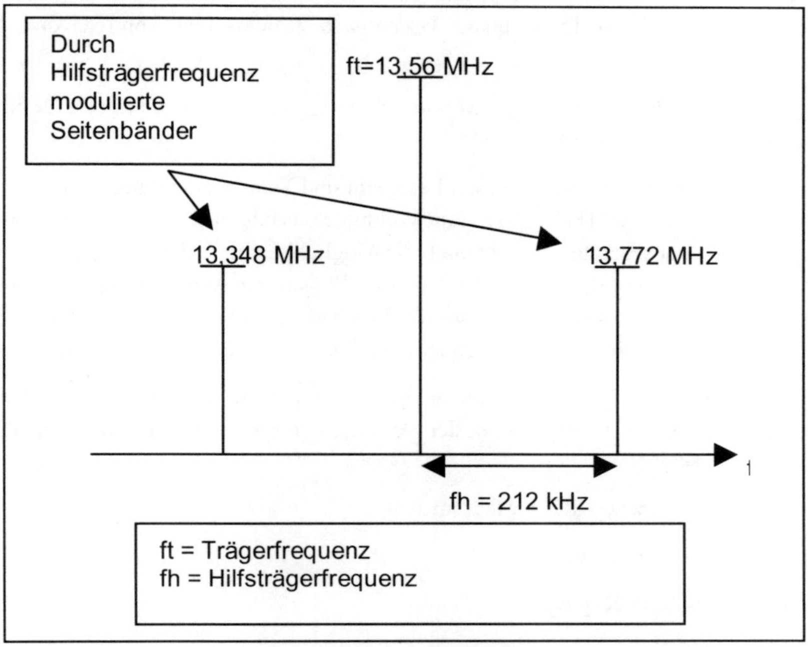

Trägersignal „ft" mit Hilfssignalen,
die durch Hilfsträgerfrequenz „fh" moduliert wurden.

Abbildung 6: *Lastmodulation mit Hilfsträgern [Fink02, S. 46]*

Beispiel

> Ein Lesegerät strahlt eine bestimmte Leistung ab. Von dem Transponder wird ein Teil der an der Antenne ankommenden Leistung reflektiert. Die Reflexionseigenschaften der Antenne werden durch Ändern der angeschlossenen Last beeinflusst. Zur Modulation erfolgt am Antennenanschluss entweder ein Kurzschluss oder die Leistung wird angepasst. Bei einem Kurzschluss wird die empfangene Energie vollständig reflektiert. Bei einer Leistungsanpassung wird die empfangene Energie im Abschlusswiderstand absorbiert. Auf diese Weise werden die im Transponder gespeicherten Informationen zum Lesegerät übertragen. [Feld04-ol]

Die Modulation der Wellen kann wie bei der Lastmodulation erfolgen. Die verwendeten Frequenzbänder liegen im UHF-Bereich und im Mikrowellenfrequenzbereich (2,5 GHz und 5,8 GHz). Durch die kurzen Wellenlängen können die Antennen auf den Transpondern kleiner ausfallen und trotzdem einen guten Wirkungskreis erzielen. Mit diesem Verfahren können Übertragungsreichweiten von bis zu 12 Metern erreicht werden. Die Reichweiten sind aber von den unterschiedlichen postalischen Bestimmungen abhängig, die international sehr verschieden sind. In Deutschland lassen sich Reichweiten von ca. drei Metern realisieren. [Berg03-ol]

Weiter gibt es noch die „*Magnetische Kopplung*" und „*Kapazitive Kopplung*", die hier aber nicht näher beschrieben werden.

Geschieht die Datenübertragung zwischen Lesegerät und Transponder zeitgleich, spricht man vom „*Vollduplexverfahren*" (FDX). Bei dem Vollduplexverfahren sendet der Transponder auf Teilfrequenzen des Lesegerätes. Es gibt auch die Möglichkeit, dass der Transponder auf einer völlig anderen Frequenz als das Lesegerät sendet. Wegen der Abweichung der Frequenzen von Lesegerät und Transponder wird dieses Verfahren auch *„subharmonisch"*, oder wenn der Transponder auf einer völlig anderen Frequenz sendet, *„anharmonisch"* genannt. [Fink02]

Bei der Datenübertragung vom Lesegerät zum Transponder werden bei den Voll- und Halbduplexsystemen, unabhängig von der Arbeitsfrequenz, alle Verfahren der digitalen Modulation eingesetzt.

Man unterscheidet zwischen drei Verfahren:

- ASK: Amplitude Shift Keying
- FSK: Frequency Shift Keying
- PSK: Phase Shift Keying

Weil die Demodulation bei dem ASK-Verfahren am einfachsten ist, wird diese überwiegend angewendet. Die Funktionsweise der Verfahren kann in der elektrotechnischen Literatur nachgeschlagen werden. [Fink02]

Im Gegensatz zu den Duplexverfahren ist bei den sequentiellen Verfahren die Stromversorgung zum Transponder nicht permanent. Das heißt dass Energie und Daten zeitversetzt übertragen werden. Deshalb werden sequentielle Systeme auch als *gepulste Systeme* bezeichnet. Es gibt aber keine Normen für die Einteilung der Systeme in gepulste und ungepulste Systeme. Deshalb kommt es vor, dass HDX-Systeme oft als gepulste Systeme bezeichnet werden. Aus Sicht der Datenübertragung ist das zunächst richtig. Falsch ist nur der Umkehrschluss, dass dann alle FDX-Systeme als ungepulste Systeme bezeichnet werden. Deutlicher wird dies in der Abbildung 7 dargestellt. [Fink02]

Die während eines Pulses gesendete Energie des Lesegerätes lädt einen Kondensator im Transponder auf. Nachdem dieser geladen ist, schaltet sich das Feld des Lesegerätes ab und der Transponder beginnt zu antworten. Das Aufladen dauert nur wenige Millisekunden. Der Vorteil hierbei ist, dass der Chip auf dem Transponder immer mit der gleichen Spannung betrieben werden kann. So kann man durch die Größe des Ladekondensators die Kapazität des Speichers bestimmen. Bei Voll- und Halbduplexverfahren muss man immer einen Kompromiss zwischen minimaler und maximaler Leistungsaufnahme des Speichers eingehen, da dieser immer nur einen Teil der Spannung aus dem Sendefeld beziehen kann. Der Lesezyklus bei sequentiellen Systemen besteht also aus zwei Phasen, der Ladephase und der Lesephase. Nach dem Lesen wird der Kondensator wieder entladen und der Chip geht in den Stand-By-Modus. [Fink02]

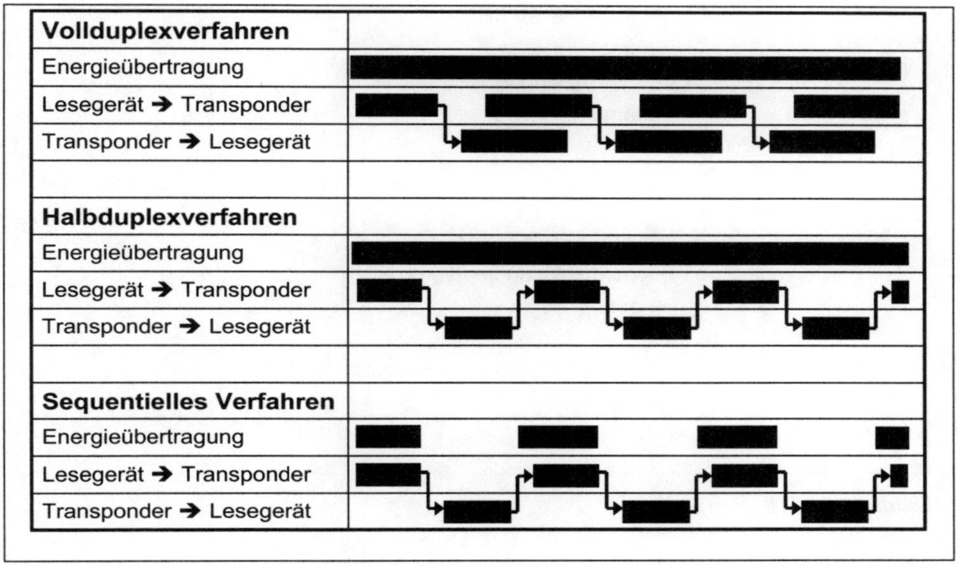

Abbildung 7: *Darstellung der Abläufe bei den unterschiedlichen Verfahren [Fink02]*

2.2.3 Verwendete Syntax (Physical Markup Language)

Es gibt mehrere Möglichkeiten, um Informationen auf einen Transponder zu schreiben. Die einfachste Möglichkeit ist, die Daten bei der Produktion direkt auf den Transponder zu schreiben. Für die Transponder mit Mikrochips benötigt man aber eine Programmiersprache, um Informationen über physikalische Objekte, Waren und deren Umgebung auf die Transponder zu schreiben. Eine weit verbreitete Programmiersprache ist die Physical Markup Language (PML), mit der z. B. der Electronic Product Code (EPC) abgespeichert wird. Sie wurde vom Massachussetts Institute of Technology (MIT) entwickelt. Die Sprache basiert auf der Extensible Markup Language (XML), was man an dem Beispiel-Code in Abbildung 8 sehen kann. Mit der PML werden die Eigenschaften eines Objektes beschrieben, auf dem der Transponder angebracht ist. Der Vorteil ist, dass der Programmcode erweiterungsfähig ist und somit neue Informationen zu dem Objekt auf dem Transponder abgespeichert werden können. [Murr03-ol]

```
<class>
        <system>Kategorie</system>
        <type>Produkt</type>
        <name>
                Schuhe
        </name>
</class>

<class>
        <systen>Intern</system>
        <type>Laufschuhe</type>
        <name>
                Cross Training
        <code>CTRS-A3456.45</code>
        </name>
</class>
```

Abbildung 8: *PML-Beispiel*

In dem obigen Beispiel (Abbildung 8) sind die beschriebenen Objekte „Schuhe". In der ersten Klasse wird die Produktkategorie festgelegt. In der zweiten Klasse die Art der Schuhe, d. h. um was für eine Art von Schuhen es sich handelt, hier Laufschuhe mit dem Namen „Cross Training". Zusätzlich wird noch ein Produktcode vergeben.

2.3 Datensicherheit

Da auf Transpondern Daten gespeichert werden, ist die Datensicherheit ein wichtiger Punkt, der berücksichtigt werden muss. Besonders wichtig ist dies bei Systemen, bei denen personenbezogene Daten gespeichert werden, z. B. zur Personenidentifikation in Ausweispapieren. Aber auch bei Transpondern, die in der Logistik, Produktion und SC eingesetzt werden, werden Daten gespeichert, die geschützt werden müssen. Im Umgang von RFID-Systemen sollte man Folgendes zu vermeiden versuchen:

- Unberechtigtes Auslesen oder Beschreiben von Transpondern
- Austausch von Transpondern oder Einbringen von „fremden" Transpondern
- Entfernen der Transponder vom Objekt, dessen Daten es speichert
- „Abhören" des Datenaustausches und Mitschneiden der Daten (so könnten z. B. Daten von Transpondern wieder „vorgespielt" werden, die längst entwendet wurden)

Die Datensicherheit bezieht sich aber nicht nur auf die oben angegebenen Punkte, sondern beginnt schon bei der Datenübertragung. Da bei der kontaktlosen Datenübertragung sehr leicht Störungen auftreten können und die Daten fehlerhaft oder verändert übertragen werden können, ist es wichtig, Absicherungen zu integrieren. Dies geschieht häufig durch Prüfsummenverfahren, die beim Auftreten von Fehlern bei der Datenübertagung Korrekturmaßnahmen, wie z. B. erneutes Senden der Daten, veranlassen.

Um den Datenaustausch zwischen Leser und Transponder zu verschlüsseln, werden häufig kryptologische[5] Verfahren verwendet. Da diese Verfahren sehr teuer sind, muss im Vorfeld überlegt werden, ob sie überhaupt notwendig sind. Dafür kann man die RFID-Systeme in geschlossene und offene Systeme einteilen, wobei für geschlossene Systeme eine Verschlüsselung meistens nicht notwendig ist.

Beispiele

Ein typisches Beispiel für eine geschlossene Anwendung ist eine Montagelinie in der Automobilindustrie. Hierbei werden Objekte in der Produktion, z. B. Fertigbauteile, zur Identifikation mit Transpondern gekennzeichnet. Dieses System ist nur zutrittsberechtigten Personen zugänglich, so dass die Zahl der potentiellen Angreifer überschaubar bleibt. Ein Angriff auf dieses System könnte zwar eine empfindliche Störung des Betriebsablaufs bewirken, ein persönlicher Nutzen des Angreifers daraus ist aber eher nicht gegeben. Deshalb kann man davon ausgehen, dass ein Angriff auf dieses System eher unwahrscheinlich ist und zur Datensicherung preisgünstigere Systeme mit nicht so aufwendigen Verschlüsselungsverfahren ausreichend sind.

Ein Beispiel für ein offenes System wäre die Auszeichnung von hochwertigen Produkten bereits in der Produktion zur Identifikation und Verfolgung entlang der Supply Chain bis hin zum Endkunden. Dieses System ist für eine sehr große Personengruppe zugänglich und somit ist die Zahl potentieller Angreifer besonders groß. Ein Angriff auf dieses System könnte für das produzierende Unternehmen erheblichen Schaden bedeuten, wenn z. B. minderwertige Produkte mit „gefälschten" Transpondern in Umlauf gebracht würden oder an Identifizierungspunkten aufgezeichnete Transponderdaten ohne Produkte übertragen würden. Für solch ein System sind Transponder mit Authentifizierungs- und Verschlüsselungsverfahren unverzichtbar.

Mit der zunehmenden Verbreitung von RFID-Systemen wird die Datensicherheit immer wichtiger werden, gerade in den Bereichen, wo personenbezogene Daten gespeichert werden und der Datenschutz eine Rolle spielt. Mit der zunehmenden technologischen Entwicklung steigen aber auch die Möglichkeiten, die Sicherheit der Daten zu gewährleisten. Da es sehr

[5] kryptologisch – Kryptologie: Teilbereich der Informatik, in dem Algorithmen zur Ver- und Entschlüsselung von Daten entwickelt werden.

viele Möglichkeiten zur Sicherstellung der korrekten Identifizierung und zum verschlüsselten Datentransfer gibt, wird hier nur jeweils ein Verfahren erläutert.

2.3.1 Gegenseitige Authentifizierung mit einem Schlüssel

Bei diesem Verfahren hat jeder Kommunikationsteilnehmer (Transponder und Leser) den gleichen kryptologischen Schlüssel und verwendet den gleichen Verschlüsselungsalgorithmus. Dabei wird vor der Kommunikation jeweils überprüft, ob der Schlüssel vorhanden ist. Dieses Verschlüsselungsverfahren dient dazu, dass vom Lesegerät nicht manipulierte Daten gelesen werden und vom Transponder nicht Daten an ein fremdes Gerät geschickt werden.

Das Lesegerät sendet ein Kommando (GET_CHALLENGE) an den Transponder. Im Transponder wird nun eine Zufallszahl (RANDOM_A) erzeugt und mit dem gemeinsamen Schlüssel (K) verschlüsselt. Diese verschlüsselte Zahl wird an das Lesegerät zurück übertragen. Das Lesegerät erzeugt nun ebenfalls eine Zufallszahl (RANDOM_B) und verschlüsselt sowohl diese als auch die Zahl des Transponders mit dem gemeinsamen Verschlüsselungsalgorithmus sowie dem Schlüssel (K).

Diese Daten werden dann mit zusätzlichen Steuerdaten in einem Paket (TOKEN_1) an den Transponder geschickt. Im Transponder wird das Paket wieder entschlüsselt und durch Überprüfen der Zufallszahl (RANDOM_A) kontrolliert, ob der gemeinsame Schlüssel richtig ist. Der Transponder erzeugt nun ebenso ein Datenpaket (TOKEN_2) und verschickt es an das Lesegerät. So kann nun das Lesegerät überprüfen, ob der Schlüssel vom Transponder richtig ist. Dann kann die Kommunikation beginnen. Vorteile hierbei sind:

- Der gemeinsame Schlüssel (K) wird nie übertragen
- Es kann ein beliebiger Verschlüsselungsalgorithmus verwendet werden

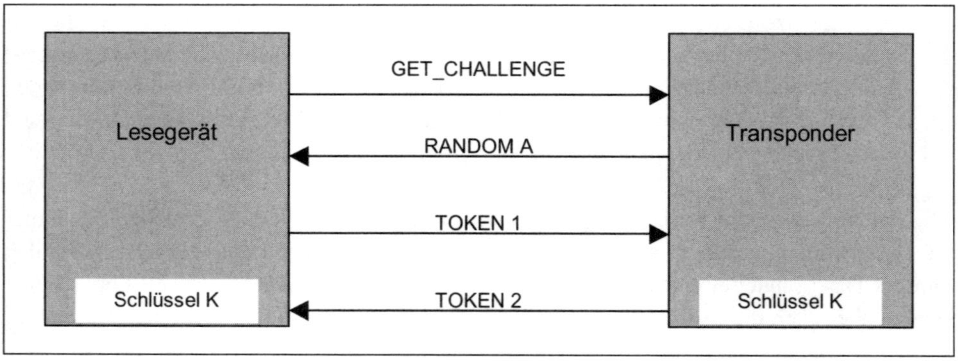

Abbildung 9: *Ablauf einer gegenseitigen Authentifizierung zwischen Transponder u. Lesegerät [Fin02, S. 226]*

Ein Nachteil ist, dass alle Transponder im System den gleichen Schlüssel haben. Wenn man also den Schlüssel (K) in Erfahrung bringt, können alle Transponder im Lager gelesen werden. Eine Möglichkeit dieses Problem zu beheben, ist die *„Authentifizierung mit abgeleiteten Schlüsseln“*, wo es mehrere Schlüssel gibt. [Fink02]

2.3.2 Verschlüsselte Datenübertragung

Neben der Identifikation der Transponder muss auch die Datenübertragung zwischen den Geräten gesichert werden. Die Daten könnten abgehört, aufgezeichnet oder manipuliert werden. Um dies zu verhindern, werden auch hier kryptologische Verfahren verwendet, damit Daten nicht in *„Klarschrift“* versendet werden. Hierbei werden die Daten meistens durch einen Verschlüsselungsalgorithmus und einen Schlüssel (K) codiert und gesendet. Versucht ein Angreifer die Daten abzuhören, kann er sie ohne den entsprechenden Verschlüsselungsalgorithmus nicht dechiffrieren[6]. [Fink02]

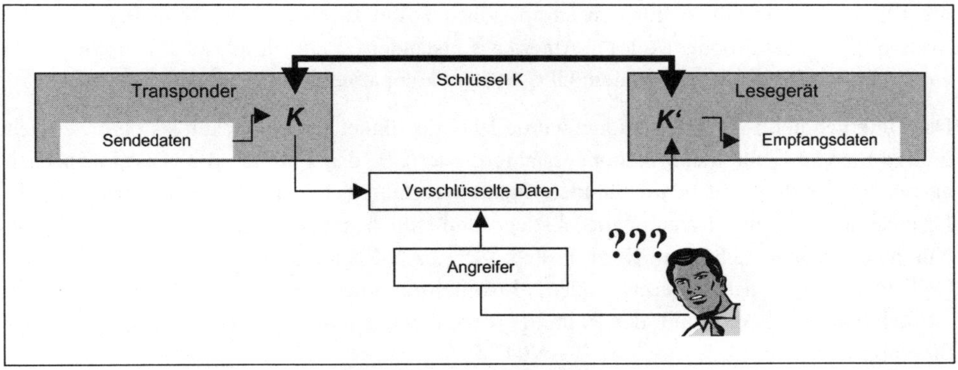

Abbildung 10: *Durch die Verschlüsselung sind die abgehörten Daten nicht zu dechiffrieren [Fin02, S. 229]*

Wenn die Schlüssel (K) und (K’) identisch sind, spricht man von *„symmetrischen Schlüsselverfahren“*. Wenn der Schlüssel (K) nicht zum Entschlüsseln notwendig ist, sondern nur Schlüssel (K’), spricht man von *„asymmetrischen Schlüsselverfahren“*. Bei RFID-Systemen werden zur Zeit noch überwiegend symmetrische Schlüsselverfahren eingesetzt. Weiter kann noch unterschieden werden, ob jedes gesendete Zeichen einzeln verschlüsselt wird, dann spricht man von *„sequentieller Verschlüsselung“*, oder ob die Zeichen in Blöcken verschlüsselt werden, wie bei dem *„Blockchiffre“*. Die Verschlüsselung der versendeten Daten wird aber erst wichtiger, wenn größere Reichweiten bei den Systemen realisiert werden, da bei sehr geringen Reichweiten potentielle Angreifer nicht die Möglichkeit haben, in den Sendebereich zu gelangen. [Fink02]

---

6 Dechiffrieren: Entschlüsseln einer kodierten (verschlüsselten) Information.

2.4 Standardisierung, Normen und Gesetze

Um eine einheitliche Basis für RFID-Systeme zu schaffen und einen reibungslosen, weltweiten Einsatz zu ermöglichen, sind einheitliche und verbindliche Standards und Normen notwendig. Dabei müssen postalische Bestimmungen der einzelnen Länder berücksichtigt werden, da die RFID-Technologie auf der Funktechnik basiert, die durch bestimmte Gesetzte geregelt wird.

2.4.1 EAN und CCG

EAN steht für „*European Article Numbering Association*" und ist die Dachorganisation der CCG. Entstanden ist die EAN International 1974, als sich Lieferanten und Produzenten aus 12 europäischen Ländern zusammenschlossen, um ein standardisiertes Nummernsystem zur Identifizierung von Gütern für den europäischen Raum zu entwickeln, ähnlich dem UPC-System (Universal Product Code) in Amerika. Entstanden ist ein europäischer Nummerncode zur Güteridentifizierung, der zu dem UPC-System kompatibel ist.

Das Unternehmen EAN International wurde 1977 gegründet und entwickelt seitdem weltweit gültige Standards für Identifikationsverfahren, wie z. B. den Barcode. EAN ist inzwischen ein weltweit gültiger Standard für Identifikationsverfahren. Er ist der einzige Standard, der Lesetechnik und die Dateninhalte festlegt und auf dem Fundament eines eindeutigen Nummernsystems steht. Im Kern besteht der EAN-Standard aus drei Nummern- und Codiersystemen, der Internationalen Lokationsnummer (ILN), der Internationalen Artikelnummer (EAN) und der Nummer der Versandeinheit (NVE international Serial Shipping Container Code (SSCC)). [EAN04-ol]

Das amerikanische Gegenstück zu EAN-International, die überwiegend für den europäischen Raum zuständig sind, ist das „*Uniform Code Council*" (UCC). Das UCC ist für die Standardisierung von Identifikationsverfahren für Güter in den USA zuständig

Die EAN International und UCC haben sich bereits im Jahr 2003 zur GS1 (Global Standards 1) zusammengeschlossen. Durch Verzögerungen bei der Eintragung des neuen Namens in Brüssel wurde die Namensänderung erst zum 1. Januar 2005 gültig. Auch die nationalen Organisationen werden ihre Namen entsprechend ändern. Damit will man unterstreichen, dass alle Organisationen an weltweit einheitlichen Standards für Technik und Geschäftsprozesse der Konsumgüterwirtschaft arbeiten. [IM+C04-ol]

Für die nationale EAN Organisation ist in Deutschland die „*Central for Coorganisation*" (CCG) GmbH mit Sitz in Köln verantwortlich. Sie entwickelt im Auftrag von Industrie und Handel Anwendungsempfehlungen auch für RFID-Lösungen. Im Jahr 2001 wurden erstmals Ergebnisse als Rationalisierungsempfehlungen, die in Zusammenarbeit mit Industrie und Handel entwickelt wurden, veröffentlicht. Im Zuge der Namensänderung der EAN

International hat sich die Bezeichnung der CCG im ersten Quartal 2005 in *„GS1 Germany“* geändert.

2.4.2 EPCglobal und Auto-ID Center

Das Auto-ID Center wurde 1999 vom Massachusetts Institut of Technology (MIT) gegründet und hatte die Aufgabe, die Vision des *„Internet der Dinge“* zu erforschen und zu realisieren. Hauptaufgabe war es, globale Standards zu entwickeln, die es ermöglichen sollten, ein länderumfassendes Netzwerk smarter Produkte zu ermöglichen. Es wurden bereits früh große Firmen als potentielle Endnutzer und Produzenten wie z. B. Wal-Mart, Gilette, Coca-Cola oder Technologiefirmen wie Philips, Sonsormatic und IBM in die Entwicklung der Standards mit einbezogen. Bald hatte das Auto-ID Center die Unterstützung von über 100 global agierenden Organisationen und Unternehmen. Durch diese Symbiose von Wirtschaft und Forschung ist es möglich, die entwickelten Standards auch umzusetzen.

Ende Oktober 2003 beendete das Auto-ID Center planmäßig seine Arbeit. Die Entwicklungen und Forschungsarbeiten wurden anschließend an EPCglobal übergeben. EPCglobal ist ein Joint-Venture zwischen EAN International und dem Uniform Code Council mit der Aufgabe, die Ergebnisse des Auto-ID Centers zu kommerzialisieren. [Schu04-ol]

Ergebnis der Forschungsarbeit des Auto-ID Centers ist das EPC Netzwerk, das aus verschiedenen Komponenten besteht. Die Basis ist der *„Electronic Product Code“* (EPC), der mit den weiteren Komponenten in Kapitel 2.5 beschrieben wird.

2.4.3 AIM

Ein weiterer Verband, der sich ebenfalls mit der weltweiten Standardisierung befasst, ist der *„Nationale Industrieverband für Automatische Identifikations- und Datenerfassung“* (AIM). AIM Deutschland (AIM-D) ist Mitglied des AIM Inc. und hat alle Rechte und Zugriffsmöglichkeiten auf wissenschaftliche Arbeiten und Ergebnisse, die rund um den Globus anfallen. Diese werden analysiert und können mit in die Weiterentwicklung einfließen. AIM befasst sich mit der Förderung von Anwendungen der automatischen elektronischen Datenerfassung sowie der Produktidentifikation. Die Schwerpunkte liegen hierbei in den Bereichen Transport, Verkehr und Gesundheit. Der Verband unterhält und pflegt Kontakte zu vielen Universitäten, mit der Absicht, aktuelle und themenspezifische Problemstellungen zu analysieren und Lösungen zu entwickeln. Dadurch sollen Forschung und Entwicklung in diesem Bereich begleitet und vorangetrieben werden.

Wichtige Kooperationspartner sind dabei der *„Lehrstuhl für Förder- und Lagerwesen“* an der Universität Dortmund (FLOG), der *„Lehrstuhl und Institut für Fördertechnik“* an der Universität Karlsruhe sowie das Fachgebiet *„Produktionsplanung und -steuerung,*

Betriebsdatenerfassung“ an der Fachhochschule Konstanz. Die dem AIM-D angehörenden Mitglieder sind führende Industrieunternehmen und Softwarehäuser mit Sitz oder Niederlassungen im deutschsprachigen Raum. [AIM04-ol]

2.4.4 ISO-Normen

Für die Erarbeitung von Normen sind die technischen Komitees der „*International Organization for Standardization*“ (ISO) zuständig. Die ISO ist eine internationale Standardisierungsorganisation mit Sitz in Genf. Deutschland ist durch das „*Deutsche Institut für Normung e. V.*“ (DIN) und Amerika durch das „*American National Standards Institute*“ (ANSI) vertreten. [MTL95]

In diesem Kapitel wird nur kurz auf einen Teil der zahlreichen Normen eingegangen, die für den Bereich des RFID-Einsatzes in der Lagerhaltung wichtig sind. Da die Normen immer wieder dem technischen Stand angepasst werden, unterliegen sie permanenten Änderungen. Eine aktuelle Version der ISO-Normen kann unter anderem in Deutschland kostenpflichtig bezogen werden bei:

> Beuth Verlag GmbH
> Burggraferstr. 3
> D-10772 Berlin
> Germany
> [Fink02]

Die ISO-Standards zum Thema „RFID innerhalb der Logistik“ können in drei Bereiche eingeteilt werden, nämlich die Technologiestandards, Datenstandards und Anwendungsstandards.

2.4.4.1 Technologiestandards

In den Technologiestandards werden grundlegende Eigenschaften und Komponenten eines RFID-Systems beschrieben. Es werden die Frequenzen, Übertragungsgeschwindigkeiten, Codierung, Protokolle und Antikollisionsverfahren festgelegt. Die Standards werden von ISO/IEC[7] Gremien erarbeitet, wie z. B. das ISO/IEC JTC SC[8] 31 Gremium, das für Standards zur automatischen Identifikation und Datenerfassung verantwortlich ist. Von der SC 17 Working Group 8 „*Contactless integrated circuit cards*“ wurde der Standard 15693 erstellt, der die Grundlage vieler Smart-Label-Produkte ist. Die in der Tabelle 4 aufgeführten Standards sind schon verabschiedet oder werden noch bearbeitet. [IDEN04-ol]

---

[7] IEC: International Electronical Commission-Internationale elektronische Kommission [SOL05-ol].

[8] JTC SC: Information technology scientific committee; wissenschaftliches Komitee zum Bereich Informationstechnologie [ISO04-ol].

ISO/IEC Nummer	Titel	Status
15693-2	Identification Cards – Vicinity cards – Air interface and initialisation (13,56 MHz)	Standard am 1. Mai 2000 veröffentlicht [IDEN04-ol]
15693-3	Identification Cards – Vicinity cards – Anticollision and transmission protocol (13,56 MHz)	Standard am 1. April 2001 veröffentlicht [IDEN04-ol]
18000-1	Generic Parameters for the Air Interface for Globally Accepted Frequencies	Standard am 1. Juni 2004 veröffentlicht [DIN04-ol]
18000-2	Parameter for Air Interface Communications below 135 kHz	Standard am 1. September 2004 veröffentlicht [DIN04-ol]
18000-3	Parameter for Air Interface Communications at 13,56 MHz	Standard am 1. Juni 2004 veröffentlicht [DIN04-ol]
18000-4	Parameters for Air Interface Communications at 2,45 MHz	Standard am 1. August 2004 veröffentlicht [DIN04-ol]
18000-5	Parameters for Air Interface Communications at 5,8 MHz	zurückgezogen
18000-6	Parameters for Air Interface Communications at 860 to 930 MHz	Standard am 1. August 2004 veröffentlicht [DIN04-ol]
18000-7	Parameters for Air Interface Communications at 433 MHz	Standard am 1. August 2004 veröffentlicht

Tabelle 4: *Übersicht über die verschiedenen ISO-Technologiestandards [IDEN04-ol]*

Die Standards sind nicht verpflichtend, sondern als Sollbestimmung zu verstehen. Es kann mit Prüfverfahren kontrolliert werden, ob bestimmte Produkte den ISO-Standards entsprechen. Diese Prüfverfahren sind in den Standards 10373-7 und in der Serie 18047 beschrieben. Dabei geht es um Messverfahren für Feldstärken, Modulationsgrade, Reichweiten und Bearbeitungszeiten. Die Messmethoden wiederum sind im Standard 18046 dokumentiert. [IDEN04-ol]

2.4.4.2 Datenstandards

Die Datenstandards beschreiben verschiedene Aspekte der Datenorganisation und sind unabhängig von der verwendeten Technologie. Es gibt vier unterschiedliche Projekte, die bearbeitet werden, nämlich „*Unique Identifier*", „*Data Protocol*", „*Application Programmer Interface*" und „*Elementary Tag*". Der ISO 15963 bezieht sich auf das Unique-Identifier-Projekt. Hierbei werden die Verwendungsmöglichkeiten von eindeutigen Identifikationsnummern für Transponder behandelt sowie die Art der Realisierung, d. h. wie die Eindeutigkeit der Identifikationsnummern festgelegt wird. Dabei verweisen die auf den

Transpondern gespeicherten Identifikationsnummern auf die Produktdaten, die nicht auf dem Transponder, sondern in Produktdatenbanken hinterlegt sind.

ISO/IEC Nummer	Titel	Status
15961	RFID for Item Management – Data Protocol: Data encoding Rules and logical Memory functions	Standard am 1. Oktober 2004 veröffentlicht [DIN04-ol]
15962	RFID for Item Management – Data Protocol: Application interface	Standard am 1. Oktober 2004 veröffentlicht [DIN04-ol]
15963	RFID for Item Management – Unique Identification of RF Tag	Standard am 1. September 2004 veröffentlicht [DIN04-ol]
19789	RFID for Item Management – Application Programmer Interface	Neues Projekt, gestartet in 2004

Tabelle 5: *Übersicht über die verschiedenen ISO-Datenstandards [IDEN04-ol]*

Die Transponder und damit auch die Identifikationsnummern werden von verschiedenen Unternehmen bzw. Organisationen produziert und auf den Markt gebracht. Deshalb müssen alle Beteiligten nach dem gleichen Nummernschema vorgehen, wie es der ISO-Standard 15963 vorgibt, damit die Eindeutigkeit der Identifikationsnummern gewährleistet bleibt. [IDEN04-ol]

Wie die im Transponder gespeicherten Daten verarbeitet werden, wird in den Standards 15961 und 15962 beschrieben. Dabei gehört der Unique Identifier zum Data Protocol Processor. Die Grafik in Abbildung 11 zeigt die Anwendungsbereiche der Normen sowie die Verbindung zu den Technologiestandards.

Im Standard 15961 wird der Datenaustausch zwischen Transponder und Lesegerät dargestellt, der auch als ASN.1 (Abstract Syntax Notation One) bezeichnet wird. Das ASN.1 ist ein internationaler Standard, der Kommunikationsprotokolle beschreibt. Wie die Daten im Transponder organisiert und verarbeitet werden, wird im Standard 15962 beschrieben. [IDEN04-ol]

Die folgende Abbildung 11 veranschaulicht noch einmal das Zusammenwirken der Standards.

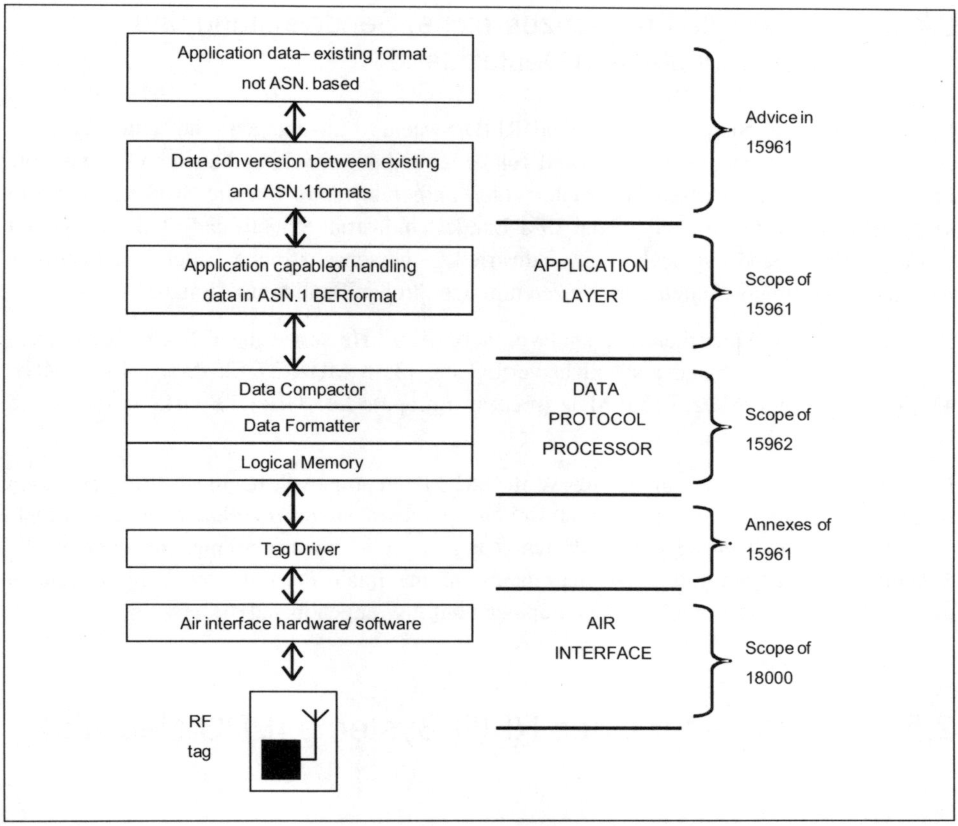

Abbildung 11: *Anwendungsbereiche der Datenstandards ISO 15691 und 15692. [IDEN04-ol]*

2.4.4.3 Anwendungsstandards

Um für eine einzelne Anwendung oder einen Anwendungsbereich eine bestimmte technische Lösung zu finden, gibt es die Anwendungsstandards. Diese wählen aus der Vielzahl von Technologie- und Datenstandards die jeweils am besten passende Lösung aus. In der Arbeitsgruppe ISO TC 122/104 JWG „*Supply Chain Applications of RFID*" haben sich Komitees aus verschiedenen Arbeitsgruppen zusammengeschlossen, um Spezifikationen für den Einsatz von RFID-Systemen in Lieferketten zu erstellen. Hierbei dienen nationale und internationale Standards als Arbeitsgrundlagen, wobei häufig auf die Normenfamilie ISO 18000 und die amerikanischen ANSI-Standards zurückgegriffen wird. Die Kompatibilität zum Barcode ist dabei ein wichtiger Aspekt. [IDEN04-ol]

2.4.5 Festgelegte Frequenzbereiche, Sendeleistung und Rechtsgrundlage in Deutschland

Da aus rechtlicher Sicht in Deutschland RFID-Systeme Funkanlagen sind, unterliegen sie den geltenden Vorschriften des Post- und Telekommunikationswesens. Es sind nur bestimmte Frequenzbereiche zugelassen, die weiter unten aufgeführt sind. Für die Systeme über 135 kHz sollen die weltweit verfügbaren ISM-Bänder (Industrial-Scientificial-Medical) genutzt werden. Dies sind speziell für industrielle, wissenschaftliche oder medizinische Anwendungen freigeschaltete Frequenzen mit einer großen Bandbreite. [Fink02]

Die wichtigsten Frequenzbereiche sind von 0 bis 135 kHz sowie die ISM-Frequenzen um 6,78 MHz (in Deutschland noch nicht verfügbar), 13,56 MHz, 27,125 MHz, 40,68 MHz, 433,92 MHz, 869,0 MHz, 915,0 MHz (nicht in Europa), 2,45 GHz, 5,8 GHz sowie 24,125 GHz. [Fink02]

Die Sendeleistung ist zur Zeit auf 0,5 W für 865 MHz europaweit begrenzt. Dadurch lassen sich in Europa noch nicht so hohe Reichweiten realisieren wie in Amerika, die eine maximale Sendeleistung von 4 W verwenden dürfen. Zur Zeit gibt es für bestimmte Anwendungsfälle Sondergenehmigungen, mit denen man dann eine maximale Leistung von 2 W verwenden darf. Seit 2005 ist die Sendeleistung europaweit auf 2 W angehoben. [HuSc04]

2.5 Infrastruktur eines RFID-Systems (EPC-Netzwerk)

Zu einem RFID-System gehören neben dem Transponder und Lesegerät noch weitere Komponenten, die zum Betreiben notwendig sind. Diese unterscheiden sich je nach Anwendungszweck des Systems und mittlerweile gibt es eine Vielzahl unterschiedlicher Komponenten. Viele der eingeführten Standards decken immer nur Bereiche eines RFID-Systems ab, wie z. B. der ISO-18000 Standard, der sich nur auf die Luftschnittstellen bezieht, oder die *„Global Trade Item Number*" (GTIN)[9] Familie, die sich nur mit den Nummerierungsschemata beschäftigen. Es ist somit schwierig, einen umfassenden Überblick zu erhalten.

Eine Beschreibung einer Infrastruktur, die sich nicht nur auf einzelne Teile bezieht, sondern auf ein ganzes funktionierendes System, liefert das Auto-ID Center mit dem EPC-Netzwerk. Zu den Komponenten gehören der Transponder (Tag), der den EPC speichert, ein Lesegerät, welches stationär oder mobil sein kann, die Middleware (Savant), die mit der Applikation, z. B. ein Warenwirtschaftssystem, und dem Lesegerät kommuniziert, der Verzeichnisdienst

---

[9] GTIN: Global Trade Item Number: Dient der Identifikation von einzelnen Artikeln und Handelseinheiten.

(ONS), mit dessen Hilfe Produktdaten abgerufen werden können, und ein Datenspeicher (PML-Server).

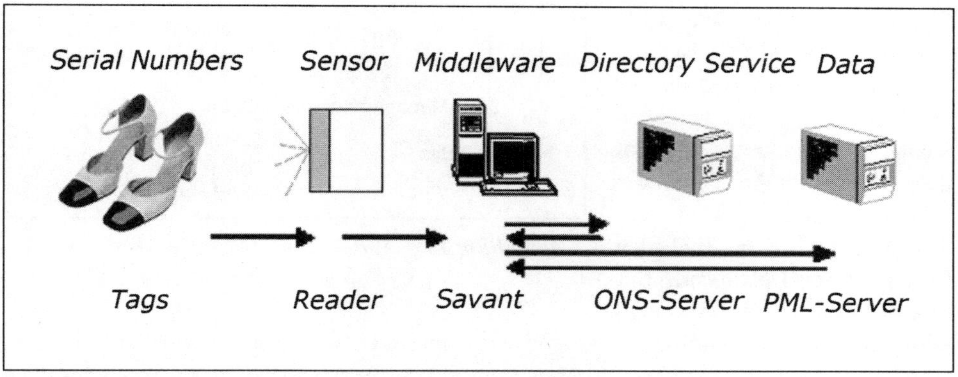

Abbildung 12: *EPC-Netzwerk [Schu04-ol]*

Dieses Netzwerk wird im Folgenden als ein Beispiel einer funktionierenden Infrastruktur eines RFID-Systems beschrieben. Bei diesem System wird auf dem Transponder nur der Electronic Product Code (EPC) gespeichert. Benötigt man ein System, bei dem auf dem Transponder weitere Daten gespeichert werden sollen, muss die Infrastruktur dementsprechend geändert werden. [Schu04-ol]

2.5.1 Electronic Product Code (EPC)

Für die Speicherung von Produktdaten hat man zwei Möglichkeiten. Erstens kann man alle wichtigen Informationen direkt auf dem Transponder speichern. Die Daten würden also dezentral gespeichert, was auch als „*Data on Tag*" (dot) bezeichnet wird [Berg04-ol]. Für die dezentrale Speicherung sind größere Transponder notwendig, da alle benötigten Produktinformationen gespeichert werden. Es muss bei der Planung genau überlegt werden, welche Daten gespeichert werden sollen, da die Speicherkapazität auf den Transpondern sehr begrenzt ist. Vorteile liegen bei dot darin, dass man alle nötigen Informationen direkt vor Ort am Produkt hat und unabhängig von zentralen Servern ist. Somit können Echtzeit-Entscheidungen getroffen werden, da man nicht auf die Antwort eines Servers warten muss. Außerdem können Transponder untereinander, völlig unabhängig von einem externen Netzwerk, Daten austauschen. Ein Nachteil sind die höheren Kosten der Transponder, wobei berücksichtigt werden muss, dass kein großes, globales Netzwerk erforderlich ist. Ein weiterer Nachteil ist, dass die Datenspeicherung auf dem Transponder zeitlich begrenzt ist, da die Lebensdauer der Transponder von dem verwendeten Speicher oder bei aktiven Transpondern von der Energiequelle abhängig ist. Außerdem gibt es noch keine weltweit geltenden Standards für die Datenspeicherung auf den Transpondern in Bezug auf die Programmierung und den Datentransfer.

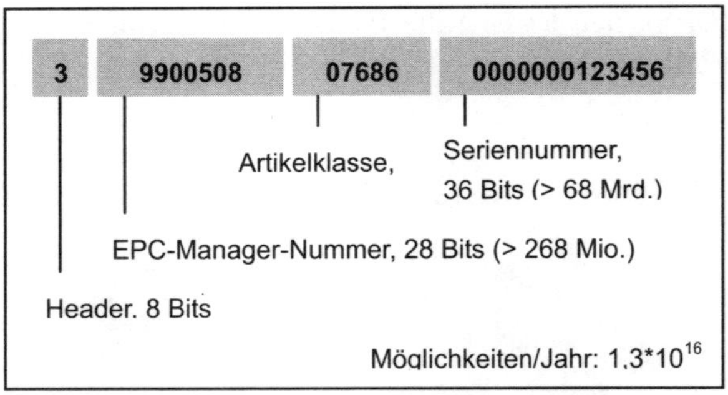

Abbildung 13: *Aufbau des EPC, 96 Bit-Version [HuSc04, S. 7]*

Die andere Möglichkeit ist, auf dem Transponder nur den Produktcode zu speichern, den EPC, so wie bei dem EPC-Netzwerk. Der EPC ist eine eindeutige Ziffernfolge, die auf den RFID-Tags gespeichert wird, womit einzelne Objekte unterschiedlicher Art identifiziert werden können, wie z. B. Produkte, logistische Einheiten, Ladungsträger, Dokumente, Einzelkomponenten usw. Vorrangig wird der EPC zur Identifikation von Waren eingesetzt und bietet die Möglichkeit, jedes einzelne Produkt zu identifizieren. Man kann also nicht nur blaue Hosen von schwarzen Hosen oder lange Hosen von kurzen Hosen unterscheiden, sondern jede einzelne Hose ist für sich eindeutig identifizierbar. Mittels des Verzeichnisdienstes ONS können weitere Informationen, wie z. B. das Herstellungsdatum, abgerufen werden. Der EPC ist universell einsetzbar und nicht auf ein bestimmtes Speichermedium, wie z. B. Transponder oder Papier, angewiesen. Dadurch lassen sich RFID-Systeme, die mit dem EPC arbeiten, gut in bereits bestehende Systeme, die ebenfalls auf dem EPC beruhen, einbinden. Bei der Entwicklung dieses Systems wurde darauf Wert gelegt, dass das Schema möglichst frei von Meta-Daten ist, also zugespitzt nur aus einer fortlaufenden Nummer besteht. Da die Suche in großen Adressräumen und die Vergabe von unstrukturierten Nummern sehr schwierig sind, teilte das Auto-ID Center den EPC in Bereiche ein, die den Header, den Hersteller, die Objektklasse und die Seriennummer klar trennen. [Schu04-ol]

Mittlerweile gibt es verschiedene Versionen des EPC-Standards. Die EPC Global hat im April 2004 den weltweit gültigen „*EPC Tag Data Standard Version 1.1 Rev. 1.24*“ verabschiedet. [EPC04-ol]

2.5.1.1 EPC Tag Data Standard

Im EPC Tag Data Standard wird beschrieben, welche Daten in welcher Form auf einem Tag abgelegt werden und wie die Codierung beziehungsweise Decodierung der Informationen erfolgt. Der Standard ist kompatibel zu allen anderen weltweit geltenden EPC-Standards, womit auch Systeme, die mit älteren Standards arbeiten, zu Systemen mit dem neuen Standard kompatibel sind.

In seiner Datenstruktur besteht der EPC aus mehreren Komponenten:

Struktur des Elektronischen Produkt-Codes (EPC)			
Datenkopf	EPC-Manager	Objektklasse	Seriennummer

Abbildung 14: *Schematischer Aufbau des EPC [EPC04-ol]*

- Datenkopf (Header): beschreibt, welche EPC-Version verwendet wird und welches EAN-Nummernident verschlüsselt wird
- EPC-Manager: ist die Kennzeichnungsnummer des Inverkehrbringers, in der Regel des Unternehmens
- Objektklasse (Object Class): bezeichnet die Nummer des Produkts bzw. des Objekts
- Seriennummer (Serial Number): für die serielle Identifikation des Produkts bzw. Objekts

Es können mit Hilfe des EPC Tag Data Standard u. a. folgende Identifizierungsnummern auf einem Transponder gespeichert werden:

- EAN und Seriennummer (bzw. Serialized Global Trade Item Number (SGTIN)[10])
- NVE (Nummer der Versandeinheit bzw. Serieal Shipping Container Code (SSCC)[11])
- ILN und Seriennummer (Internationale Lokationsnummer bzw. Serialized Global Location Number (SGLN)[12])
- MTV-ID (Mehrwegtransportverpackung-ID bzw. Global Returnable Asset Identifier (GRAI)[13])

Für die Übertragungsfrequenzen ist nicht nur die häufig eingesetzte 13,56 MHz-Frequenz vorgesehen, sondern eine Bandbreite im Frequenzbereich von 865 bis 915 MHz. Im europäischen Bereich ist der Frequenzbereich 865 bis 868 MHz relevant, während sich in den USA die Anwendungen auf die Frequenz 915 MHz konzentrieren, die zu den europäischen Anwendungen kompatibel ist. [EPC04-ol]

Den Standard gibt es für drei verschiedene Größen von Transpondern, in 64 Bit, 96 Bit und 256 Bit. Bei dem EPC-64 soll Speicherplatz gespart werden, um somit die Herstellungskosten zu senken. Hierbei handelt es sich um provisorische 64-Bit Transponder, die zurzeit nur in den USA eingesetzt werden, ein zukünftiger Einsatz in Europa wird allerdings als unwahrscheinlich eingeschätzt [EPC04-ol]. In Europa wird sich wahrscheinlich der EPC-96 durchsetzen, der einen genug großen Adressraum besitzt. Die Object Class in

---

10 SGTIN = Serialized Global Trade Item Number. Dient der Identifikation von einzelnen Artikeln und Handelseinheiten

11 SSCC = Serieal Shipping Container Code. Dient der Identifikation von logistischen Einheiten, z. B. Paletten oder Packstücke

12 SGLN = Serialized Global Location Number. Dient zur Lokation von Lagerplätzen und Warenträgern

13 GRAI = Global Returnable Asset Identifier. Dient zur Identifikation von Mehrwegtransportverpackungen

dieser Größe bietet dem Hersteller die Möglichkeit, etwa 16 Millionen Produkte zu benennen, die dann noch um eine 32 Bit große Seriennummer ergänzt werden können. Für den EPC-256 ist heute und in naher Zukunft kein Bedarf abzusehen. [Schu04-ol]

2.5.2 Lesegeräte

Die abgespeicherten Daten werden mit stationären oder mobilen Lese-/Schreibgeräten abgerufen. Stationäre Lesegeräte sind an einen Ort gebunden, und die Transponder müssen am Gerät, z. B. mit Förderbändern, vorbeigeführt werden. Das Lesegerät wird aktiv, sobald ein oder mehrere Transponder am Lesegerät vorbeigeführt werden. Hierbei ist es wichtig, die optimale Transportgeschwindigkeit zu ermitteln, da bei zu hoher Geschwindigkeit die Fehlerrate beim Lesen ansteigt. Die stationären Lesegeräte können direkt über eine Schnittstelle mit einem Savant-Computer verbunden und in das Unternehmensnetzwerk eingebunden werden. Empfangene Daten werden unmittelbar oder stapelweise an das eingesetzte Verarbeitungsprogramm weitergeleitet.

Mobile Lesegeräte sind ortsunabhängig und können von Mitarbeitern mitgeführt werden. Die Größen reichen von kleinen Handgeräten mit nur sehr geringer Lesereichweite bis hin zu großen „*Lesewagen*", deren Reichweite bis zu einem Meter betragen kann. Die gelesenen Daten werden im Lesegerät gespeichert und über ein Funknetzwerk direkt an einen weiterverarbeitenden Computer übertragen oder periodisch mit einer Dockingstation an einen Computer angeschlossen.

Nach den Empfehlungen des Auto-ID Centers sollen die Lesegeräte sowohl das HF-Frequenzband wie auch das UHF-Frequenzband unterstützten [Schu04-ol]. Die Mindestanforderungen für die Lesegeräte, wie auch die Kommunikationsprotokolle, sind ebenfalls standardisiert worden, wodurch die Anwender die Möglichkeit haben, Geräte unterschiedlicher Hersteller einzusetzen.

2.5.3 Savant

Savant ist eine Softwaretechnologie, die mit einer verteilten Architektur arbeitet, und stellt die eigentliche Middleware im EPC-Netzwerk dar. Sie dient dem Management und der effektiven Verteilung der EPC-Daten in Netzwerken. [WaWa04] Der Savant kommuniziert mit der verwendeten Applikation, z. B. einer Warenbewirtschaftung, und mit dem Lesegerät und übernimmt Aufgaben wie intelligente Filterung der Daten, Sammeln und Zählen von Transpondernummern, Vorverarbeiten der Daten, Steuerung der Lesegeräte oder eine Hierarchiebildung verschiedener Savants. Eine Referenzimplementation gibt Auskunft über angeschlossene Geräte oder Module.

Große Softwareunternehmen wie SAP oder SUN haben den Savant erweitert und in ihre eigenen Businesssoftwarelösungen integriert. Der Savant ist somit eine der kostspieligsten

Komponenten des EPC-Netzwerks. Wegen der starken Marktposition von SAP ist davon auszugehen, dass sich die SAP-basierten Lösungen durchsetzen werden.

2.5.4 Objekt Naming Service (ONS)

Da man in einem EPC-Netzwerk vor Ort nur den Code abrufen kann, ist ein offenes globales Netzwerk erforderlich, um weitere Informationen zu dem Produkt zu erhalten. Zu diesem Netzwerk gehört der sogenannte „*Objekt Name Service*“ (ONS). ONS ist eine Datenbank, in der zu jedem EPC eine Internet-IP-Adresse abgelegt werden kann. Benötigt man vor Ort Informationen über ein Produkt, wird der EPC vom Transponder gelesen. Dieser wird an den ONS geschickt, der die passende IP-Adresse zurückschickt. Die IP-Adresse verweist in der Regel auf den Produktserver des Herstellers, der die gewünschten Daten zur Verfügung stellt oder ggf. die Anfrage weiterleitet an einen Stammdatenpool. [Loin04d]

Viele große Handelsunternehmen verwenden dieses Verfahren bereits wegen der weltweiten Standardisierung. Durch die Schichtenbildung in diesem System ergeben sich ähnliche Problematiken wie bei internetbasierten Systemen. Softwarefehler, Konfigurationsfehler oder Denial-of-Service-Attacken[14] können das ONS-System außer Betrieb setzen. Die Folgen eines Ausfalls hätten immense Ausmaße, z. B wenn bei einem Supermarkt der automatische Checkout an der Kasse oder bei einem Lieferanten der Bestellvorgang nicht mehr funktionieren würden.

Bei tatsächlichem Einsatz, wie z. B. bei der Metro Group, die das EPC-Netzwerk unter realen Bedingungen einsetzt, wird derzeit nur die EPC und nicht noch zusätzlich die Seriennummer abgefragt. Damit will man Performanceprobleme vermeiden und Erfahrungen über die Alltagstauglichkeit des Systems sammeln.

2.5.5 PML-Server

Das Prinzip der Datenspeicherung auf dem Transponder mittels der PML ist bereits in Kapitel 2.2.3 beschrieben worden. Auf dem PML-Server speichert jeder Hersteller lokal Informationen über die Produkte ab. Dabei werden die Daten nicht zwingend in XML-basierten Datenbanken gespeichert, sondern XML dient nur als Datenformat für den Austausch zwischen den Systemen. Vorhandene Systeme können so einfach um eine weitere Schnittstelle der Datenbank für die entsprechenden Anfragen erweitert werden. Da jeder Hersteller seinen eigenen PML-Server betreibt, kann es bei Anfragen sein, dass mehrere Server abgefragt werden müssen. Dies kann zu Problemen bei komplexen Anfragen führen,

---

14 Denial-of-Service-Attacken (DoS): bedeutet so viel wie etwas unzugänglich machen oder außer Betrieb setzen. Bei einer DoS-Attacke wird das System gezielt mit so vielen Anfragen bombardiert, dass es überlastet wird und im schlimmsten Fall zusammenbricht. [BSI04-ol]

da die verschiedenen Server unterschiedliche Architekturen und Datenschutzsysteme aufweisen. [Schu04-ol]

2.6 Gerätetypen: Transponder, Lesegeräte, Komplettsysteme

Es gibt mittlerweile eine Vielzahl von unterschiedlichen Herstellern, die Transponder, Schreib- oder Lesegeräte anbieten. Wegen der immer weitergehenden technologischen Entwicklung der Systeme kommen immer wieder neue Transponder und Geräte hinzu. Der nächste wichtige technologische Meilenstein wird die Einführung von Polymertranspondern sein (vgl. Kapitel 2.1.7), wodurch die Herstellungskosten für Transponder drastisch gesenkt werden könnten. Bis diese Transponder aber serienreif sind, werden noch ein paar Jahre vergehen.

Die Transponder können für die meisten Anwendungen bereits „von der Stange“ gekauft werden, allerdings sind die Preisunterschiede beträchtlich, die Preise reichen von wenigen Cents bis weit über 100 Euro pro Transponder. Daher müssen, wenn man ein RFID-System einführen will, bereits in der Planungsphase das Einsatzgebiet und die Anforderungen an die Transponder genau festgelegt werden. Für die Lesegeräte und Antennen können auch Spezialanfertigung notwendig sein, da die Einsatzgebiete und Einsatzbedingungen oft sehr unterschiedlich sind. Ein großer und nicht zu unterschätzender Kostenfaktor ist die Integration des RFID-Systems in die bestehende Systemlandschaft. Das Hauptproblem bei der Integration sind die noch fehlenden Standards für die Schnittstellen zu anderen Systemen.

Im Folgenden wird nur ein kleiner Ausschnitt aus einer großen Anzahl für Transponder und Lesegeräte unterschiedlicher Hersteller gegeben. In den in Kapitel 5 ausführlich beschriebenen Praxisbeispielen werden die dort verwendeten Geräte ebenfalls kurz beschrieben. Die hier aufgeführten Geräte eignen sich besonders für den Einsatz in der Produktionslogistik, können aber auch in andern logistischen Bereichen gut eingesetzt werden.

2.6.1 Transponder

Hersteller	Omron®
Modell	**V 720 Smartlabel**
Energieversorgung	passiv
Zugriff	lesen/schreiben
Frequenz	13,56 MHz
Speicher	max. 1024 Bit
Leseentfernung	ca. 0,6 – 0,8 m
Besonderheiten	Transponder ist flexibel, kann z. B. auf Klebeetiketten angebracht werden

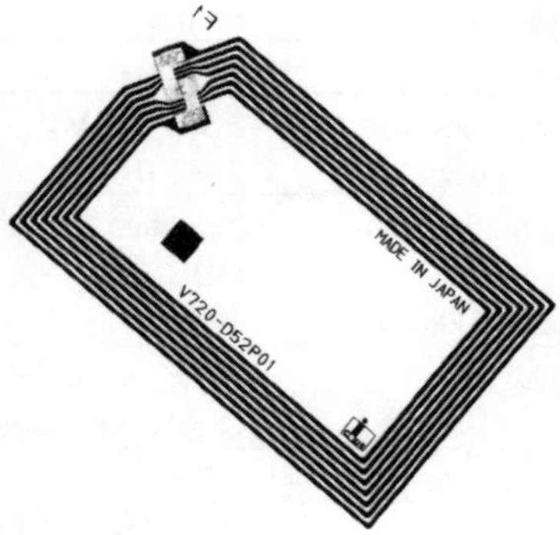

Abbildung 15: *Smart Label*

Hersteller	Schreiner®
Modell	**((rfid))-onMetal-Label**
Energieversorgung	passiv
Zugriff	lesen/schreiben
Frequenz	13,56 MHz
Besonderheiten	Transponder kann direkt auf metallische Untergründe appliziert und ausgelesen werden

[SLD05-ol]

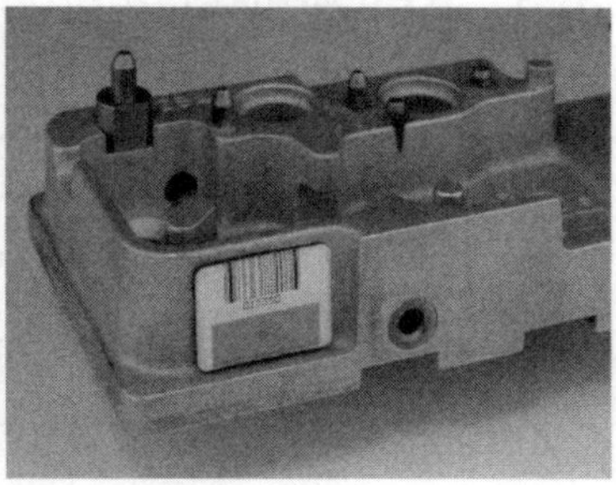

Abbildung 16: *((rfid))-onMetal-Label von Schreiner® [SLD05-ol]*

2.6.2 Mobile Schreib-/Lesegeräte

Hersteller	Siemens®
Modell	**STG 1**
Hauptspeicher/ Arbeitsspeicher	2 MB (ROM)/ 2 MB (RAM)
Schnittstellen	Induktive Schnittstelle zum MDS
Max. Akkulaufzeit	16 Std.
Display	LCD; 240 x 100 Pixel Graustufenskala
Sturzschutz	0,5 m
Maße	260 x 92 x 35 mm
Betriebstemp.	-20 bis +60 °C

[SADP05-ol]

Abbildung 17: *Mobiles Handterminal STG I für MOBY I. [SADP05-ol (Pressebild)]*

2.6.3 RFID-Etikettendrucker

Hersteller	Sato®
Modell	**CL408e/CL412e**
Druckverfahren	Thermodirekt/Thermotransfer
Auflösung	203/305 dpi
Etikettendruckbreite min./max.	k. A./128 mm
Etikettenlänge min./max.	Max. 1.249 bzw. 833 mm
Druckgeschwindigkeit	50, 100, 150 mm/s
mögl. Transponder	UHF 868 MHz und HF 13,56 MHz
Speicherkapazität	16 + 2 MB Flash/16 SDRAM
Standardschnittstellen	Parallel
optionale Schnittstellen	IEEE, RS-232, RS-422, LAN, W-LAN, Twinax-Coax, USB
Maße H x B x T	321 x 271 x 430 mm
Gehäusematerial	Metall

[Loin04f]

Abbildung 18: *RFID-Etikettendrucker CL408e von Sato® [SATO05-ol]*

2.6.4 Komplettsysteme

Bei den Komplettsystemen bietet der Hersteller meist die Transponder, Lesegeräte und eine Systemintegration an, d. h. die Anbindung an bestehende Bustopologie[15] oder Personalcomputer.

Einer der führenden Hersteller von Komplettsystem für die industrielle Produktion, aber auch für Lagerlogistik und Transportlogistik ist die Siemens AG Automation and Drive (A&D). Dafür wurde das Identifikationssystem MOBY entwickelt, das schon seit vielen Jahren auf dem Markt ist. Für die unterschiedlichen Anwendungen gibt es verschiedene Varianten des MOBY-Systems, für die industrielle Produktion und Montagelinien gibt es die Systeme MOBY I, MOBY E und MOBY R. Genauer beschrieben wird nun das MOBY I System, da es über den größten Datenspeicher verfügt und vielfältige Anwendungsmöglichkeiten in der Produktion bietet.

Ein MOBY-Komplettsystem besteht aus mobilem Datenspeicher (MDS bzw. Tag/Transponder), einem Schreib-/Lesegerät (SLG/SIM), der Anschaltung (ASM) und ggf. einem mobilen Handterminal (STG).

- Transponder (MDS)

Die Transponder können am Produkt, Produktträger, Objekt oder dessen Transport-/Verpackungseinheit angebracht werden, wie z. B. an Karosserieteilen in der Automobilindustrie, an Kommissionierboxen im Lager oder an Werkzeugen in der Produktion. Von den mobilen Datenspeichern können alle anwendungsspezifischen Daten gelesen und neue Daten bei Bedarf an den einzelnen Arbeitsplätzen bzw. Fertigungsstationen geschrieben werden. So können während der Produktion Material- und Datenfluss synchronisiert werden.

---

[15] Bustopologie: Bei der Bustopologie in Netzwerken handelt es sich um einen seriell arbeitenden Bus, über den die Daten mit Zusatzinformationen seriell übertragen werden. [SOL05-ol]

Technische Daten: MOBY I-Transponder

Typ	Berührungsloses passives RF-Identifikationssystem für den mittleren bis oberen Leistungsbereich
Übertragungsfrequenz Daten/Energie	1,81 MHz/134 kHz
Speicherkapazität	8 bzw. 32 Kbyte
Speichertyp	FRAM bzw. 8 Kbyte EEPROM
Datenübertagung Transponder – SLG	Typ. 0,8 ms/Byte
Schreib-/Leseabstand	bis 150 mm
Betriebstemperatur	-25 bis 85°C bzw. +220°C
Zulassung	ETS 300 330 (Europa), FCC Part 15 USA, UL/CSA (gilt nicht für SIM 4x, ASM 424/454, ASM 410)
	[SADP05-ol]

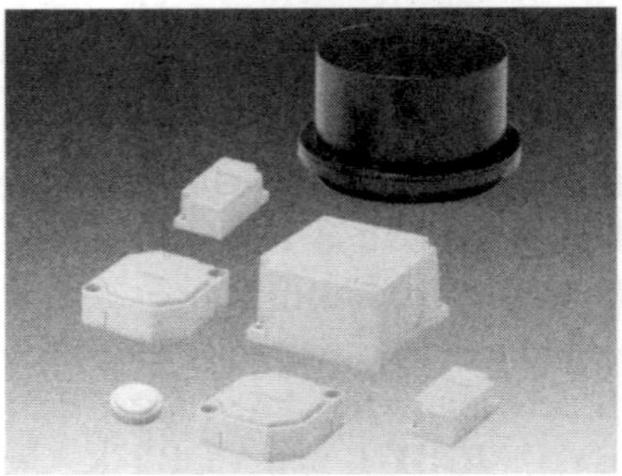

Abbildung 19: *Unterschiedliche Transponder (MDS) für MOBY I [SADP05-ol(Pressebild)]*

- Schreib-/Lesegerät (SLG/SIM)

Die Schreib-/Lesegeräte erzeugen ein induktives elektromagnetisches Feld, mit dem die Daten und die benötigte Energie für die Transponder übertragen werden. Für die Übertragung ist kein direkter Sichtkontakt notwendig und kann auch durch nicht metallische Stoffe hindurch geschehen. Dabei können die Transponder in Abhängigkeit von ihrer Konfiguration mit einer Transportgeschwindigkeit von bis zu 5m/sec am SLG vorbeigeführt werden. Über eine serielle Verbindung wird das SLG direkt an eine Anschaltung oder einen PC angeschlossen. [SADP05-ol]

Technische Daten: MOBI I SLG

Typ	Berührungsloses passives RF-Identifikationssystem für den mittleren bis oberen Leistungsbereich
Übertragungsfrequenz Daten/Energie	1,81 MHz/134 kHz
Datenübertagung Transponder – SLG	Typ. 0,8 ms/Byte
Schreib-/Leseabstand	bis 150 mm
Betriebstemperatur	-25 bis 85°C bzw. +220°C
Schnittstellen	SIMATIC S5/S7, PC, Fremd-SPS, ROFIBUS-DP/FMS
Besonderheiten	Über serielle Verbindungen an beliebige Systeme, z. B. PC mit DOS/Windows, anschließbar
Zulassung	ETS 300 330 (Europa), FCC Part 15 USA, UL/CSA (gilt nicht für SIM 4x, ASM 424/454, ASM 410)
	[SADP05-ol]

Abbildung 20: *MOBY I Schreib-/Lesegeräte, Familienbild. [SADP05-ol (Pressebild)]*

- Anschaltung (ASM)

Die Anschaltung sorgt für die Integration des MOBY-Systems an den Leitrechner, an Messsysteme oder an einen Personalcomputer bzw. ein beliebiges System. Wenn das System einmal mit den entsprechenden Parametern und Daten versorgt wurde, wird der Datenverkehr mit dem Transponder (MDS) selbständig abgewickelt. Anschließend werden die ermittelten Daten zur Verfügung gestellt. Zwischen dem SLG und der Anschaltung kann die Kabellänge je nach Konfiguration bis zu 1.000 m betragen.

- Mobiles Handterminal (STG)

Für bestimmte Applikationen, z. B. im Bereich Distribution und Service, sind verschiedene mobile Handterminals der Firma Siemens verfügbar. Es können auch Handterminals von anderen Herstellern verwendet werden. Die Handterminals verfügen über induktive Schnittstellen und können direkt alle Datenspeicher des MOBY I-Systems berührungslos auslesen und beschreiben. Sie sind außerdem ein wichtiges Hilfsmittel bei der Inbetriebnahme der Systeme, für Testzwecke und bei der späteren Wartung. Für das MOBY I-System kann das mobile Handterminal zusätzlich mit einem DOS-ähnlichen Dateiverwaltungssystem ausgestattet werden und es ist möglich, mit dem Gerät induktive Störfelder zu erkennen. Ein mobiles Handterminal besteht aus einem Grundgerät (Basis PSION Workabout) und einem aufsteckbaren Schreib-/Lesekopf. [SADP05-ol]

Technische Daten: MOBY I Handterminal STG I

RAM/ROM Speicher	2 MByte/2 MByte
Anwendungsprogramm	1Mbyte (mit MOBY Service- und Testprogramm)
Bildschirm	Grafischer LCD-Bildschirm mit 240 x 100 Bildpunkten; Graustufenskala; zuschaltbare Hintergrundbeleuchtung
Tastatur	Alphanumerisch mit 57 Tasten
Stromversorgung	NiCd-Akkupack mit 2 Zellen TypAA (850 mAh); schnellladefähig; automatische Abschaltung; Betriebsdauer ca. 20 Std. (Lesekopf inaktiv, Display unbeleuchtet)
Maße	260 x 92 x 35 mm (inkl. Lesekopf)
Gewicht	ca. 550 g (inkl. Akku und Lesekopf)
Temperatur Betrieb/Lagerung	-20 bis +60°C/-25 bis +80°C
Schutzklasse	IP54 (spritzwassergeschützt)
Sturzschutz	0,5 m (auf Beton)
Schreib-/Leseabstand	bis zu 20 mm (abhängig vom Transponder)

Abbildung 21: *Mobiles Handterminal STG I für MOBY I [SADP05-ol (Pressebild)]*

Übertragungsfrequenz Energie/Daten	134 kHz/1,81 MHz
Softwarefunktion	Standardoberfläche zum Lesen/Beschreiben von Datenspeicher usw.
	[SADP05-ol]

Teil 3

Begriffsdefinitionen

Begriffsdefinitionen

3. Begriffsdefinitionen

Für die Betrachtung von Einsatzmöglichkeiten der RFID-Technologie aus betriebswirtschaftlich-logistischer und technischer Sicht ist es zunächst notwendig, bestimmte Fachbegriffe im Vorfeld zu klären. Da es für die hier verwendeten Begriffe eine Vielzahl unterschiedlicher Definitionen gibt, werden im Folgenden die Begriffe erklärt und die Definitionen beschrieben, auf die sich dieses Buch bezieht. In diesem Kapitel soll deshalb eine Basis geschaffen werden, anhand derer Einsatz- und Anwendungsmöglichkeiten aufgezeigt, erläutert und entwickelt werden können. Dadurch wird eine einheitliche und leichtverständliche Basis geschaffen, auf der die folgenden Kapitel aufbauen können.

3.1 Logistik

Der Bergriff „Logistik" ist im Bereich der Wirtschaft noch relativ jung. Ursprünglich stammt der Bergriff aus dem militärischen Bereich und lässt sich auf Antoine-Henri Bardon de Jomine (Schweizer General in der französischen und russischen Armee; 1779–1869) zurückführen. Dieser definierte die Logistik als Kunst und angewandte Wissenschaft der Planung und Führung von Truppenbewegungen, des Baus von Befestigungen und Quartieren und des Nachschubwesens [Heis00]. In der Wirtschaft wird der Begriff erst seit etwa 1950 in den USA und in Deutschland seit etwa 1970 gebraucht. Seitdem wurde er schnell verbreitet und hat an immer größerer Bedeutung gewonnen.

Mittlerweile gibt es eine Vielzahl von Definitionen für den Begriff Logistik, wobei die meisten die Grundfunktion als räumliche und zeitliche Veränderung von Gütern sehen. In der Wissenschaft dient als Basis am häufigsten der flussorientierte Koordinationsansatz, wie die folgenden Definitionen belegen.

- Verwendet man den Begriff Logistik zur Bezeichnung realer Phänomene und nicht als Name einer wissenschaftlichen (Teil-)Disziplin, so bezieht sich dieser Begriff auf die Gestaltung, Steuerung, Regelung und Durchführung des gesamten Flusses an Energie, Informationen, Personen, insbesondere jedoch von Stoffen (Materie, Produkte) innerhalb und zwischen Systemen. Die Logistik geht über reine Transportprozesse hinaus. Sie beinhaltet einen zeitlichen Aspekt, der sich vornehmlich in Prozessen der Lagerung oder Speicherung sowie in der zeitlichen Verfügbarkeit von Diensten widerspiegelt. (Kirsch/Bamberger/Gabele/Klein (1973), S. 69f) [Maue01]
- Logistik ist als bereichsübergreifende Strategie zur marktgerechten Optimierung von Material- und Informationsströmen und damit zur laufenden Sicherstellung der

Wettbewerbsfähigkeit unter wirtschaftlichen Gesichtpunkten zu verstehen. (Eidenmüller (1988), S.17) [Maue01]

- Logistik ist der Prozess der Planung, Realisierung und Kontrolle des effizienten, kosteneffektiven Fließens und Lagerns von Rohstoffen, Halbfabrikaten und Fertigfabrikaten und der damit zusammenhängenden Informationen vom Liefer- zum Empfangspunkt entsprechend der Anforderungen des Kunden. (H.-Chr. Pfohl 1994) [Heis00]
- Logistik ist der Prozess der Planung, Realisierung und Kontrolle des effizienten, kosteneffektiven Fließens und Lagerns von Rohstoffen, Halbfabrikaten und Fertigfabrikaten. Dies umfasst auch Dienstleistungen mit der damit zusammenhängenden Information und Kommunikation vom Liefer- zum Empfangspunkt entsprechend den Anforderungen des Kunden. (Definition Concil of Logistics Manaement (CLM)) [Heis00]
- Logistik ist die Planung, Durchführung und Steuerung der Bewegung und Platzierung von Menschen und/oder Gütern und der unterstützenden Tätigkeiten, die sich auf diese Bewegung und Platzierung beziehen, innerhalb eines Systems, welches zur Erreichung bestimmter Ziele eingerichtet ist. (DIN EN 12 777 (Mai 1977)) (s. DIN 69 907 (Entwurf)) [Heis00]

3.2 Supply Chain

Der Begriff „Supply Chain" hat seinen Ursprung Anfang der 80er Jahre in den USA und ist seit Mitte der 90er Jahre in den Mittelpunkt des Interesses der Logistiker gerückt [Klau04, S. 507]. Basierend auf der Wertschöpfungskette (Value Chain), die Mitte der 80er Jahre von Michael E. Porter entwickelt wurde, findet der Gedanke der Integration von Unternehmensaktivitäten Verwendung [Wern02, S. 13] [Pfla01, S. 16]. Die Wertschöpfung misst grundsätzlich die selbst erstellten Leistungen einer Unternehmung abzüglich der Vor- und Fremdleistungen. [Klau04, S.507ff]

Wenn man davon ausgeht, dass die Wertschöpfung in Stufen erfolgt, wie der Begriff „Chain" suggeriert, kann man darunter eine Lieferanten-, Angebots-, Versorgungs- oder Logistikkette verstehen: eine Aneinanderreihung von Entscheidungsträgern, die in einer bestimmten Reihenfolge einen Output erstellen, der in der nächsten Stufe wieder als Input genutzt wird. Die Entscheidungsträger können Unternehmen und Kunden sein. Damit beschränkt sich die Supply Chain nicht nur auf ein Interagieren mit dem Lieferanten, sondern setzt auch die Kooperation mit dem Kunden voraus. [BDP+03, S. 5]

Ziel einer Supply Chain ist *„die Ausführung von erfolgreichen Aktivitäten zur effektiven und effizienten*[16] *Versorgung von Kunden bzw. Märkten"*. Damit beinhaltet sie neben den physischen Aktivitäten wie beispielsweise Produzieren, Lagern und Transportieren von Gütern auch nichtmaterielle Aktivitäten wie Informations- und Finanz- bzw. Geldflüsse, die Supply Chain-Aktivitäten auslösen und steuern [BDP+03, S. 5]. Eine Supply-Chain ist demnach nichts anderes als die Zusammenfassung von Wertschöpfungsprozessen zu bereichsübergreifenden Organisations- und Informationseinheiten. [Thal03, S. 43]

Vor dem Hintergrund der zunehmenden Vernetzung von Unternehmen entspricht die Betrachtung einer Supply Chain als ein „Netzwerk" schon eher der heutigen Realität. Die darunter verstandenen Geflechte von Unternehmen oder Unternehmensnetzwerken, als Ausprägungen dieser Netzwerke, *„repräsentieren eine eigenständige Organisationsform und gehen besonders auf die gestiegene Komplexität der Austauschbeziehungen zwischen den einzelnen Unternehmen ein"*.

Einige Autoren vertreten die kritische Auffassung, dass eine Verwendung des Netzwerkbegriffs die Gefahr birgt, dass alle logistischen Verflechtungen der an der Wertschöpfungskette beteiligten Unternehmen betrachtet werden. Jedoch wird von der Mehrzahl der Theoretiker und Praktiker eine Supply Chain lediglich als ein Netzwerk von Unternehmen betrachtet, bei dem Güter, Informationen und Geldmittel sowohl sequentiell als auch parallel fließen können. Damit schließt die Supply Chain alle an der Leistungserstellung beteiligten Unternehmen ein. [BDP+03, S. 6]

Die zunehmende Vernetzung mit vor- und nachgelagerten Stufen wie Lieferanten, Vertriebspartnern und Kunden führt zu einer zunehmend komplexeren Supply Chain. Es reicht heute meist nicht mehr aus, nur die internen Strukturen und Prozesse zu optimieren, sondern die Planung und Steuerung der gesamten Supply Chain wird zu einem wichtigen Erfolgsfaktor im immer stärker werdenden Wettbewerb. [BDP+03, S. 6f] Das Supply Chain Management (SCM) beschäftigt sich mit dieser Prozessoptimierung.

Für das SCM hat sich in der Literatur bis heute keine einheitliche Definition durchgesetzt [Pfla01, S. 1ff]. Gründe dafür sind unterschiedliche Blickwinkel und das Vorhandensein verschiedenster Konzepte und Methoden.

Einige Autoren verweisen sogar darauf, dass statt SCM der Begriff „Demand Network Management" treffender wäre, da es sich typischerweise um logistische Netzwerke handelt. Obwohl diese Argumentation durchaus zutrifft, wird aber an dem in der Praxis geläufigeren Begriff SCM festgehalten. [BDP+03, S. 7]

---

[16] *Effektivität* ist ein strategisches Ziel, d. h., es geht darum, die richtigen Dinge zu tun (Erfolgswirksamkeit von Handlungen). *Effizienz* ist hingegen ein operatives Ziel, womit gemeint ist, die Dinge richtig zu tun (Kosten-Nutzen-Relation) [Wern02, S. 8].

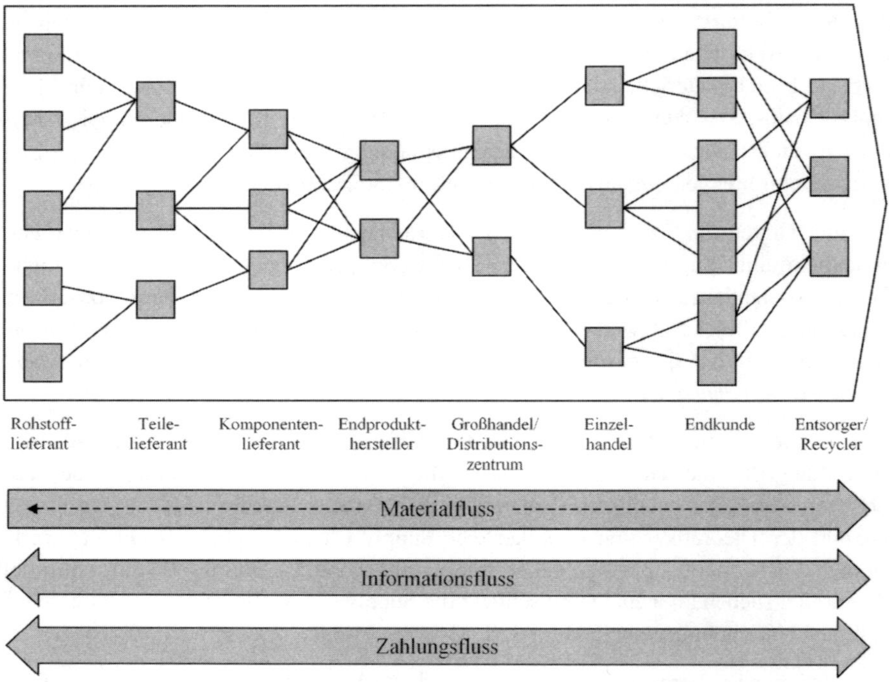

Materialfluss:	Dieser umfasst alle physischen, d. h. materiellen Aktivitäten der Versorgungskette (z. B. Beschaffen, Transportieren, Fördern, Be- und Verarbeiten, Lagern, Verteilen, Rücknahme).
Informationsfluss:	Beinhaltet alle Informationen zur Planung, Steuerung und Kontrolle von Materialflüssen (z. B. Weitergabe in Form von Auftragsabwicklungsprozessen, -annahme, -eingabe und -dokumentation).
Zahlungsfluss:	Dies sind alle finanziellen Transaktionen (Rechnungserstellung, normaler Geldfluss).

Abbildung 22: *Supply Chain (komplexe Struktur), in Anlehnung an [BDP+03, S. 5f] [Thal03, S. 44] [Klau04, S.507f]*

Aus diesen unterschiedlichen Blickwinkeln des SCM haben sich eine Vielzahl von Definitionen entwickelt. Unter dem Gesichtspunkt, dass der Schwerpunkt der folgenden Ausführungen auf einer Technologie und ihrem Einfluss auf die Prozesse liegt, trifft die Definition von Scholz-Reiter/Jakobza am ehesten die betrachteten Punkte. Inhaltlich wird sie in vielen Quellen verwendet:

- „Supply Chain Management, auch Lieferkettenmanagement, ist die unternehmensübergreifende Koordination der Material- und Informationsflüsse über den gesamten Wertschöpfungsprozess von der Rohstoffgewinnung über die einzelnen

Veredelungsstufen bis hin zum Endkunden mit dem Ziel, den Gesamtprozess sowohl zeit- als auch kostenoptimal zu gestalten." [ScJa99, S. 8]

Die genannte Definition wird von einigen Autoren noch erweitert. Die Geld- oder Zahlungs- [Wern02, S. 14] [Thal03, S. 44] sowie die Materialflüsse werden um zusätzliche Dienstleistungsflüsse ergänzt. Die Produktentwicklung und Entsorgung werden als zusätzliche SCM-Aufgabenbereiche hinzugefügt [Thal03, S. 18]. Andere Autoren unterteilen die unterschiedlichen Sichtweisen des SCM in sogenannte Schulen. [Erdm02, S. 12f]

Damit steht hinter dem Begriff SCM kein neues inhaltsleeres Schlagwort, sondern SCM fokussiert die Planung und Steuerung aller logistischen Prozesse in der Supply Chain. SCM soll weg von der primär unternehmensintern ausgerichteten Sichtweise und soll Verbesserungspotentiale an den Schnittstellen, d. h. sowohl unternehmensintern als auch -extern, aufdecken. Nicht allein die Prozesse innerhalb eines Unternehmens sollen optimiert werden, sondern man will vielmehr ein Gesamtoptimum kompletter Unternehmensnetzwerke erreichen, wobei bei den einzelnen Partnern suboptimale Zustände auftreten können [Pfla01, S. 20] [BDP+03, S. 8]. Die Logistikbereiche und die damit zusammenhängenden Prozesse, die im Rahmen des SCM optimiert werden sollen, lassen sich wie in Abbildung 23 dargestellt unterteilen.

Das SCM verfolgt verschiedene spezielle unternehmensinterne und -übergreifende Ziele und bedient sich dazu geeigneter SCM-Konzepte und -Instrumente bzw. -Prinzipien. Angelehnt an die Definition ergeben sich drei SCM-Hauptziele oder auch Wettbewerbsfaktoren, die in der Literatur genannt werden:

- Kostenvorteile
- Zeitvorteile
- Qualitätsvorteile

Kostenvorteile werden beim SCM durch eine Reduzierung von Bestandskosten, Frachten, Investitionen und Abschreibungen erreicht. Über eine zu erreichende Transparenz der Endkundennachfrage innerhalb der Supply Chain sollen der Bullwhip-Effekt[17] und in Verbindung mit einem verbesserten Bestandsmonitoring die Sicherheitsbestände reduziert werden. Dadurch verringert sich die Höhe des gebundenen Kapitals, und die Transaktionskosten können gesenkt werden (z. B. Frachten).

17 Der Bullwhip-Effekt (Peitschenschlag-Effekt) beschreibt das stufenweise Aufschaukeln der Aufträge (Bestellmengen) über die einzelnen Stufen der Supply Chain [BuDa04, S. 9].

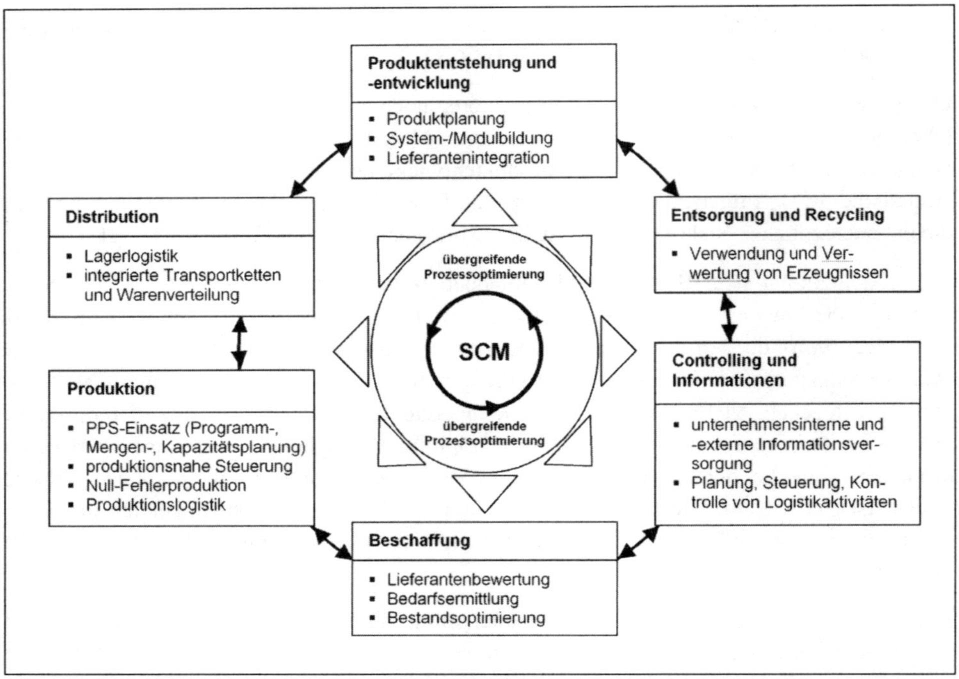

Abbildung 23: *SCM als prozessübergreifende Optimierung, in Anlehnung an [Thal03, S. 18] [Wern02, S. 8ff]*

Durch eine strategische Optimierung des gesamten Netzwerkes und durch verbesserte, z. T. global durchgeführte Maßnahmen, werden weitere Kostenvorteile erreicht. Beispielsweise können Wege und Auslastungen der Transportfahrzeuge optimiert und dadurch insgesamt die Transportkosten gesenkt werden. Ähnliche Verbesserungen sind im Bereich von Fertigung, Beschaffung und Vertrieb möglich. [BDP+03, S. 9]

In fast allen Funktionsbereichen können Zeitvorteile durch Anwendung von SCM erzielt werden. Beispielsweise lassen sich Entwicklungszeiten von Neuprodukten durch Kooperationen mit Lieferanten (Zulieferern) und Kunden drastisch verkürzen. Durch verbesserte Planungen sinken im Bereich der Produktion und des Transports sowie durch ein effizientes Bestandsmanagement die Durchlaufzeiten. Die Flexibilität gegenüber Änderungen nimmt zu, d. h. es kann schneller reagiert werden, Lieferflexibilität und Servicegrad steigen [BDP+03, S. 9]. Begriffe wie Time-to-Market, Time Based Kompetition und Advanced Planning Scheduling charakterisieren diesen Bereich heute. [Wern02, S. 49f]

Die Erzielung von Qualitätsvorteilen wird durch SCM ebenfalls verfolgt. Eine intensive Zusammenarbeit zwischen Unternehmen innerhalb einer Supply Chain wird besonders durch Vertrauen ermöglicht. Gemeinsame Forschungs- und Entwicklungsaktivitäten (F&E) und der gegenseitige offene Informationsaustausch sind die Basis für ein gemeinsam abgestimmtes und durchgängiges Vorgehen im Bereich der Qualitätsplanung, -lenkung und -prüfung.

Dadurch wird eine verbesserte Produktqualität ermöglicht [BDP+03, S. 9]. Ansätze wie die Markt- und Ressourcenfokussierung, die Verfolgung eines Total Quality Management (TQM) findet man hier. [Wern02, S. 43]

Insgesamt wird eine gewisse Zielharmonie angestrebt [Wern02, S. 10]. Sämtliche Ziele und abgeleiteten Handlungen des SCM dienen der Sicherung und Verbesserung des Erfolgs durch Optimierung von Informations-, Waren- und Geldflüssen aller Partner im Wettbewerb [Klau04, S. 507], also von der Anlieferung über die Fertigung und den Verkauf (Versorgung) bis zur Entsorgung oder zum Recycling [Wern02, S. 5f]. Die durch SCM erzielbaren Verbesserungspotentiale variieren jedoch erheblich.[18]

In den letzten Jahren sind im Bereich des SCM verschiedene Konzepte, Ideen und Strategien entwickelt worden, die zur Abstimmung des unternehmensübergreifenden Material- und Informationsflusses eingesetzt werden. Dabei unterscheiden sich die einzelnen SCM-Konzepte erheblich in ihrer Grundkonzeption und ihrem Branchenfokus. Hierzu gehören Just-in-Time (JIT), Vendor Managed Inventory (VMI), Efficient Consumer Response (ECR) und Collaborative Planning, Forecasting and Replenishment (CPFR), um nur einige zu nennen.

Zur Verfolgung dieser Konzepte bedient man sich bestimmter Instrumente der Bestands- oder Frachtkostenreduzierung, Qualitätssicherung, Informationsgewinnung, DV-Unterstützung [Wern02, S. 3ff]. Oft führt jedoch nur eine kombinierte Anwendung der Instrumente zum Erfolg und zum Erreichen der gesteckten Ziele.

3.3 Lagerlogistik

Nach Klaus/Krieger beschäftigt sich die Lagerlogistik mit allen Managementaufgaben zur Planung und zum Betrieb von Lagern [KlKr04, S. 268]. Zunächst erfolgt deshalb eine Erklärung und Abgrenzung der Begriffe Lager und Lagermanagement.

Ein Lager ist ein physischer Bereich eines Unternehmens, in dem ein Bestand an beweglichen Sachmitteln gelagert wird, die für einen bestimmten Zeitraum nicht in das Leistungsgeschehen einbezogen werden (Zeitüberbrückung). Hierzu zählen Produktionsfaktoren, Halbfertig- oder Fertigerzeugnisse. Damit nimmt ein Lager hauptsächlich drei Funktionen[19] wahr:

- zeitliche und mengenmäßige Ausgleichs- und Pufferfunktion

18 Eine Literaturrecherche ergab dazu folgende Werte: Gesamtkostensenkung (3-50%), Steigerung des Gewinns/Profitabilität (30-250 %), Lagerbestandsreduzierung (20-70 %), Verkürzung der Durchlaufzeiten (20-100 %), Erhöhung der Produktivität (10-20 %) [BDP+03, S. 11f].

19 Weitere Zwecke könnten die Veredelungsfunktion (z. B. Wein, Käse) oder die Lagerung zur Spekulation (z. B. Gold, Kupfer) sein.

- Sicherungsfunktion
- Assortierungsfunktion (Sortimentsbildung)

Entlang der Wertschöpfungskette finden sich eine Vielzahl aufgabenspezifischer Lager. Hierzu zählen z. B.:

- Wareneingangslager zur Kontrolle von Anlieferungen
- Quarantänelager zur isolierten Aufbewahrung noch nicht qualitätsgeprüfter Objekte
- Rohmateriallager zur zeitlichen Entkopplung von Materialanlieferung/-verbrauch
- Produktionszwischenlager zur zeitlichen Entkopplung von Produktionsstufen sowie zur technisch bedingten Zwischenlagerung (z. B. Trocknung in Lackierstraßen)
- Fertigwarenlager (Distributionslager) für eine zeitliche Entkopplung von Produktion und Absatz (z. B. Produktion von Weihnachtsgebäck) sowie zur Kompensation von Nachfrageschwankungen

Lager können weiterhin nach den einzulagernden Objekten (z. B. Gefahrgüter, Kleinteile), nach der verwendeten Lagertechnik (Durchlauf, Hochregal), nach dem Lagersystem (mit/ohne Lagergestell, z. B. Bodenlager, Palettenlager), nach der Verantwortung für den Lagerbestand bzw. nach dem Eigentumsübergang an den Lagerartikeln unterschieden werden. [KlKr04, S. 263f]

Der Lagerprozess lässt sich in Geschäftsprozesse, die in einem Lager regelmäßig erbracht werden, unterteilen. Diese sind, wie in Abbildung 24 dargestellt, gegliedert.

Das Lagermanagement oder die Lagerwirtschaft beschreibt die Aktivitäten innerhalb eines Lagerhauses, die von den Führungsebenen des Unternehmens initiiert oder selbst durchgeführt werden. Hierbei umfasst die Bandbreite der Aktivitäten in der Regel operative, teilweise jedoch auch taktische und strategische Aufgabenstellungen. Im Gegensatz zum Supply Chain Management konzentriert sich das Lagermanagement eindeutig auf die physische Abgrenzung, die durch das jeweilige Gebäude bzw. den Lagerstandort gegeben ist, d. h., vor- und nachgeordnete Systeme, Funktionen oder Prozesse werden nicht direkt beeinflusst.

Die Aufgaben, die sich für das Lagermanagement ergeben, beziehen sich auf die Beeinflussung der Managementinhalte unter Anwendung von Managementinstrumenten. Als Instrumente sind die Lagertechnik und Lagerführung/-organisation zu sehen. Sie werden für eine bereichsübergreifende Abstimmung der Inhalte genutzt. Zu den Inhalten zählen die Abteilungsstrukturen, d. h. die Lagerbereiche und die Prozessstrukturen (die Lagerprozesse). [Mieb04, S.268]

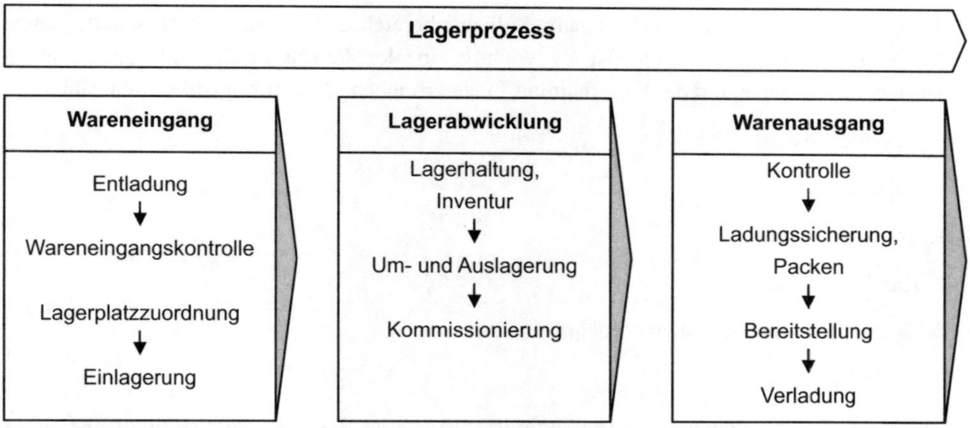

Abbildung 24: *Geschäftsprozesse im Lage,r in Anlehnung an [KlKr04, S. 264]*

Das Gesamtziel ist das Erreichen bestimmter Leistungsvorgaben. Diese lassen sich mittels bestimmter Parameter wie Verfügbarkeit, Betriebs- oder Lagerkosten, Servicelevel oder Lieferservice und Umweltvorschriften messen. [Mieb04, S.268]

3.4 Produktionslogistik

In produzierenden Unternehmen ist ein logistischer Funktionsbereich der Logistik die Produktionslogistik.

Die Produktionslogistik hat die Aufgabe, den gesamten innerbetrieblichen Güterfluss durch das Produktionssystem eines Unternehmens sowie den zugehörigen Informationsfluss im Rahmen der betrieblichen Leistungserstellung zielorientiert, organisatorisch und technisch zu planen, zu steuern, zu realisieren und zu kontrollieren. Der innerbetriebliche Güterfluss erstreckt sich dabei ausgehend vom Wareneingang aller Roh-, Hilfs- und Betriebsstoffe sowie Kaufteile und Baugruppen über alle Produktionsteilsysteme und alle Zwischenlager mit den erzeugten Abfall- und Endprodukten bis hin zu den Endproduktlagern für fertige Produkte. Die Warenannahme mit und ohne Materiallager sowie die Endproduktlager sind die Schnittstellen zur Beschaffungs- und zur Distributionslogistik. Ziel der Produktionslogistik ist es, den Güterfluss so zu gestalten, dass die richtigen Güterarten in den richtigen Mengen und den richtigen Qualitäten zu den richtigen Zeitpunkten an den richtigen Bedarfsorten mit minimalen Kosten zur Verfügung stehen. Hierzu sind die den innerbetrieblichen Güterfluss bestimmenden wertschöpfenden Produktionsteilprozesse und die logistischen Transport-, Umschlag-, Handhabungs-, Kommissionier- und Lagerprozesse in geeigneter Weise zu planen, zu steuern, zu veranlassen und zu überwachen. [Schu99]

Die eigentliche Produktion gehört zum Aufgabenbereich der Produktionswirtschaft. Neben der Minimierung der Kosten ist es wichtig, in der Produktionslogistik einen hohen Servicegrad (Servicegrad der Lagerhaltung[20]) zu erreichen. Zu den Logistikkosten zählen:

- Bestandskosten
- Lagerkosten
- Transportkosten
- Handlingkosten und
- Kosten des Logistiksystems (Technikkosten)

  [BlIh97]

Heutige Anforderungen an die Produktionslogistik sind die schnelle Erfüllung operativer Abläufe bzw. schnelle Bearbeitung von Aufträgen sowie schnelle Planungsabläufe für die Produkt- und Prozessentwicklung. Kundenorientierte Produktion fordert die Fähigkeit zur „Losgröße 1", schnelle Produktionsprozesse fordern „fließendes Material" zwischen Wareneingang und Warenausgang. Das Ausregeln von Störungen fordert die Realisierung von Rückkopplungen zwischen Ist-Situation und Produktionsplanung und Steuerung (PPS). In Zukunft muss die Produktionslogistik den vielfältigen Vernetzungsaufgaben und zeitbestimmenden Nutzungsfaktoren gerecht werden. [KlKr00] Um dies zu gewährleisten, kann der Einsatz von RFID-Systemen einen Beitrag leisten.

Neben dem Begriff der Produktionslogistik hört man auch häufig den Begriff „Intralogistik". Der VDMA[21] sieht den Begriff als Branchenname, der die Organisation, Durchführung und Optimierung innerbetrieblicher Materialflüsse in Unternehmen der Industrie, des Handels und in öffentlichen Einrichtungen umfasst. Intralogistik beschreibt zwar auch den innerbetrieblichen Material- und Informationsfluss, der zwischen unterschiedlichen „Logistikknoten" stattfindet, aber nicht nur den Materialfluss innerhalb der Produktion, sondern auch von Warenverteilzentren bis hin zu Flug- und Seehäfen. [CeMa04-ol]

In den folgenden Kapiteln wird auf RFID-Anwendungen eingegangen, die den Bereich der Produktionslogistik betreffen. Diese Systeme sind manchmal eng mit dem Produktionsprozess verzahnt, und der Übergang vom Bereich der Produktionslogistik in den Bereich der Produktion ist fließend. Übernehmen RFID-Systeme z. B. Aufgaben der Prozesssteuerung, gehören diese zu der Produktionslogistik sowie auch zu der Produktion. Die Systeme übernehmen aber immer auch logistische Aufgaben, wie z. B. die Versorgung der Produktionsprozesse mit Steuerungsdaten. Der Fokus liegt auf Anwendungen, bei denen Informationen im Materialfluss entstehen, gespeichert oder transportiert werden.

---

20 Servicegrad der Lagerhaltung: Der Servicegrad bezeichnet einen Maßstab, mit dem gemessen werden kann, inwieweit die Nachfrage nach einem Erzeugnis aus dem bestehenden Vorrat jederzeit gedeckt werden kann. [KlKr00]

21 VDMA: Verband Deutscher Maschinen- und Anlagenbau e. V.; Netzwerk von rund 3.000 Unternehmen in Europa mit ca. 400 Branchenexperten.

3.5 Identifikationssysteme

Nach DIN 6763 wird Identifikation definiert als „ *...das eindeutige und unverwechselbare Erkennen eines Gegenstandes anhand von Merkmalen (Identifizierungsmerkmalen) mit der für den jeweiligen Zweck festgelegten Genauigkeit*". [AIK+04]

Für die Identifikation von Objekten im Materialfluss gibt es unterschiedliche Identifikationssysteme, die auf unterschiedliche Art und Weise die Objekte erkennen. Es besteht die Möglichkeit, Objekte direkt anhand ihrer Eigenschaften, wie z. B. durch Größe und Gewicht, zu identifizieren, oder es kann zur eindeutigen Kennzeichnung ein Informationsträger am Objekt angebracht werden, der bei Bedarf ausgelesen wird. Im industriellen Einsatz werden Objekte am häufigsten durch die Anbringung von Informationsträgern identifiziert.

Zu einem Identifikationssystem gehören in der einfachsten Bauform ein Datenträger und eine Leseeinheit sowie eine Auswerteeinheit. Die Daten werden durch Abtasten des Informationsträgers, nach verschiedenen physikalischen Prinzipien (z. B. mechanisch, magnetisch, optisch oder elektronisch), vom Lesegerät gelesen und von der Auswerteeinheit weiter verarbeitet, logisch ausgewertet, aufbereitet und dem Informationssystem zur Verfügung gestellt. Nach dem Abtastprinzip können die Identifikationssysteme klassifiziert werden, wie in der Abbildung 25 gezeigt wird. [AIK+04]

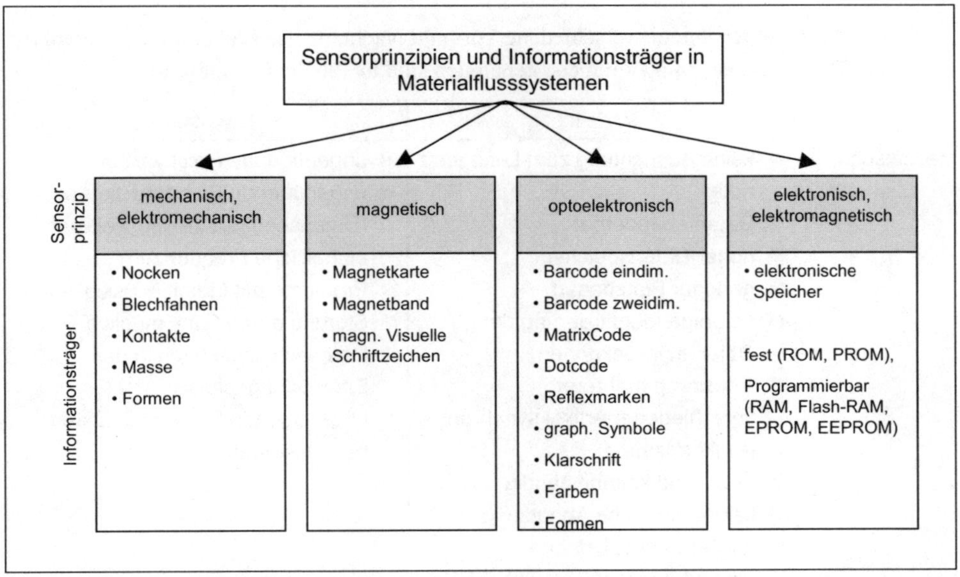

Abbildung 25: *Klassifizierung der Identifikationssysteme nach dem Abtastprinzip [AIK+04]*

RFID-Systeme gehören zu den elektronischen bzw. elektromagnetischen Identifikationssystemen. Sie besitzen auf den Transpondern einen elektronischen Speicher, auf den die Informationen einmal festgeschrieben werden, oder wiederbeschreibbare programmierbare Speicher.

3.6 RFID in der Logistik, Vor- und Nachteile

Eine Einführung von RFID soll in den meisten Fällen im Logistikbereich die Integration der realen betrieblichen Umgebung in die Applikationen und Datenbanken erreichen. Für die Logistik bedeutet das, dass die Objekte, als Teil der Virtualität, Informationen zur Informationsverarbeitung abgeben können. Sie können also mit ihrer Umwelt kommunizieren. [FlDi03, S. 612]

Bevor RFID eingesetzt wird, sollten sich die Unternehmen vor Augen führen, dass RFID lediglich eine weitere Technologie ist, die Vor- und Nachteile birgt, die das Unternehmen erst „erlernen“ muss. Wie jede in der Logistik eingeführte Technologie wird auch RFID eine bestimmte technologische und betriebswirtschaftliche Entwicklung durchleben. In diesem Maße sollten auch die Unternehmen mitlernen. Zu Anfang muss erst einmal eine bestimmte Wissensbasis geschaffen werden, die RFID einfach nur als Technologie sieht und den letztendlichen Nutzen außen vorlässt.

In der Literatur werden derzeit verschiedene Vor- und Nachteile der Technologie differenziert diskutiert. Die wichtigsten und am meist genannten sind in Tabelle 6 aufgeführt.

	Vorteile	Nachteile
technisch	▪ keine Ausrichtung zum Lesegerät nötig ▪ Daten abänderbar ▪ hoher Datenspeicher ▪ geringer Platzbedarf ▪ sofortige Identifizierung der Objekte (in Sekunden) ▪ Erfassung mehrerer verschiedener Artikel synchron (Pulkerfassung) ▪ hitze- und kältebeständig ▪ keine physische Abnutzung ▪ größere Leseabstände ▪ eindeutige Identifizierung (EPC) ▪ geringere Fehlerrate und größere Lesegenauigkeit	▪ ungenügende Reichweiten ▪ ungenügende Standardisierung (Datenschnittstelle und weltweit einheitliche Frequenzen) ▪ Probleme mit Metall, Flüssigkeiten ▪ Störung durch Funk möglich ▪ Datenschutz ist noch in der Entwicklungsphase ▪ ungenügende Sicherheit, Daten manipulierbar

	■ Umweltzustände können erfasst und aufgezeichnet werden, Sensorik (Monitoring)	
betriebs-wirtschaftlich	*(vielfältige/abhängig vom jew. Anwendungsgebiet)*	■ hohe Kosten für Integration ■ hohe Hardwarekosten (Transponder, Lesegeräte)

Tabelle 6: *Technische und betriebswirtschaftliche Vor- und Nachteile von RFID*

Teil 4

Einsatzmöglichkeiten in der Logistik

Einsatzmöglichkeiten in der Logistik

4. Einsatzmöglichkeiten in der Logistik

Die Einsatzmöglichkeiten von RFID in der Logistik sind aus heutiger Sicht vielfältig. Man spricht sogar davon, dass der Transponder zukünftig den Barcode ersetzen kann [Ostl03-ol]. Fraglich ist, ob das wirklich so einfach ist, denn der großflächige Einsatz von RFID auf Artikelebene soll erst ab 2008 erfolgen. [JHN+04-ol, S. 8] Erst dann soll der Transponderpreis bei ca. 5 Cent liegen. [Schm04, S. 9]

Es lassen sich natürlich nicht nur Artikel mit RFID ausrüsten. Denn Transponder können selbst in Bereichen eingesetzt werden, die sich für den Barcode nie erschlossen haben (z. B. biometrische Zutrittskontrolle, Positionsortung). Die sinkenden Hardwarekosten beschleunigen diesen Trend.

Der Einsatz von RFID in der Logistik und die Kennzeichnung zur Identifizierung mittels Transpondern setzten sich derzeit bei folgenden logistischen Objekten durch:

- logistischen Einheiten
- Transporthilfsmitteln
- Investitionsgütern
- Artikeln (derzeit beschränkt sich der Einsatz auf hochwertige Artikel)

Ein langsamer Durchbruch der Kennzeichnung auf Artikelebene ist also erkennbar. Dies bestätigen auch Ankündigungen und Projekte wie die von Metro und WalMart.

Aber der Einsatz als schlichte Kennzeichnung ist schließlich nicht alles. Denn durch neue innovative Konzepte und Methoden, die im Logistikbereich Einzug gehalten haben und die durch wissenschaftliche Arbeiten bereichert werden, sind weitere Optimierungspotentiale innerhalb der SC geschaffen worden. RFID wird dabei ähnliche Entwicklungsstufen wie die Barcodetechnologie durchlaufen, und es werden sich nach und nach neue Anwendungsfelder erschließen. Neben dem Ersatz alter Technologien und Verfahrensweisen kann die RFID-Technologie zu einer kompletten Neuplanung und -gestaltung von Prozessen führen. So ist eine Teil- oder Vollautomatisierung von bestimmten Logistikbereichen denkbar.

Deshalb sollten sich Unternehmen, die mit dem Gedanken spielen, RFID einzuführen, intensiv damit auseinander setzen, in welchen Bereichen RFID im Unternehmen einsetzbar ist und wie ein solcher Einsatz aussehen kann.

Im Folgenden werden einige Überlegungen angestellt, wie und wo RFID in der Logistik bereits eingesetzt wird oder sinnvoll eingesetzt werden könnte, um im nachfolgenden Kapitel auf diese zurückgreifen zu können und die Auswirkungen aufzuzeigen. Im Text wird deshalb auch auf Praxisanwendungen Bezug genommen, um eine möglichst realitätsnahe Betrachtung der Einsatzbereiche zu ermöglichen. Dabei ist die Verwendung der RFID-

Technologie in verschiedenen Bereichen der Wertschöpfungskette innerhalb der Logistik denkbar.

Einige Einsatzmöglichkeiten lassen sich zwar voneinander abgrenzen, aber die meisten überschneiden sich. So fallen beispielsweise Zahlungsvorgänge und das Regalmanagement in den Bereich Customer Relationship Management (CRM), gehören aber genauso gut zum Bereich der Warenverfügbarkeit oder Diebstahlsicherung. Teilweise findet auch der bereichsübergreifende Einsatz statt, da beispielsweise im Lager ebenfalls die Diebstahlsicherung und die Warenverfügbarkeit eine Rolle spielen. Die verschiedenen Einsatzmöglichkeiten können sich auch auf andere Bereiche beziehen und dürfen aus diesem Grund nicht als statisch angesehen werden.

4.1 Supply Chain

Im Rahmen der Bemühungen, den relativ neuen Gedanken eines Supply Chain Managements (SCM) umzusetzen, kommt verstärkt die Diskussion auf, inwieweit neue Technologien für ein effizienteres Abwickeln der Supply Chain genutzt werden können oder wie diese das SCM unterstützen können. Am wichtigsten für Industrie und Handel scheinen dabei die möglichen Einsparungspotentiale zu sein [BoDL04, S. 79]. Die Notwendigkeit wird gesehen, dass nur durch den Einsatz leistungsfähiger Identifizierungs- und Datenträgersysteme die Einsparungen ermöglicht werden können. Mit Hilfe der Identifizierungstechniken sollen *„logistische Systeme (Teile, Komponenten, Fertigprodukte) im Verlauf differenzierter, vielstufiger Unternehmensgrenzen überschreitender Herstellungs- und Verwendungsprozesse effizienter und zuverlässig identifiziert, dokumentiert, gesteuert und kontrolliert werden“* [Pfla01, S. III]. Dabei wird meist versucht, die Schnelligkeit und die Genauigkeit von Prozessen zu verbessern. Optische Verfahren wie Barcodes waren ein erster Schritt zu einer Verbesserung der logistischen Prozesse. Derzeit rückt zunehmend die RFID-Technologie ins Blickfeld der Logistiker und scheint dem Barcode seine alte Position streitig zu machen.

Falls es zu einer Integration von RFID in der SC kommen sollte, um Fortschritte und Einsparpotentiale zu erzielen, sollten aber Art und Umfang des Einsatzes gut überlegt werden, denn bisher haben die Unternehmen zwar Fortschritte in der SC gemacht, jedoch hat sich gezeigt, dass das gesparte Geld nicht immer sinnvoll investiert wurde. Es fehlten bisher enge, vertrauensvolle Partnerschaften für ein erfolgreiches übergreifendes SCM. Das setzt insbesondere eine funktionierende Kommunikation zwischen den Unternehmen voraus[22].

Unter diesen Gesichtspunkten könnte sich auch eine halbherzige Einführung und Investition in die RFID-Technologie als nicht sinnvoll erweisen, da kurzfristige Kostenreduzierungen in einzelnen Bereichen sich zwar durch Insellösungen erreichen lassen, jedoch sich die Effizienz der gesamten Supply Chain nicht nachhaltig verbessern lässt. Eine falsch eingesetzte oder eingeführte RFID-Technologie könnte mehr Kosten verursachen, als Einsparungen bringen. Das einseitige Festhalten an Push-Prinzipien könnte ebenfalls die mögliche Effizienz von RFID in der Lieferkette hemmen.

Klar ist, dass die Unternehmen von heute auf morgen ihre Systeme nicht umstrukturieren können, jedoch könnte RFID bei einem sinnvollen Einsatz in der kompletten Supply Chain und mit der richtigen Strategie eingeführt, zu besseren Resultaten führen als eine übereilte Einführung oder der schlichte Ersatz einer Technologie durch eine andere. Am Anfang ist es notwendig, die möglichen Einsatzbereiche von RFID in der Supply Chain abzuklopfen. Die zwei Hauptpunkte der Betrachtung lassen sich in einer Fragestellung zusammenfassen: Was war bisher und was wird mit RFID möglich sein?

4.1.1 Prozessunterstützung

Transponder können, ähnlich wie Barcodes, in der Supply Chain zur eindeutigen Identifikation von Objekten (Waren, Transporthilfsmitteln, Investitionsgütern) eingesetzt werden. Jedoch ermöglicht ein Barcode nur eine einmalige statische Abbildung, RFID bietet aber weitere Möglichkeiten. Je nach Bauart und Beschreibbarkeit können Daten vom Transponder abgerufen, auf ihm abgespeichert oder verändert werden. Zusatzeinrichtungen wie Sensoren können Zustandsänderungen in der Umwelt entlang der Supply Chain wahrnehmen und im Transponder aufzeichnen.

---

[22] Eine Umfrage der Unternehmensberatung CSC und Supply Chain Management Review ergab, dass zwar viele Unternehmen Fortschritte in der Lieferkette machen, jedoch das gesparte Geld nicht immer sinnvoll investieren. Die Gründe dafür liegen neben der Fokussierung auf kurzfristige Kostenreduzierungen in den fehlenden Strategien oder Verbindungen zu den übergeordneten Unternehmenszielen. Begrenzte Kooperationen innerhalb der Organisation und mit den Lieferanten und Kunden sind weitere Ursachen. Mehr als die Hälfte der Befragten in Nordamerika und Europa berichten sogar, dass es in ihren Firmen entweder keine Supply-Chain-Strategie gäbe oder dass sie gerade erst formuliert würde. Die größten Fortschritte erzielten die Unternehmen in den letzten 12 Monaten beim Einkauf, der Logistik und der Lagerwirtschaft [IX05].

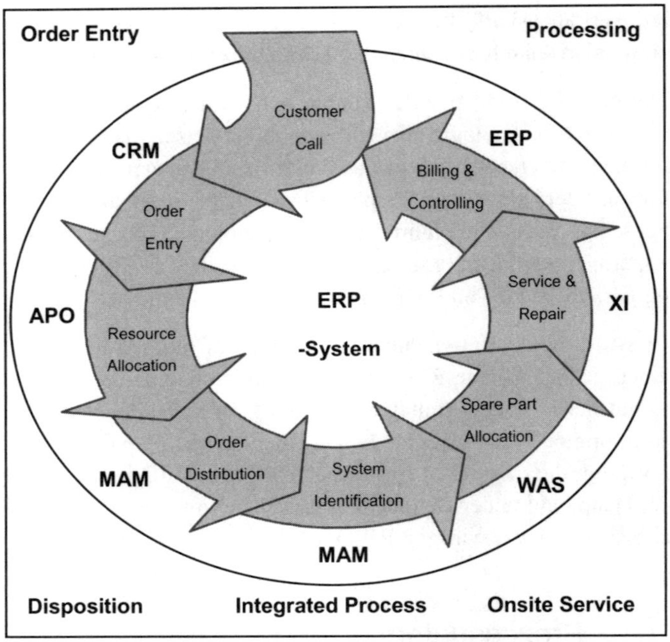

Abbildung 26: *Beispiel für einen RFID-gestützten Prozess [HuSc04, S. 14]*

Aufgrund der Datenhaltung auf den Transpondern, der Datengewinnung entlang der SC und der Speicherung von Daten in zentralen Datenbanken kann jederzeit das Datenmaterial eindeutig dem Objekt zugeordnet und zur Verfügung gestellt werden. Die komplette Objekthistorie kann abgebildet werden, und der lückenlose Informationsfluss durch die gesamte SC wird sichtbar. Gewonnene und gespeicherte Informationen können nachfolgenden Stationen zur Verfügung gestellt werden. Diese benutzen die Daten zur Identifizierung des Objektes, um sie an betriebliche Informationsverarbeitungssysteme weiterzuleiten, sie abzugleichen, oder setzen sie zur Unterstützung der Durchführung oder Überwachung von Geschäftsprozessen ein.

Begrenzt wird das Ganze lediglich durch die technischen Möglichkeiten wie Speichervolumina der eingesetzten Transponder, Reichweite und die ggf. notwendige stationäre oder mobile Anbindung an die Systemhardware.

Beispiel

Bereits seit 1999 werden von dem schottischen Unternehmen Scottish Courage beschreibbare Transponder an den brauereieigenen Behältern angebracht. Die Datenträger beinhalten neben einer eindeutigen Identifikationsnummer auch die Daten zum Leergewicht des jeweiligen Fasses. Während der physischen Auftragsabwicklung werden nach erfolgtem Reinigungsprozess zusätzliche Statusinformationen hinzugefügt. Das Leergewicht wird vor dem Abfüllvorgang gelesen und an die automatische Abfüllanlage weitergeleitet, um ein Unter- oder Überfüllen der aufgrund von Fertigungstoleranzen unterschiedlich schweren Fässer zu vermeiden. Gleichzeitig werden

Daten zum Produkttyp, das Abfülldatum und die abgefüllte Menge im Transponder gespeichert.

4.1.2 Fehlerkosten und Fehlervermeidung

Fehler können beim Ablauf von Geschäftsprozessen in vielfältiger Weise auftreten. Neben technischen Defekten oder menschlichem Versagen können auch externe Einflüsse Fehler verursachen. Durch die Weiterleitung falscher oder fehlerhafter Produkte können weitere Probleme innerhalb der SC auftreten.

Können diese Fehler nicht durch den normalen Prozessablauf verhindert werden, entstehen in aller Regel Unterbrechungen oder Folgefehler und Fehlerkosten fallen an. Diese Kosten beinhalten alle Aufwendungen für Fehlerverhütung (Prävention), Nacharbeit, Garantie sowie Reklamationen [Thal03, S. 89]. Sie verursachen direkte oder indirekte Umsatzeinbußen (Vertragsstrafen, Absatzeinbußen durch negatives Image). Um Fehlerauswirkungen und Kosten zu begrenzen, werden oft zusätzlich Versicherungen abgeschlossen, die wiederum den Umsatz schmälern, aber helfen sollen, ggf. auftretende Spitzen bei den Fehlerkosten abzubauen.

Auch werden optische Identifikationsverfahren zur Fehlervermeidung eingesetzt. Diese haben aber auch Schwächen. So sind bei optischen Identifikationsverfahren beispielsweise physische Beeinträchtigungen in Form von Beschädigungen oder Verschmutzungen ein Problem. Zum anderen setzen sie eine genaue Produktausrichtung zum Lesegerät voraus. Sollte beispielsweise ein Barcode falsch aufgeklebt sein, fehlt er oder kann er aus anderen Gründen nicht gelesen werden, kann eine Prozessunterbrechung entstehen, die zu hohen Kosten führt und Verzögerungen innerhalb der kompletten SC verursacht. Auch Unterbrechungen durch verschmutzte Lesegeräte können auftreten. Deshalb werden oft Wartungstrupps oder Techniker eingesetzt, die solche Fehler verhindern oder beseitigen.

RFID könnte hier Abhilfe schaffen und zu einer Fehlerminimierung und damit zu einer Reduzierung der Fehlerkosten führen. Eine Ausrichtung der Objekte und Transponder, vorausgesetzt diese sind im Funkbereich des Scanners, ist nicht mehr notwendig. Die Transponder werden so wie die Produkte ankommen ausgelesen und Fehler können sofort erkannt werden. Beim Lesevorgang beeinträchtigen außerdem Verschmutzungen oder Beschädigungen nicht mehr das Auslesen, da die Transponder in die verschiedensten Materialien eingearbeitet werden oder sogar in der Verpackung stecken können. Dadurch sind RFID-Systeme praktisch wartungsfrei.

Durch den automatischen Abgleich mit Softwaresystemen können außerdem, z. B. bei einer Anlieferung, Fehlmengen oder Falschlieferungen erkannt werden. Objektinformationen, die an die vorangegangene oder nachfolgende Stelle geschickt werden, können Unstimmigkeiten verhindern.

Beispiel

In den Jahren 1998/1999 wurden bei einem Pilotprojekt im Bereich der Fluggepäckabfertigung Smartlabels eingesetzt. Probleme wie fehlgeleitetes oder verspätetes Fluggepäck, das stetige Wachstum des Luftverkehrs und die immer höheren Anforderungen der Reisenden an die Geschwindigkeit der Gepäckabwicklung an Flughäfen haben zur Suche nach neuen technischen Lösungen geführt. Die Barcodes, die in Form von sogenannten Bag-Tags an den Gepäckstücken angebracht werden, stoßen aufgrund der rauen Behandlung von Gepäckstücken an ihre Grenzen. Nach eigenen Angaben der Fluggesellschaften beträgt die Fehlerrate aufgrund von Verschmutzung und Beschädigungen zwischen 25 und 40 %. Fluggesellschaften verlieren weltweit mehrere Mrd. US-Dollar jährlich durch verlorenes Gepäck. Um Verbesserungspotentiale zu erforschen, wurden in dem Projekt 150.000 Bag-Tags mit einlaminierten Smartlabels ausgerüstet. An den Check-In-Schaltern der Fluggesellschaft British Airways in München und Manchester wurden die Bag-Tags bedruckt, mit eindeutigen Identifikationsnummern versehen und an den Gepäckstücken für den Zielflughafen London Heathrow befestigt. Die Identifikation erfolgte mittels der im Transponder gespeicherten Identifikationsnummer. Die Lesefehlerrate sank auf 0,6 %. Inzwischen bieten Hersteller von Fördertechnik für die Fluggepäckabfertigung zusätzliche Lösungen an, bei denen elektronische Etiketten auch zur Steuerung des Sortierprozesses herangezogen werden können. [Pfla01, S. 56 f.]

Verlorenes oder fehlgeleitetes Gepäck kostet z. B. Delta Airlines ungefähr 100 Mio. US-Dollar im Jahr, wobei die Verlustrate (nach eigenen Angaben) nur unter einem Prozent liegt. Aus diesem Grund will Delta 15-25 Mio. US-Dollar in ein RFID-System investieren, um die Gepäckabfertigung zu verbessern und die Verlustraten zu senken. Die Fluggesellschaft will das System bis 2007 auf allen Inlandsflügen einsetzen. [Hell04-ol]

4.1.3 Produktsicherheit, Zustandsüberwachung (Monitoring)

Sind bestimmte Zustände eines Produktes eingetreten, wie z. B. die maximale Nutzungsmöglichkeit (z. B. Mindesthaltbarkeitsdatum) überschritten oder ein Objekt war einer zu hohen oder niedrigen Temperatur während des Transportes ausgesetzt, darf es unter Umständen nicht mehr verwendet werden. Nicht immer sind solche Zustandsschwankungen in der Umwelt messbar oder werden Objektveränderungen bemerkt. Produkte gelangen trotzdem in den Handel oder Stoffe werden weiterverarbeitet, die nicht mehr hätten verwendet werden dürfen. In der Produktion könnten durch die Verwendung mangelhafter Waren Beeinträchtigungen an Produktionsmitteln oder Produkten entstehen.

Mindesthaltbarkeitsdaten und andere Angaben zur Produktsicherheit können mittels RFID und EPC überwacht werden. Darüber hinaus ermöglichen mit Sensoren ausgerüstete Transponder eine Analyse von Umweltdaten und registrieren Umweltveränderungen. Die Daten werden auf den Transponder geschrieben und bei Bedarf ausgelesen.

Beeinträchtigungen des Artikels können frühzeitig erkannt werden und eine weitere Verarbeitung oder ein Verkauf ausgeschlossen oder gestoppt werden.

Durch die lückenlose Aufzeichnung der Daten können Schwachstellen in der Transportkette oder auch der Kühlkette aufgedeckt werden. In Lagern und Packräumen, selbst während des Transportes oder in Kühltruhen, könnten mittels einer automatischen Erfassung die Daten mit dem System abgeglichen werden. Nur brauchbare und frische Produkte werden in der Lieferkette weitergegeben und zum Verkauf angeboten. Beeinträchtigte Produkte können frühzeitig aus dem Angebot genommen und Schäden verhindert werden.

Beispiel

Um die Qualität in der Tiefkühlkette zu verbessern, wird derzeit ein Pilotprojekt von der Markant-Tochter TK-Log und dem Lieferanten Langnese-Iglo durchgeführt. Eine Studie von Langnese-Iglo ergab, dass nur ca. 50 % der Eisartikel in unbedenklicher Form und verkaufsfähig in die Tiefkühltruhen des Handels kommen. 30% sind nur bedingt verkaufsfähig und 20 % werden vom Kunden wegen wahrnehmbaren Temperaturschäden nicht mehr angenommen. Dabei sind die schwächsten Glieder in der Tiefkühlkette die Auslieferer/Fahrer und Warenannehmer, weil diese zu nachlässig mit den tiefgefrorenen Produkten umgehen. Mittels eines aktiven, mit einem Sensor ausgerüsteten Transponders auf Basis von 868 MHz, wird im Pilotprojekt direkt an der Palette, in bestimmten Zeitabständen, die Temperatur gemessen und im Transponder gespeichert. 200 Tests wurden bereits von Markant durchgeführt, 1000 sollen es insgesamt werden. Ziel ist, dass bereits am Wareneingang erkannt wird, welche Waren verkaufsfähig sind und welche aufgrund von Temperaturschäden zurückgegeben werden müssen. [Buch04a, S. 40]

4.1.4 Positionsortung und Transport, Tourenplanung

Eine wesentliche Problematik stellen heute das Auffinden und die Zustandsüberwachung von Objekten innerhalb der Supply Chain dar. Produkte, die bewegt werden, können zumeist nicht beobachtet werden, ihre genaue Position und ihr Zustand sind unbekannt. Sie sind nicht dort, wo sie eigentlich hingehören, die letzte Position wurde falsch angegeben oder lässt sich nicht nachvollziehen. Die letzte Person oder Einrichtung, die das Objekt bewegt oder verwendet hat, ist ebenfalls unbekannt. Das fängt bei kleineren Sachen an, wie z. B. Schraubendrehern, und hört bei großen auf, wie z. B. Baumaschinen. Vielfach ist es notwendig, die Position zu ermitteln und den Zustand der Objekte manuell zu überprüfen. Meist ist das aber nur eine reine Momentaufnahme, eine permanente Kontrolle oder Überwachung ist oft nicht möglich. Geht man von Investitionsgütern aus, kann die Problematik des Auffindens oder die Neubeschaffung von Objekten hohe Investitionskosten verursachen. Prozessabläufe müssen unter- oder sogar abgebrochen werden. Termine können ggf. nicht eingehalten werden.

Das Auffinden von Objekten, die sich im Transportfluss befinden, könnte mittels RFID vereinfacht werden. Durch die Verwendung von Scannern, die bei der Ein- und Auslagerung, beim Transport im Fahrzeug oder der kurzfristigen Umlagerung eingesetzt werden, ist das Objekt eindeutig identifizierbar und der Standort jederzeit bekannt. Auch können im Boden eingelassene oder an Regalen angebrachte Transponder die Position von Objekten verraten, wenn diese mit einem Lesegerät ausgerüstet sind (z. B. Gabelstapler). Darüber hinaus bieten einige Hersteller sogenannte Peilverfahren für große Areale an, die eine Positionsortung von Transpondern bis auf einige Zentimeter genau ermöglichen. Über ein öffentliches Netzwerk können diese Positionsinformationen abgespeichert und zur Verfügung gestellt werden, damit Objekte ausfindig gemacht werden können. Der Kunde hätte so die Gewissheit, welche der von ihm angeforderten Waren auf dem Weg sind, kommissioniert werden oder sich an welcher Stelle in der Produktion befinden. Durch die Rückmeldung der Objekte hat außerdem der Lieferant die Gewissheit, dass diese auch beim Kunden angekommen sind. Die Transparenz in der Versorgungskette nimmt zu.

Durch die kombinierte Anwendung mit anderen Technologien wie WLan oder satellitengestützten Systemen wie GPS wäre eine bestandsgenaue Ortung einzelner Objekte im Transportfluss möglich, z. B. beim Transport auf der Autobahn oder auf See. Im Rahmen der Sensorik erfasste Umweltdaten könnten zusätzliche Informationen über den Status einzelner Objekte geben. Bereits heute können Spediteure feststellen, wo sich ihre Fahrzeuge befinden. Mit RFID kombiniert wüssten sie das sogar bestandsgenau. [Inte04a]

Dadurch, dass immer bekannt ist, wo sich ein Objekt befindet, kann auch die Tourenplanung effektiver umgesetzt werden. Wird z. B. ein Fahrzeug entladen und erhält der Spediteur darüber eine Benachrichtigung, kann er das Fahrzeug viel effizienter einsetzen. Auch der weitere Materialfluss kann effektiver gesteuert werden, da das Eintreffen der Ware sofort beim Passieren von Lesegeräten mitgeteilt werden könnte.

Beispiel

> RWE Umwelt setzt ein solches System ein. Jeder Container, von Großcontainern für Bauschutt bis hin zu Transportbehältern für die private Kellerentrümpelung, ist mit einem Transponder ausgestattet. Der Fahrer liest mittels eines Handheld-Computers die Transponder aus. Dadurch erfolgt die Zuordnung der Kundenaufträge zu den Containern. Durch das System hat der Entsorgungsdienstleister einen aktuellen Überblick über den jeweiligen Standort seiner Container und ebenso über die Standzeit beim Kunden und die Umlaufgeschwindigkeit.
>
> Die Ortung der Fahrzeuge erfolgt per GPS, die Positionen der Fahrzeuge und Container werden auf einer digitalen Karte in der Zentrale dargestellt. Der jeweilige Disponent weiß dadurch immer, wo seine Fahrzeuge sind. Jeder Container wird bei der Abholung identifiziert (Transponder) und gewogen. Die Daten werden an das Verwaltungssystem übermittelt und die Standorte der Container auf der Karte eingetragen.

4.1.5 Digitales Quittieren von Objekten, Signaturen

Wenn Objekte zwischen verschiedenen Stationen bewegt werden, werden meist auch zusätzliche Informationen auf Transportbegleit-, Liefer- oder Zählscheinen ausgetauscht. Diese Begleitscheine werden zumeist manuell geändert oder neu ausgedruckt und handschriftlich quittiert. Auch müssen sie vielfach noch manuell erfasst werden. Fehlen solche notwendigen Nachweise, kann es zu einer Verzögerung in der Prozesskette kommen.

Durch den Einsatz von RFID könnten die Verwendung von Papier, Barcodes und die manuelle Quittierung entfallen. Je nach Art und Weise der Speicherung und Änderungsmöglichkeiten am Transponder oder in Datenbanken, können Daten auf dem das Objekt begleitenden Transponder geändert werden oder es kann die Speicherung der Informationen in einer zentralen Datenbank erfolgen. Durch die Verwendung von digitalen Signaturen und einer elektronischen Quittierung entlang der Lieferkette können Objekte leichter zugeordnet werden. Ihr Weg durch die komplette Supply Chain ist nachvollziehbar.

Eine Quittierung von Dokumenten würde also entfallen, da der Transponder mittels des Hinzufügens oder Überschreibens von Daten die Quittierung erhält und die Daten im System ebenfalls abgespeichert werden. Zu den Daten kann auch eine persönliche Signatur gehören, die der jeweilige Bearbeiter oder das entsprechende Transportgerät in seinem mitzuführenden Lese-/Schreibgerät gespeichert hat und bei der Quittierung überträgt. Gleichzeitig wäre ein Bewegungs-, Bearbeitungs-, Eigentums- oder Besitznachweis vorhanden. [GCI04, S. 11]

Wenn die Transponder eingearbeitet werden, sind außerdem die digitalen Begleitscheine immer verfügbar.

Beispiel

Bei der Kaufhof Warenhaus AG wird während des Scannvorgangs in der Warenausgangskontrolle, neben einem kompletten Auftragsabgleich, im gleichen Prozessschritt der Lieferschein gedruckt. In digitaler Form wird er auch in den Transponder geschrieben.

Die Stadt Dresden hat beispielsweise ausgewählte Service-Objekte wie Haltestellenhäuschen oder Spielplätze mit Transpondern ausgestattet. Die Auftragnehmer speichern mittels mobiler Lesegeräte die erbrachten Leistungen direkt am Objekt ab. Dadurch sind ausgelagerte Dienstleistungsprozesse nicht nur kontrollierbar, sondern sie lassen sich auch besser planen. [BSI04, S. 79]

4.1.6 Investitionsgüter, Typenschilder und Wartungen

Zur genauen Identifizierung von Investitionsgütern, wie Maschinen, werden heute Typenschilder eingesetzt. Diese geben beispielsweise Aufschluss über Seriennummer, Leistung, Hersteller der Maschinen. Auch werden bei einigen Geräten spezielle Vorrichtungen angebracht, um die Sicherheit für z. B. Maschinenbediener zu gewährleisten. Typenschilder haben meist auch Barcodes aufgedruckt. Durch eine Verschmutzung, Beschädigung oder Anbringung der Typenschilder an nicht erreichbaren oder sichtbaren Stellen ist das Auslesen der Daten nicht immer möglich. Aufwändiges Demontieren kostet Zeit und führt eventuell nicht zum gewünschten Erfolg. Die Bedienungs- oder Demontageanleitung, die vielleicht für das Gerät notwendig ist, kann unter Umständen auch nicht gefunden werden.

Im Bereich der Investitionsgüter können Transponder als digitales Typenschild eingesetzt werden [Smar05-ol]. Dieser Einsatz vereinfacht durch Maschinen- und Typendaten das Managen von Investitionsgütern und ermöglicht automatisch geführte und immer aktuelle Inventarverzeichnisse. Die Umlagerung oder Bewegung von Investitionsgütern kann nachvollzogen werden (Positionsortung). Weitere Speicherkapazitäten auf dem Transponder können dazu genutzt werden, um zusätzliche Informationen zum Objekt zu erfassen, z. B. notwendige oder durchgeführte Wartungen, wer wann das Gerät als Letzter benutzt, instand gesetzt, bewegt oder umgerüstet hat. Damit lässt sich jederzeit der aktuelle Besitzer und der Einsatzort oder -zweck festhalten (z. B. Leasing und verursachungsgerechte Abrechnung). Die Daten könnten direkt am Objekt gespeichert und verfügbar gemacht werden. Wartungstermine können direkt mittels intelligenter Kopplung mit anderen Technologien, wie z. B. WLan und Inter-/Intranet, direkt mit der Wartungsfirma vereinbart oder im Kalender des zuständigen Mitarbeiters als Aufgabe vermerkt werden.

Durch eine Anbringung von weiteren Transpondern an bestimmten Stellen, die z. B. mittels Sensoren eine Überhitzung oder Beschädigung bemerken, könnten Arbeitsvorgänge automatisch unterbrochen und die Informationen an die dazu vorgesehenen Stellen weitergeleitet werden. Vollständigkeitschecks von Objekten sind möglich, d. h., das Objekt weiß, ob es vollständig ist oder ob etwas fehlt, ggf. kann es sogar überprüfen, ob die richtigen Teile am richtigen Platz sind. Die Abnutzung von Objekten oder die Betriebsstunden könnten erfasst werden. Die Handhabung dieser Geräte wird insgesamt sicherer [ChFM03, S. 3]. Unfälle mit falsch eingestellten oder gewarteten Maschinen könnten darüber hinaus im Voraus verhindert werden. Verschmutzung oder Anbringung der Typenschilder an nicht erreichbaren oder nicht sichtbaren Stellen sind für das Auslesen der Daten oder entsprechender Sicherheitseinrichtungen in gewissen Grenzen ohne Bedeutung. Zusätzlich können Demontage- oder Bedienungsanleitungen zentral über ein öffentliches Netzwerk bei der Identifizierung des Objektes elektronisch zur Verfügung gestellt und z. B. auf den Pocket-PC eines Wartungsmonteurs übertragen werden.

Beispiel

In der Containerlogistik findet bereits eine Zuordnung von Transpondern und TÜV-Daten oder Wartungsterminen statt. Auch Gasflaschen für Industriegase müssen bekanntlich in bestimmten Intervallen geprüft werden. Erste Geschäftsmodelle werden dazu bereits angeboten.

Die Flugzeug AG hat bereits einen RFID-Werkzeugkasten getestet. Alle Werkzeuge in dem Werkzeugkasten sind mit Transpondern ausgestattet und der Werkzeugkasten mit einem Lesegerät. Die Transponder enthalten die Seriennummern der Werkzeuge sowie die Nummer des dazugehörigen Werkzeugkastens. Der Werkzeugkasten überwacht seine Werkzeuge und das System kann sofort feststellen, welche Werkzeuge versehentlich falsch abgelegt wurden oder fehlen. Zusätzlich wird die Nutzungshäufigkeit der Werkzeuge anhand der Entnahmen protokolliert. Das Werkzeugmanagementsystem wertet diese Daten aus und benachrichtigt die Mechaniker, wenn Werkzeuge ausgetauscht oder gewartet werden müssen. Aufwändige Kontrollen sind nicht mehr erforderlich und die Mechaniker werden entlastet. [BSI04, S. 74]

4.1.7 Management von Transporthilfsmitteln, Behältern

Bisher ist ein effizientes Behältermanagement, insbesondere die Verfolgung von Transporthilfsmitteln wie Containern, Paletten, Boxen und die verursachungsgerechte Zuordnung von Kosten, nicht oder nur schwer realisierbar. Die Nutzer der Transporthilfsmittel sind normalerweise dazu verpflichtet, nicht benötigte oder leere Transporthilfsmittel in den Pool zurückzuführen. Wenn dies nicht geschieht, ist es fast unmöglich, nicht mehr benötigte oder leere Transporthilfsmittel zu lokalisieren. Ihr Weg ist im Fall von Verlusten oder Beschädigungen nicht nachvollziehbar. Eine effiziente Nutzung ist unter diesen Gesichtspunkten nicht oder nur schwer möglich. [ChFM03, S. 11f]

Sind Transponder an den Transporthilfsmitteln angebracht, ermöglichen das Tracking & Tracing[23] und die Lokalisierung per RFID eine verursachungsgerechte Zuordnung der Kosten von Transporthilfsmitteln. Transporthilfsmittel sind in Echtzeit auffindbar und leere Behälter können möglichst schnell wieder zur Verfügung gestellt werden. Durch spezielle intelligente Algorithmen könnten Behälter effizienter eingesammelt und ihre Lebensdauer kann gesteigert werden. Durch die Reduzierung von Leerzeiten werden die Behälter effizienter genutzt, d. h., die Rotationszyklen nehmen zu, wodurch sich die Anzahl der Behälter reduzieren lässt. Bei sperrigen Transporthilfsmitteln würde das wiederum zu einer effizienteren Nutzung der vorhandenen Flächen führen. Müssen weniger Flächen vorgehalten werden, würde auch das zur Kostensenkung beitragen. Vollständigkeitschecks, was den Inhalt von Transporthilfsmitteln angeht, sind möglich, und falsche Inhalte können

---

23 Track & Trace bedeutet, dass die Identifikation mit ihrer geografischen Lokation verknüpft wird [FlDi03].

unverzüglich den richtigen Transportbehältern zugeordnet werden. Artikel, die baugleich sind, aber sich in Details unterscheiden und durch eine eindeutige Identifizierung voneinander abgrenzen lassen, können vermischt werden, z. B. würde die Vermischung mit identischer Ware einer anderen Charge keine Rolle mehr spielen.

Beispiel

Das Unternehmen Trenstar hat in Großbritannien das Behältermanagement für drei Brauereien übernommen. Zuvor besaßen alle Brauereien ihre eigenen Fässer (Kegs) und kümmerten sich selbst um Versand und Rücknahme; ein teurer und mühsamer Prozess. Die Fässer hat Trenstar von den Firmen aufgekauft und alle mit RFID-Tags ausgerüstet. Die Brauereien haben die Koordination des Fassversandes komplett an Trenstar ausgelagert und bedienen sich nun des neutralen Kegpools. Trenstar erstellt genaue Buchungslisten, wo die Fässer sind und wann sie zurückkommen sollen. Durch den Einsatz von RFID konnte die Verlustrate halbiert werden. Die Kegs können optimaler genutzt werden und ihre Umlaufgeschwindigkeit hat sich um 25 % erhöht. Durch das Outsourcing werden Arbeitskosten eingespart. Abgerechnet wird bei Trenstar pro Nutzung.

4.1.8 Rückverfolgbarkeit und EU-VO 178/2002

Bei Medikamenten, Lebens- und Futtermitteln wird eine Rückverfolgbarkeit der Waren immer wichtiger. Die Europäische Behörde für Lebensmittelsicherheit hat mit der EU-Verordnung 178/2002[24] festgelegt, dass seit dem 01.01.2005 gewährleistet sein muss, dass Lebens- und Futtermittel sowie ihre Verpackungen bis zu ihrem Ursprung zurückverfolgt werden können [Efs02-ol]. Der Handel hat darüber hinaus weitere Qualitätsrichtlinien ausgearbeitet, wie z. B. den International Food Standard (IFS) für die Hersteller von Eigenmarken und den über den EU-Raum hinausgehenden Technical Standard des British Retail Consortiums (BRC). Ziel ist die eindeutige Rückverfolgbarkeit von Waren entlang der Versorgungskette vom Rohstoffhandel bis zum Einzelhandel, um im Verdachtsfall einen effizienten Rückruf zu gewährleisten.

Damit treten in der Nahrungsmittel- und Genussindustrie Anforderungen in Kraft, die bereits schon seit einigen Jahren in der pharmazeutischen Industrie gelten. Jeder Teil der Wertschöpfungskette muss den unmittelbaren Lieferanten und den Abnehmer einer Ware benennen können. Bei den im Handel vorgelagerten Herstellungsschritten gelten diese Vorschriften bereits.

Eine chargenbezogene Rückverfolgbarkeit, also eine je Produktionsansatz, sieht die EU-Verordnung nicht ausdrücklich vor, jedoch gibt es anders lautende Empfehlungen (z. B.

---

24 Die EU-VO 178/2002 wurde im Amtsblatt der EU veröffentlicht und steht auf den Internetseiten der Europäischen Union zum Download zur Verfügung.

CCG). Grund dafür ist, dass durch die Verwendung von unterschiedlichen Rohstoffchargen die Herstellungsbedingungen in jedem neuen Produktionsansatz und damit die Qualität der Herstellungschargen variieren kann. Problematisch für das Tracking & Tracing ist dann, dass nicht nur die Warenbewegungen artikelbezogen, sondern auch losgrößenabhängig nachvollziehbar sein müssen. Nur dann sind eine Identifikation der gefährdeten Fertigwarenchargen, der Herkunft der enthaltenen Rohstoffchargen und der belieferten Kunden möglich. Folgende Fragen müssen dann aber vorher geklärt werden:

- Welcher Stoff soll in welchem Ausmaß zurückverfolgt werden?
- Wie soll die Verknüpfung der chargenbezogenen Daten zu der zu verfolgenden Einheit aussehen?

Weitere Anforderungen, die sich ergeben:

- Für jedes Unternehmen in der gesamten Wertschöpfungskette ist vom Wareneingang bis zum Warenausgang die Durchgängigkeit des Datenflusses zu realisieren, d. h. vom Vorprodukt/Rohstoff bis zur gefertigten Ware.
- Eine unternehmensübergreifende Durchgängigkeit und ein Zugriff auf die Daten sind zu ermöglichen und werden sich durchsetzen müssen (z. B. mittels EPC-Netzwerk), d. h. über das Futter, die Tiere, die Vor-, Zwischen- und Endprodukte bzw. den Versandeinheiten bis zum einzelnen Supermarkt.
- Im Sinne des Verbraucherschutzes könnte eine Ausweitung auf den Verbraucher erfolgen.

Bei der Erfassung von Waren sollte dann die produzierende Firma, Artikelbezeichnung, Chargennummer, Mindesthaltbarkeitsdatum sowie eventuell Produktionsaufzeichnungen und Spezifikationen (auch Sensordaten/-ergebnisse) mit übertragen. Das kann im speziellen Fall ein umfangreiches Datenvolumen ergeben. Die Codierung erfolgt heute bereits durch Barcode, der auch die EAN 128 abbildet. Damit ist der Grundstein der Maschinenlesbarkeit geschaffen.

Die durchgängige Nachverfolgbarkeit dürfte damit aber noch nicht in allen Bereichen realisiert sein. Die Regelungen sprechen jedoch davon, dass bereits im Verdachtsfall ohne Zeitverzug bzw. schnellstmöglich ein eventueller Warenrückruf möglich sein muss, wobei genaue Zeitinformationen fehlen.

Im Bereich von Investitionsgütern wie z. B. Autos oder Motoren ist eine chargenbezogene Identifikation nicht immer ausreichend, da es sich teilweise um Einzelfertigung handeln kann und in identischen Produkten unterschiedliche Bauteile verarbeitet werden. Die Automobilindustrie ist das beste Beispiel dafür. So stieg im Laufe eines Modellwechsels bei einem Fahrzeughersteller die Anzahl der Motorvarianten um 50 %, die Varianten an Hinterachsen nahmen um 100 % und die der Elektronik sogar um 200 % zu. Folge war die Potenzierung der wählbaren Typen und montagerelevanten Ausstattungsunterschiede.

Durch diese Produktvielfalt nimmt nicht nur die Anzahl der Rückrufaktionen zu, sondern auch die Anzahl der betroffenen Fahrzeuge in der Automobilindustrie[25]. Hersteller wissen meist nicht, ob sie auch die entsprechenden Artikel in dem jeweiligen Auto verbaut haben, und rufen deshalb eine ganze Modellserie zurück, obwohl nur ein Bruchteil der Fahrzeuge mit dem jeweiligen Teil ausgestattet wurde.

In der Logistik stellen solche Rückrufaktionen aus zweierlei Gründen eine logistische Herausforderung dar. Zum einen weil die Waren entsprechend gekennzeichnet werden müssen, damit sie bei einer Vermischung mit identischen Waren anderer Chargen, anderer Produktionsstandorte oder Ursprungsregionen nachher noch zugeordnet werden können. Zum anderen spiegeln auch Aspekte wie die der Vermengung von Schüttgut, z. B. in Silos für die Lagerung von Mehl oder Futtermitteln und die erwünschte Unterscheidung der unterschiedlichen Waren, die Probleme in diesem Bereich wider.

RFID könnte in Verbindung mit dem EPC Abhilfe schaffen, weil die Status- und genauen Standortinformationen der Ware für alle Beteiligten der Prozesskette, also auch für den Kunden, transparenter werden.

Mit der durchgängigen Verfügbarkeit der Daten kann neben dem schon angesprochenen Rückschluss auf den Rohstoff oder auf den Händler neben der Rückverfolgbarkeit und dem möglichen Rückruf auch die Transparenz für den Kunden ermöglicht werden.

Die Bereitstellung weiterer qualitätsrelevanter Daten von Herstellungsprozessen könnte zusätzlich aus Gründen der Qualitätssicherung den Nutzen für die Lebensmittelindustrie erhöhen, da weiteres Optimierungspotential in diesem Bereich steckt. [Voll04, S. 150ff]

Der Einsatz kann damit zeitnah, genau und kostengünstig erfolgen. Insbesondere kritische Ressourcen, wie etwa spezielle Transportbehälter für Lebensmittel, können jederzeit lokalisiert werden [ChFM03, S. 3]. Die Versorgung in Versorgungsketten wird insgesamt transparenter[26]. Die Sicherheit für Kunden und Konsumenten wird erhöht. [Span04, S. 131]

In Verbindung mit intelligenten Softwaresystemen könnte weitere Transparenz geschaffen werden, da genau nachvollzogen werden kann, welche Investitionsgüter von einer Rückrufaktion betroffen sind und welche nicht. Die verbauten Teile sind ebenfalls bekannt. Weitere Optimierungsmöglichkeiten wären denkbar, unter anderem die direkte Ansteuerung von Fahrzeugen und die Rückrufmitteilung an den Kunden oder die Information über notwendige Wartungsarbeiten. Insbesondere ein Mix der Technologien könnte neue Einsatzmöglichkeiten erschließen und zu einem Innovationsschub führen.

Mit Hilfe einer zentral zugänglichen Produktdatenbank könnte sogar der Kunde die verwendeten Rohstoffe, die Herkunft der Ware und den genauen Transportweg bestimmen. [Fort03]

---

[25] Das Kraftfahrzeugbundesamt hat in seinem Jahresbericht 2003/2004 festgestellt, dass die Anzahl von Rückrufaktionen im Jahr 2003 (144) gegenüber dem Vorjahr um 13 % zugenommen hat. Die größte Aktion betraf 300.000 Fahrzeuge. Insgesamt waren 939.884 Autofahrer betroffen [AMS03-ol].

[26] Vgl. [BoDL04, S.79]

Beispiel

Der Supermarktbetreiber Spar Österreich untersucht im Rahmen eines Projektes auch die Unterstützung und Umsetzung der EU-VO 178/2002. Ein Unterprojekt mit Namen „Smart Warehouse" wurde deshalb als Gemeinschaftsprojekt gestartet.

4.1.9 Diebstahlsicherung und Plagiatschutz

Durch Schwund (z. B. Diebstähle) und Fälschungen von Gütern innerhalb der Lieferkette entstehen jährlich Schäden in Milliardenhöhe. Höhere Produktpreise, minderwertige Ware und enttäuschte Kunden sind mögliche Auswirkungen. [Inte04a, S.4]

Bereits seit mehreren Jahren werden 1-Bit-Transponder zum Diebstahlschutz bei elektronischer Hardware im Endverbraucherbereich oder bei Büchern in Bibliotheken eingesetzt. Heute gehen aber die Einsatzbereiche weiter als der schlichte Diebstahlschutz. So kann bei der Verwendung von RFID auf Objektebene durch die eindeutigen Seriennummern nachgeprüft werden, ob es sich um echte oder gefälschte Ware handelt. Durch Datenaustausch (z. B. mittels EPC) kann die Produkthistorie eines Objektes überprüft und damit die Echtheit nachgewiesen werden. Dadurch bieten sich Möglichkeiten, auch gut gemachte oder mit Transpondern versehene Fälschungen frühzeitig zu erkennen und aus dem Verkehr zu ziehen.

Darüber hinaus kann eine Positionsortung und Warensicherungsfunktion den Diebstahl von Ware erschweren oder im Nachhinein Stellen in der SC sichtbar machen, an denen Ware verloren geht. Die Verlustrate könnte durch das Eingreifen in die Prozesskette und Beseitigen der Probleme minimiert werden. Durch die eindeutigen Seriennummern kann darüber hinaus auch die Hehlerei mit gestohlener Ware erschwert werden, da der Käufer über den Transponder den richtigen Eigentümer der Ware zuordnen kann.

So rechnet die Unternehmensberatung Accenture damit, dass sich durch den Einsatz von RFID allein der Schwund um 10 % reduzieren lässt. [Ostl03-ol]

Beispiel

Um Verluste zu reduzieren, prüft der Versandhändler Otto in einem Praxistest die Tauglichkeit von RFID. In der Testphase von drei Monaten wurden 20.000 Transponder auf der Verpackung von hochwertiger Ware in der Otto-Zentrale in Hamburg platziert. Die Produkte werden dann beim Kommissionieren im Lager, am Warenausgang der Verladehalle in Hamburg sowie am Wareneingang der fünf Hermes Versanddepots identifiziert. Ein Begleitbrief informiert die Kunden über den Testeinsatz der Transponder und bietet eine Telefonnummer für Fragen zum Thema RFID an. Die Integration erfolgt von Siemens Business Service und Siemens A&D. [Voig04-ol]

Gillette will ebenfalls durch den RFID-Einsatz den Schwund in der Auslierfungskette senken, da der Hersteller fast ein Drittel der Ware von der Produktion bis zum Kunden ohne Zahlung verliert [Grun04b]. Außerdem plagen den Hersteller noch andere Probleme, da im Schnitt 10 % seiner Hauptprodukte im Lager fehlen. [Ostl03-ol]

Im Rahmen des „Future Extra Stores“-Projektes konnte Metro den Warenschwund in den verschiedenen Produktkategorien sogar um 11-18 % verringern.

Bei wertvollen Teppichen sollen Transponder eingearbeitet werden, um den Plagiatschutz zu gewährleisten. Die Idee ist, dass die eingearbeiteten Transponder gesichert alle Informationen für eine zukünftig weltweit über das Internet ausgebaute Tracking & Tracing-Technologie enthalten. Die geforderte Wertsicherung wird über die gesicherte, fortschreibbare Besitzerhistorie erreicht. In einer Datenbank sollen außerdem Informationen wie Qualitätsmerkmale, Hersteller u. a. hinterlegt werden. [Carp02-ol]

4.1.10 Warenverfügbarkeit, Out-of-Stock

Weltweit sind mehr als 8 % der Artikel, die die Verbraucher im Laden kaufen wollen, ausverkauft, also Out-of-Stock (OOS). In Deutschland sind dies zwischen 4 % und 6 %. Bei leicht verkäuflichen oder stark beworbenen Artikeln übersteigt dies sogar regelmäßig 10 %. In 28 % der Fälle liegt das an Problemen in der vorgelagerten Versorgungskette. Bei allen anderen Fällen ist die Filiale selbst schuld an der mangelnden Verfügbarkeit. In jedem 4. Fall von OOS ist der Artikel in der Filiale, aber es ist nicht richtig nachgefüllt worden. Die Konsequenz ist, dass ein Imageschaden durch Verärgerung entstehen kann und der Händler bis zu 4 % des Umsatzes durch OOS verliert. Studien haben gezeigt, dass weniger als 20 % der Kunden denselben Artikel zu einem späteren Zeitpunkt in derselben Filiale kaufen und 1/3 der Kunden den Artikel in einem anderen Geschäft nachkauften[27]. Für die Hersteller von Markenartikeln kann das auch unter Umständen bedeuten, dass sie durch OOS Kunden dauerhaft verlieren, weil diese ggf. den fehlenden Artikel durch den eines anderen Herstellers oder einen günstigeren Artikel ersetzen. Heute wird in vielen Fällen auch die Drehgeschwindigkeit der Artikel unterschätzt, d. h., die Nachfrage ist größer als der verfügbare Warenbestand oder die Artikel brauchen eine gewisse Vorlaufzeit, um wieder verfügbar zu sein. Es ist deshalb notwendig, die Prognose- und Bestellprozesse stark zu verbessern und die Prozesse genauer zu messen. [Ange04-ol]

Die Händler haben bereits angekündigt, dass sie mit Hilfe von RFID OOS-Situationen bekämpfen wollen [Logi04]. Schließlich wäre durch die kontinuierliche Bestandsüberwachung (z. B. in Form von Scannern in den Regalen) bekannt, ob Ware fehlt, welche Mengen dort gelagert sind und welche Waren nicht hineingehören. Eine chaotische Lagerung wäre möglich und Hersteller könnten bedarfsgerechter produzieren. Durch die Kopplung mit JIT-Elementen könnten eine ständige Kontrolle und Verfügbarkeit garantiert

[27] Retail „Out-of-Stock Study“ von Gruen, Corsten, Bharadwaj, 2002 [Ange04-ol]

werden. Dies wäre durch die Kontrollmechanismen und Eigenverantwortlichkeit auch bei Bestandsmanagementsystemen wie VMI von Vorteil.

Die Warenverfügbarkeit entlang der gesamten SC nimmt zu. Die Lager sind immer optimal gefüllt und es entstehen weniger Umsatzverluste. Dazu müssten aber auch die POS(Point-of-Sale)-Daten zur Verfügung stehen.

Die Unternehmensberatung Accenture rechnet damit, dass sich durch den Einsatz von RFID die Fälle, in denen Ware im Regal fehlt, um 1 % bis 2 % senken lassen. [Ostl03-ol]

Beispiel

Im „Future Extra Store" ist es jederzeit möglich, sich die aktuellen Bestände in den Regalen anzusehen. Das System bestellt Ware nach und warnt vor OOS-Situationen. Falsch abgelegte Ware wird angezeigt. In den einzelnen Produktkategorien konnte dadurch der Leerstand (OOS) um 9 % bis 14 % reduziert werden. [Metr04a, S. 2]

4.1.11 Product-Lifecycle-Management und Rückrufaktionen

Eine optimal aufeinander abgestimmte Wertschöpfungskette kann im heutigen Wettbewerb von strategischer Bedeutung sein und die Erträge verbessern. Produkte können schneller eingeführt werden und es kann eine hohe Liefertreue garantiert werden. Aufgrund der immer kürzer werdenden Produktionslebenszyklen ist dies insbesondere im schnelllebigen Bereich elektronischer Artikel wichtig. Um die Entwicklung weiter voranzutreiben, müssen Daten beim Übergang der Ware vom Händler an den Kunden gewonnen und dem Hersteller zur Verfügung gestellt werden (Point-of-Sale-Daten). Auch nach dem Erwerb könnten für den Hersteller Daten des Produktes wichtig sein, um z. B. die Produkte zu verbessern oder sie frühzeitig aus dem Markt zu nehmen bzw. rechtzeitig ihre Herstellung zu stoppen. Es ist deshalb notwendig, dass die Informationskette nicht unterbrochen wird und die gewonnenen Daten vom Händler zurück zum Hersteller fließen. Obgleich durch bereits bewährte Technologien wie EDI die Softwareunterstützung vorhanden und ein Austausch der Informationen grundsätzlich möglich ist, erfolgt ein solcher Datenaustausch heute in sehr wenigen Bereichen. Dabei können diese Maßnahmen strategische Wettbewerbsvorteile verschaffen.

RFID ermöglicht es, dass mittels kontinuierlich aktualisierter Produkthistorien, die sämtliche Produktlebensphasen von der Entwicklung bis zur Verwertung des Artikels erfassen, Kundenanforderungen an die Produkte in neue Produktentwicklungen integriert werden. Damit lassen sich Kosten in folgenden Bereichen senken: Garantieforderungen, Service, Wartung und Reparatur, Weiterverwendung bzw. Entsorgung von Produkten und Materialien. [ChFM03, S. 3]

Weitere Anforderungen, die durch die Produkthaftung[28] vorgegeben werden, wie die Verpflichtung einer fortlaufenden Überwachung von abgesetzten Produkten, lassen sich mittels RFID realisieren.

Derzeit laufen erste Versuche, Transponder in zunächst sicherheitsrelevanten und hochwertigen Komponenten bei Kraftfahrzeugen einzusetzen, um neben der Sicherheit für den Kunden auch die Sicherheit für den Hersteller zu erhöhen und seine Kosten bei einer Nachprüfung zu reduzieren (z. B. Überprüfung der Verwendung von Originalteilen). Wenn bereits bei der Produktion von Investitionsgütern bekannt wäre, welche Teile genau aus welcher Charge verbaut wurden, wäre ein Wechsel von Teilen sicherlich einfacher zu bewerkstelligen. Die notwendigen Daten auf dem Transponder könnten aktualisiert werden. So wird z. B. durch ein einfaches Auslesen der Transponderdaten dem Mechaniker oder Monteur angezeigt, ob ein Teil noch nicht ausgetauscht, bereits ersetzt oder repariert worden ist, also eine Ausbesserung vielleicht gar nicht mehr notwendig wäre oder schon hätte erfolgen müssen. Daneben sind der eindeutige Nachweis und die Identifikation von Bauteilen im montierten bzw. verbauten Zustand möglich, falls diese statt mit Barcode mit Transpondern versehen sind. Bei Identifikation mittels Barcode ist eventuell eine Demontage erforderlich, um diesen scannen zu können.

Alle diese Faktoren könnten auch bei Maschinen mit sicherheitstechnischen Einrichtungen zum Schutz von Personal wichtig sein. Denn die Kosten, die durch einen Ausfall entstehen oder ggf. als Schadensersatz gezahlt werden müssten, könnten einen kleinen bis mittelständischen Betrieb die Existenz kosten. Schließlich ist für einen Unfall, der nachweislich durch Produktmängel hervorgerufen wurde, der Hersteller verantwortlich. Eine bessere Qualität der Produkte durch die Auswertung von Tracking & Tracing und Monitoringdaten (dann müssen bestimmte Reportinganforderungen erfüllt werden) hätte weniger Aufwendungen für Haftung bei Sicherheitsproblemen, Imageschäden und damit verbundenen Absatzverlusten zur Folge. Es ist abzusehen, dass sich in den nächsten Jahren sicherlich die Anzahl von Transpondern in Fahrzeugen kontinuierlich erhöhen wird. Nicht zuletzt durch gestiegene Gewährleistungskosten, die einen immer höheren Anteil in der Bilanz von Automobilherstellern ausmachen.

Durch eine Auswertung der erhobenen Daten, wie z. B. aus der Wartung oder dem Gebrauch von Objekten, könnte außerdem eine kontinuierliche Produktverbesserung erreicht werden. Neben der sofortigen Anpassung der Produktionsprozesse, z. B. um im Sinne eines TQM die Qualität des Produktionsprozesses oder des Produktes zu verbessern, können diese Daten auch bereits bei der Weiter- oder Neuentwicklung von Investitionsgütern eingebracht werden. [Span04, S. 130f]

In der Konsequenz könnte RFID ein integriertes und vernetztes Product-Lifecycle-Management (PLM) unterstützen.

---

[28] Z B. das am 01.05.2004 in Kraft getretene Geräte- und Produktsicherungsgesetz (GPSG) [IHK04-ol]

Beispiel

Der Reifenhersteller Firestone (Bridgestone) rief nach vielen Unfällen mit teilweise tödlichem Ausgang im Herbst 2000 ca. 14,4 Mio. ausgelieferte Reifen zurück. Dies war der Anlass für den THREAD Act (Transportation, Recall, Enhancement, Accountability and Documentation), der u. a. regelmäßiges Reporting an NHTSA (National Highway Traffic Security Agency) vorschreibt.

Michelin hat bereits Autoreifen entwickelt, die durch den Einsatz von eingebauten RFID-Transpondern über die Lebensdauer der Reifen hinweg eine sichere Identifikation erlauben. Mit einer entsprechend ausgebauten Infrastruktur (in Werkstätten, Prüfstellen, u. a.) können die Reifen identifiziert und mit relevanten Informationen verknüpft werden. Die regelmäßige Analyse kann dann dabei helfen, Probleme und Unregelmäßigkeiten eher zu erkennen, als es heute möglich ist. Schadensfälle können dadurch schon im Vorfeld vermieden werden und die Daten bereits in der Entwicklung zur Optimierung von Reifen beitragen. [Span04, S. 133] [BSI04, S.75f]

4.1.12 Recycling & Entsorgung

Bei Herstellungsprozessen können auch unerwünschte Nebenprodukte wie z. B. Schlacken anfallen. Material, das einer weiteren Nutzung nicht zugeführt werden kann, muss mit hohem Kostenaufwand von Spezialbetrieben möglichst umweltschonend entsorgt werden. Es müssen Entsorgungsnachweise geführt und Informationen über die Entsorgungsbetriebe gesammelt werden. Zertifizierungen sind notwendig, um ein umweltgerechtes Recycling der zu entsorgenden Materialien zu gewährleisten.

Außerdem hören nach dem Verkauf von Produkten meist die Herstellerpflichten nicht auf. Neben der Haftung für Produktschäden ist der Hersteller auch zu der Rücknahme der Waren nach ihrem Einsatz verpflichtet. Die EU-Richtlinie EU 2002/96/EG (Waste Electrical and Electronic Equipment, WEEE-Richtlinie) des Europäischen Parlamentes verpflichtet heute die Hersteller von Elektrogeräten dazu, dass sie verkaufte Elektronik auch wieder vom Kunden zurücknehmen und für die Verwertung sorgen müssen [EU05-ol]. Automobilhersteller sind bereits seit 1994 zur Rücknahme der hergestellten Fahrzeuge verpflichtet. Zusätzlich im Automobilbereich ist die Altautoverordnung hinzugekommen. Sie legt fest, dass 85 % (Gewichtsprozent) der im Innenraum verwendeten Werkstoffe eines Autos dem Recyclingkreislauf wieder zuzuführen sind [OsWa98-ol]. Das zeigt, dass je nach Größe und Komplexität der Produkte diese Rücknahmen und die damit verbundene Entsorgung immer mehr an Bedeutung gewinnen. Es muss ein Netz von Entsorgungsbetrieben aufgebaut werden, das die Rücknahme und Verwertung sicherstellt. Der Hersteller muss ggf. Informationen über die Objektzusammensetzung zur Verfügung stellen. Verarbeitete Materialien, die früher als unbedenklich galten und heute als bedenklich eingestuft werden, müssen ebenfalls durch Spezialbetriebe entsorgt werden. Es entstehen

Kosten für die Recherche nach geeigneten Betrieben und für das zur Verfügung stellen von Informationen. Die Entsorger müssen durch den Hersteller oder Subunternehmer betreut werden.

Bei einem Einsatz von Transpondern an Fahrzeugen und Containern des Entsorgungsunternehmens könnte der Hersteller jederzeit nachvollziehen, wer unerwünschte Nebenprodukte des Herstellungsprozesses oder andere zu entsorgende Materialien abzutransportiert hat. Durch Tracking & Tracing könnte mittels einer Abfrage von zentral verfügbaren Datenbanken, die z. B. bei öffentlichen Einrichtungen hinterlegt sind, Auskunft darüber gegeben werden, inwieweit ein Entsorger für die Entsorgung zertifiziert ist. Durch eine Quittierung von empfangenen Materialien mittels digitaler Signaturen des Entsorgers, z. B. mittels Andockstationen der Lkws oder Container im Betrieb, könnte darüber hinaus ein Entsorgungsnachweis ermöglicht werden. Der Hersteller kann so zu jedem Zeitpunkt über die Entsorgung Rechenschaft ablegen und durch geeignete Maßnahmen eine falsche Entsorgung früh genug vermeiden.

Wenn Transponder in den hergestellten Objekten verarbeitet sind, ist zum einen eine durchgängige Produkthistorie (z. B. mittels EPC) vorhanden. Zudem könnten neben der Rückverfolgbarkeit von Produkten jederzeit alle Herstellungsdaten des Objektes zur Verfügung gestellt werden, wie z. B. auch die verarbeiteten Materialien. Informationen, wie Zerlegungspläne, Recyclingvorschriften, Entsorgungsorte und Abgabestellen werden zur Verfügung gestellt. Objekte können mitteilen, durch welche Transportfahrzeuge sie nur entsorgt werden dürfen oder ob eine fehlerhafte Entsorgung erfolgt ist [GCI04, S. 8]. Denkbar wäre auch, dass die Reihenfolge der Entsorgung überwacht und auf Entsorgungsfehler frühzeitig hingewiesen wird, z. B. wenn bestimmte Materialien noch nicht entfernt worden sind.

Durch diese Einsatzmöglichkeit wären Gefahren für Mensch und Umwelt frühzeitig vermeidbar [ChFM03, S. 3f], Schäden an Maschinen könnten ebenfalls verhindert werden.

Beispiel

> Ein solcher durchgängiger Einsatz dürfte derzeit noch eine Vision sein. Dadurch, dass aber bereits auch Entsorger, wie RWE Umwelt Transponder einsetzen, wäre eine Kopplung von Systemen möglich. So könnten z. B. Hersteller, die ihre Materialien durch mit Transpondern ausgestatteten Containern entsorgen lassen, über eigene Lesegeräte die Containerdaten auslesen. Durch die Kopplung mit dem Softwaresystem des Entsorgungsunternehmens und dem Informationsaustausch (EDI), wüsste das Entsorgungsunternehmen, wann die Containerkapazität erreicht ist und der Container ersetzt werden muss (Pull-Prinzip, statt Push). Der Hersteller könnte wiederum jederzeit nachvollziehen, welchen Weg die zu entsorgende Ware genommen hat. Automatisierte Meldungen unterstützen das System.

4.1.13 Customer Relationship Management

Serviceleistungen für Kunden haben in den letzten Jahren innerhalb der Supply Chain immer mehr an Bedeutung gewonnen. Bestes Beispiel dafür ist die Automobilindustrie. Früher noch nach dem Push-Prinzip hergestellt und mit wenig Variantenvielfalt, hat die Anzahl der möglichen Varianten bei Autos immer mehr zugenommen. Spezielle Ausstattungen kann sich der Kunde aus dem Angebot heraussuchen und sich ein individuelles Auto nach seinen Wünschen zusammenstellen. Das Fahrzeug wird dann entsprechend seiner Wünsche im Werk gefertigt. Meist wird dabei nach dem Pull-Prinzip vorgegangen.

Mittels RFID können zusätzliche Serviceleistungen im Bereich des Customer Relationship Managements (CRM) für den Kunden durch den Hersteller oder Händler angeboten werden. Die Daten aus der Nutzung dieser Angebote kann dann der Hersteller für gezielte Marketingmaßnahmen, weitere Angebote oder eine Verbesserung des Services nutzen. Dadurch profitiert wiederum der Kunde, da er auch nur segmentspezifische und personalisierte Werbung bekommt, d. h. auch nur die Werbung, die er haben möchte. Im Internet ist dies schon gängige Praxis[29].

Die gewonnenen Informationen können helfen, entsprechend den Bedarfen und Bedürfnissen zu produzieren und sich auf die Kundenwünsche zu konzentrieren. Weitere Services in diesem Bereich sind denkbar und bereits in der Entwicklung.

Im Einzelnen hat der Kunde durch Verwendung von Techniken, wie dem EPC und der Verwendung von RFID, folgende Services, die er ggf. bereits im Laden abrufen kann und die ihm angeboten werden:

- Herkunftsnachweise (EU-VO 178/2002)
- Schutz vor Produktpiraterie, Fälschungssicherheit
- weitere Produktinformationen (z. B. der Einsatz von Gentechnik bei Lebensmitteln könnte sich effizient vermitteln lassen [GuSp04], Allergiker könnten unverträgliche Inhaltsstoffe sofort identifizieren [Metr04a, S. 5])
- produktfremde Informationen, z. B. Produktkombinationen
- virtuelle Beratung
- Haftungs- und Handhabungssicherheit (z. B. durch Sensorik und Überprüfung des Mindesthaltbarkeitsdatums oder automatischen Austausch von Produkten)
- direkte Informationen bei Rückrufaktionen
- Elektronische Hilfe bei Instandhaltungs- und Wartungsarbeiten, Reparaturen
- Unterstützung bei Entsorgung und Recycling

---

29 Personalisierte Werbung auf den Internetseiten von Buchhändlern. Beim Kauf von Büchern werden weitere Bücher angeboten, die aus dem gleichen Genre sind. Im Hintergrund können Daten über das Kundenverhalten gewonnen werden.

Daneben bieten sich weitere Vorteile, z. B. volle Regale oder verkürzte Wartezeiten an der Kasse [ChFM03, S. 3f]. Einkäufe ließen sich schneller und bequemer abwickeln [GuSp04].

Beispiel

Im „Innovation Center" von Metro werden derzeit Versuche mit verschiedenen Displays gemacht. Sie ermöglichen neben einer virtuellen Produktberatung auch die personalisierte Werbung. Im Rahmen des „Future Extra Store" können Kunden mittels Transpondern bereits jetzt Produktinformationen zu Artikeln wie DVDs und Spirituosen abrufen. Es werden zusätzliche Produktempfehlungen gegeben, wie z. B. ein mögliches Gericht zum Wein.

4.1.14 Forschung und Entwicklung, Marketing

Immer kürzer werdende Produktlebenszyklen setzen voraus, dass die Hersteller schneller neue, ansprechendere Produkte für den Markt entwickeln. Der Kunde von heute möchte meist Produkte von morgen zu einem möglichst günstigen Preis. Teilweise zeigt er das durch sein Verhalten. Die Hersteller kommen an diese Informationen meist nur durch aufwändige Studien heran. Marktforschungsinstitute werden beauftragt, oder mit aufwändigen Marketingmaßnahmen werden Produkteinführungen geplant. In der Hoffnung, dass die Produkte dann auch vom Markt aufgenommen werden, muss eine bestimmte Anzahl von Geräten bereits produziert werden. Die Rückmeldung, ob und wie ein Produkt vom Markt aufgenommen wird, trifft meist spät oder gar nicht ein. Verlässliche Zahlen über Kundenverhalten oder -interessen sind nicht vorhanden. Die Weiterentwicklung von Produkten wird gehemmt oder Fehlentwicklungen werden zu spät erkannt.

Durch das permanente Erfassen von Waren in den Geschäften, durch die Ausrüstung mit Antennen (z. B. in den Regalen), können Daten und Informationen gewonnen werden, mit deren Hilfe der Hersteller die Möglichkeit hat, seine Forschung und Entwicklung auszurichten. Er kann schneller auf Marktveränderungen reagieren und Waren frühzeitiger entwickeln oder anpassen. Die beschleunigten Prozesse innerhalb der Supply Chain sorgen für eine schnellere Warenverfügbarkeit.

Die schnellere Reaktionsfähigkeit des Herstellers würde durch aktuellere Ware dem Händler und den Kunden zu Gute kommen. Vom Hersteller durchgeführte Marketingmaßnahmen könnten schneller greifen und die Wirkung der Maßnahmen wäre durch die verfügbaren Daten messbar.

Im gegenseitigen Interesse sollten deshalb Kooperationen liegen. Schließlich ist eine notwendige Voraussetzung, dass die Informationen innerhalb der Supply Chain zurück zum Hersteller laufen oder er Zugriff auf die Daten des Händlers bekommt. Der Händler müsste also anhand von Schnittstellen oder Programmen die Informationen dem Hersteller zur

Verfügung stellen, was wiederum gegenseitiges Vertrauen und eine notwendige Transparenz innerhalb der Supply Chain voraussetzt.

Beispiel

Während des Metro-Projektes bei der Kaufhof Warenhaus AG konnten Informationen über das Kundenverhalten gesammelt werden. Durch die Anbringung von Antennen im Regalbereich und mittels Scannen im Sekundentakt wurden Daten darüber gewonnen, wie lange Kleidungsstücke aus den Regalen entfernt worden sind. Daraus können Rückschlüsse gezogen werden, ob z. B. eine Anprobe stattfand oder die Kleidung nach kurzem Betrachten zurückgelegt wurde. Neben der Zeitspanne bis zur Kaufentscheidung wären für die Entwicklung auch die Aufenthaltsdauer vom Kunden im Verkaufsraum von Bedeutung oder die Beantwortung der Frage, ob der Kunde weitere Produktinformationen abgerufen hat.

4.1.15 Beschaffungsmarktpflege, Zertifizierung

Im Rahmen der Beschaffung von Roh-, Hilfs- und Betriebsstoffen sowie bei der Zulieferung von Teilen, die in Objekten verarbeitet werden, sind Unternehmen auf die Zuverlässigkeit ihrer Lieferanten und Zulieferer angewiesen. Durch Verzögerung von Leistungen, z. B. durch unzuverlässige Unternehmen, können weitere Verzögerungen in der Lieferkette entstehen oder Mehr- und Nacharbeit erforderlich machen. Zusätzliche Kosten und Umsatzverluste entstehen, weil die mangelhaften Leistungen nicht frühzeitig erkannt werden konnten.

Heute besteht bereits die Möglichkeit, dass sich Unternehmen zertifizieren lassen und sich damit einer meist unabhängigen Prüfung unterziehen. Dafür sind eine aufwändige Informationserfassung und die Prüfung von Unterlagen erforderlich.

Lieferanten könnten sich einer freiwilligen Selbstkontrolle unterziehen und sich zertifizieren lassen. Grundlage dafür wären die mittels Identifikationstechniken automatisiert gewonnenen Daten. Das Unternehmen, das die Leistung erhält, könnte bei einer solchen Zertifizierung ebenfalls mithelfen, indem die Daten über Einhaltung von Lieferterminen oder auch andere Informationen automatisiert miterfasst und zur Verfügung gestellt werden. Dafür wären neben dem Integrationswillen auch die Transparenz und das gegenseitige Vertrauen der Partner notwendig. Solche Systeme könnten Verzögerungen in der Lieferkette aufgrund von Unzuverlässigkeiten des Lieferanten frühzeitig verhindern, dürften aber derzeit noch Zukunftsvision sein. Praxisbeispiele sind nicht bekannt.

4.1.16 Prozesse: Überwachung, Analyse, Optimierung, Transparenz

Die Umstrukturierung und Veränderung von Geschäftsprozessen im Unternehmen sind von entscheidender Bedeutung. Die RFID-Technologie ist lediglich ein Werkzeug, stellt aber allein noch keine Lösung für neue Geschäftsprozesse dar [GCI04, S. 7]. In vielen Branchen ist es erforderlich, dass Produkte und Dienstleistungen angeboten werden, die sehr genau auf spezielle Kundenbedürfnisse und die benötigte Qualität abgestimmt sind. Unternehmen müssen den Kunden aus bestimmten Marktgesichtspunkten weit entgegenkommen. Der Kunde setzt häufig voraus, dass er aus einem Sortiment an Produkttypen, Varianten und Ausstattungen wählen kann, um sich z. B. ein individuelles Fahrzeug zu bestellen. Dadurch nimmt in vielen Branchen die Anzahl an Typen und Varianten weiter zu. Die damit zusammenhängenden Produktinnovationen wirken sich zuerst auf die internen Prozesse der Leistungserstellung von Unternehmen aus. Ein permanenter Druck, Produkte und Prozesse zu verändern und zu verbessern wird erzeugt. Die extern gestellten Anforderungen erhöhen diesen Druck, und Unternehmen müssen sich zunehmend an den Wettbewerbsfaktoren Qualität, Kosten und Zeit messen lassen. Meist wird versucht, durch eine einseitige Orientierung - überwiegend durch Personalabbau gekennzeichnet - die Kosten zu senken. Eine permanente Verbesserung und eine Gesamtoptimierung sollten hingegen gegeüber einer Einzeloptimierung im Vordergrund stehen. Unternehmensintern sollte mehr Kreativität gefördert werden, unternehmensextern besser mit Kunden, Lieferanten und anderen Dienstleistern zusammengearbeitet werden. Eine übergreifende Prozessoptimierung und Anforderung, Produkte und Prozesse permanent zu verändern und zu verbessern, ist notwendig. [Thal03, S. 12f]

Mittels RFID ergibt sich neben der Unterstützung von Prozessen durch die Technologie und durch die Erfassung von Informationen entlang der Supply Chain auch die Möglichkeit, die gewonnenen Daten im Nachhinein zu analysieren und Schwachstellen von bestehenden Prozessen aufzudecken. Durch die Transparenz in der Lieferkette und die Masse der gewonnen Informationen wird eine Datenbasis geschaffen, die eine Aufdeckung von Prozessstrukturen und ihre Verbesserung ermöglicht. Entscheidungen könnten dezentral getroffen werden, da zur Unterstützung der Entscheidungsfindung die Objekte ihre Daten bereits mitbringen, also mit zeitlichem Wissen ausgestattet sind. [JaRF04, S. 28]

Geschäftprozesse könnten nachträglich simuliert werden. Je schneller die Schwächen dann beseitigt oder vermieden werden, desto schneller können alle an der Supply Chain beteiligten Unternehmen ihre Prozesse effizienter ausführen.

Insbesondere können hier auch die Zustandsüberwachung von kritischen Prozessen, wie die Handhabung von Gefahrstoffen oder teuren elektronischen Produkten, zählen. Effizienzsteigerungen können sich nicht nur in Qualität und Kosten, sondern auch durch eine sichere Gestaltung von Prozessen ergeben, wobei sich realisierbare Kosteneinsparungen in diesem Bereich zumeist weniger quantifizieren lassen.

Es wird erwartet, dass sich durch die Verwendung von RFID/EPC die Zahl der Diebstähle verringern lässt und optimierte Lieferketten die Leerstände in Regalen reduzieren können. Waren, die in mit Transpondern ausgestatteten Containern transportiert werden, können in Häfen und beim Zoll schneller abgewickelt werden. Des Weiteren wird die Genauigkeit der Zustellung von Transporthilfsmitteln, Gebinden und Artikeln erhöht. Lagerdurchlaufzeiten werden verkürzt und die Cross-Docking-Abwicklung erhöht. Die optimierten Lieferketten führen zu geringeren Sicherheitsbeständen, wobei die Umsätze steigen und die Lagerumschlagshäufigkeit erhöht wird. [Inte04a, S.4]

Beispiel

Seit 2002 verwendet die Deutsche Post AG ein System, um ihren Fuhrpark zu managen. Dazu wurden Container und Lastwagen mit Transpondern ausgestattet. Insgesamt werden 66 Schreib-/Lese-Einheiten und 11.000 Transponder in 33 Frachtzentren eingesetzt. Die Identifikationsnummer des Transponders kann nicht geändert werden. Der Transponder verfügt aber über zusätzlichen Speicher. Im Anschluss an die automatische Erkennung am Frachtzentrum erhält der Fahrer einen Ausdruck mit Informationen, an welcher Rampe Ladung angeliefert oder aufgenommen werden soll. Das System steuert auch die Zugangskontrolle. Die Zahl der vor Ort befindlichen Lastwagen und Container lässt sich in Echtzeit abrufen. Sind Änderungen in der Lieferkette nötig, können die Änderungsmaßnahmen über das zentrale Datenbanksystem umgesetzt werden. [BSI04, S. 80]

4.1.17 Neue Geschäftsprozesse und Dienstleistungen

In Kombination mit weiteren Technologien, wie etwa anderen Funktechniken oder der Sensorik, kann die automatische Identifikation zu Innovationen von Geschäftsprozessen und Dienstleistungen führen, in denen das Management von Objekten eine wichtige Rolle spielt [ChFM03, S. 3]. Aufgrund des zunehmend auch im Logistikbereich aufkommenden Gedankens des Outsourcings und der Spezialisierung der Unternehmen auf ihr Basisgeschäft, könnte dies neue zusätzliche Prozesse und Dienstleistungen schaffen und die Entwicklung neuer innovativer Produkte zur Folge haben.

Neue sichere Produkte und Produktionsmittel

Durch die Kommunikation mit ihrer Umgebung können Geräte, die mit Transpondern und die ggf. zusätzlich mit Sensoren ausgestattet sind, Gegenstand neuer Produktentwicklungen sein. Die Produkte setzen auf diese Intelligenz. [ChFM03, S. 4]

Leasingmodelle und Integrationsservices

Aufgrund der hohen Investitionskosten, die sich für Hard- und Software ergeben und die Unternehmen von einer Einführung abschrecken lassen, wurden die ersten Leasingmodelle entwickelt. Die Mehrzahl der bisherigen Projekte beschränkte sich auf eine einseitige Kostenbelastung. Mittlerweile bieten die ersten Firmen komplette RFID-Lösungen als Miet- oder Leasingmodell an, bei denen die Transponder zur Verfügung gestellt werden. Das Finanzierungsmodell basiert auf einer Verrechnung nach Nutzen und Informationsabfrage der an der Logistikkette beteiligten Unternehmen und soll einen Einstieg in die Technologie erleichtern. Die zusätzlich benötigte Hardware und Softwareplattform können über eine monatliche Gebühr gemietet oder geleast werden. Abgerechnet wird dieses Outsourcing-Modell nutzenabhängig, d. h. auf der Basis einer auf die beteiligten Unternehmen verteilten Kostenstruktur. Daneben werden meist auch eine Übernahme der RFID-Daten und eine Integration der Hard- und Software in die Geschäftsprozesse angeboten. Die angebotene Software wird meist als System zwischen die Datengewinnung und die Speicherung geschaltet (Middleware), um mittels Schnittstellen für den Transport und das Filtern der Daten in die ERP-Systeme zu sorgen.

So können sich die Unternehmen auf ihr Basisgeschäft konzentrieren und es vergeht weniger Zeit darauf, den Kosten-Nutzen-Faktor zu berechnen oder die Technologie erst noch in die bestehende Systemarchitektur integrieren zu müssen. Neben Unternehmen wie z. B. Siemens Business Service oder IBM, die Integrationsmodelle und Hard- und Softwarepakete im Angebot haben, bieten Unternehmen wie die Fa. Seeburger eine Kombination von Leasing- und Integrationmodellen an. [ML04-ol]

Verwendungsnachweise

Viele Leasingmodelle erfordern die Möglichkeit eines Verwendungsnachweises: Geleaste Autos werden nach gefahrenen Kilometern verrechnet, geleaste Kopiermaschinen nach der Anzahl kopierter Seiten. Automatische Identifikation vereinfacht das Führen von Verwendungsnachweisen und kann damit zahlreichen neuen physischen Ressourcen die Türen zu Leasingmodellen öffnen. Beispiele hierfür sind das Leasing von Winterreifen oder Bohrmaschinen, die selbständig und relativ fälschungssicher Umdrehungen bzw. Betriebsstunden mitzählen. [ChFM03, S. 3]

Beispiel

Der Schnell-Lieferdienst Trans-o-flex (Deutschland, Weinheim) bietet mit dem Angebot „thermoaktiv" seit Juli 2004 eine Lösung an, bei der während des ganzen Transportes von der Abholung über den Umschlag bis zur Zustellung eine konstante Temperatur von 2-8 Grad Celsius garantiert wird. Auf Kundenwunsch kann über einen im Innern der

Packstücke angebrachten Transponder die Temperatur durch Messung und Speicherung dokumentiert werden. Die dafür angeschaffte Spezialflotte besteht aus 40 Langstreckentransportern mit isolierter Außenhaut und Thermoaggregat. Außerdem befinden sich an Bord von 200 Fahrzeugen mobile Thermozellen und an den Trans-o-flex-Standorten fünf große und 35 kleine stationäre Thermozellen, damit die Temperatur auch an Wochenenden gehalten werden kann. Es können Paletten oder Pakete transportiert werden. Das System ist neuartig, weil bisherige Systeme außerhalb des Lebensmittelbereiches auf eine Spezialverpackung setzten, die mit einem Kühlmittel (passive Kühlung) ausgestattet waren, jedoch nicht immer die Temperaturschwankungen im Innern des Lkws ausgleichen konnten [Kran04a].

4.2 Produktion

In den Medien wird oft nur über den Einsatz von RFID im Handel gesprochen, wie z. B. bei der Metro AG. RFID lässt sich aber in vielen Bereichen entlang der Supply Chain sinnvoll einsetzen. In der Produktion wurde das Potential, welches RFID bietet, bereits früh erkannt und wird bereits seit einigen Jahren eingesetzt z. B. in der Automobilindustrie, wo Rohbaugestelle mit Transpondern gekennzeichnet werden.

Durch den Einsatz in unterschiedlichen Branchen ergeben sich auch unterschiedliche Nutzenvorteile durch den Einsatz von RFID. Im Handel sind nur schwer eindeutige Business Cases zu identifizieren, die sich durch den Einsatz von RFID verbessern lassen. Hier liegen die Vorteile in unternehmensübergreifenden Anwendungen, weshalb in diesem Bereich auch fast ausschließlich offene System verwendet werden. In der Automobilindustrie können konkrete Geschäftsfälle identifiziert werden, die sich mit RFID verbessern lassen, wie z. B. die Prozessüberwachung. Da hier der Fokus oft auf die lokalen Nutzeneffekte gelegt wird, werden in der Automobilindustrie häufig geschlossene Systeme verwendet. Durch die stetige Weiterentwicklung der RFID-Systeme werden aber auch zunehmend offene System für die Industrie interessant, und es können z. B. durch das Einbeziehen der Vorlieferanten in RFID-Systeme neue Verbesserungspotentiale erschlossen werden. Die unterschiedlichen Effekte des RFID-Einsatzes werden in der Abbildung 27 noch einmal aufgezeigt.

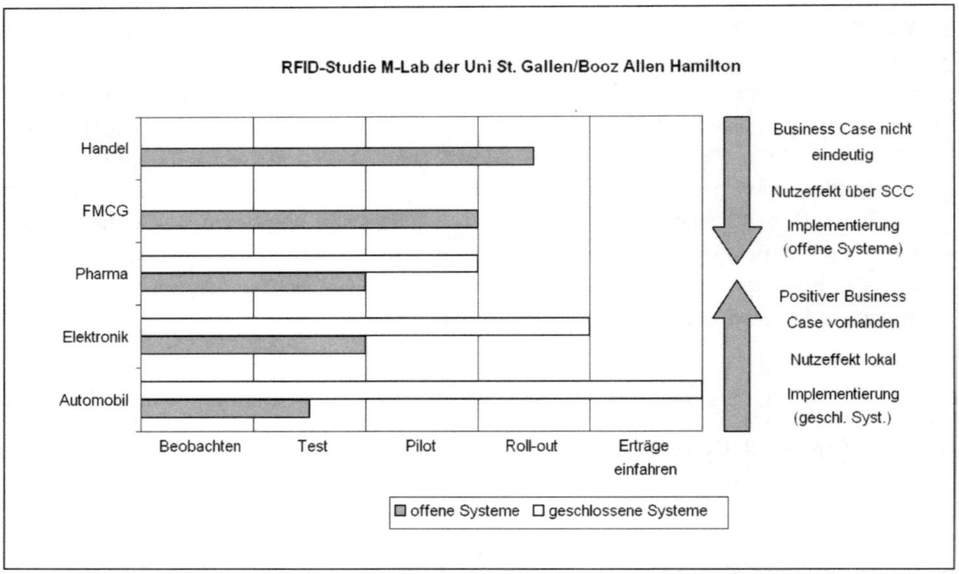

Abbildung 27: *Unterschiedliche Effekte durch den Einsatz von RFID [Soft04-ol]*

Die Einsatzmöglichkeiten von RFID in der Produktion sind sehr vielseitig und bieten eine ganze Reihe von Vorteilen, die nun im Folgenden beschrieben werden. Gründe für den Einsatz in der Produktion sind die oftmals schmutzigen Umgebungen, wo Barcode-Systeme schnell an ihre Grenzen stoßen. Wenn auch der Einsatz für RFID im Handel in den Medien häufiger diskutiert wird, ist die Nachfrage in der Automobilindustrie am größten. Bislang war zwar der Einsatz von RFID auf bestimmte Nischenanwendungen beschränkt, durch die technologische Entwicklung werden aber immer mehr Einsatzgebiete interessant. Das US-amerikanische Marktforschungsinstitut ABI hat 2004 errechnet, dass die Automobilhersteller bereits jetzt die Hälfte der gesamten Nachfrage an Funkchips und Lesegeräten stellen. Zu konkreten Projekten äußern sich die Hersteller jedoch nicht. [Loin04c]

In der Automobilproduktion werden überwiegend größere aktive Transponder verwendet, die eine große Speicherkapazität haben und mit denen aufgrund der eigenen Stromversorgung auch höhere Reichweiten realisiert werden können. Durch die höhere Energie, die zur Verfügung steht, lassen sich auch leichter physikalische Einflüsse überwinden, wie z. B. Metalle in der direkten Umgebung des Transponders oder Flüssigkeiten. Wo es erforderlich ist, können die Transponder mit Sensoren ausgestattet werden.

Die Kostenfrage der Transponder hat in der Produktion nicht so einen großen Stellenwert, da es sich überwiegend um hochwertige und teure Baugruppen oder Maschinen handelt und die Transponder im Produktionszyklus immer wieder neu verwendet werden. Auch müssen die Transponder nicht besonders klein sein, da sie häufig an Transporteinrichtungen oder an größeren Objekten (z. B. Karosserien) angebracht werden. Durch die technologische Entwicklung werden die Transponder aber immer kleiner, kostengünstiger und leistungsfähiger, so dass in Zukunft immer mehr Teile in der Produktion mit Transpondern ausgestattet werden können.

Die Einsatzmöglichkeiten, die im Folgenden gezeigt werden, lassen sich überwiegend nur auf Fertigungssysteme anwenden, wo hochwertige, teure und komplexe Produkte erzeugt werden, wie z. B. bei der Produktion von Pkws oder hochwertigen Elektrogeräten. BMW, VW und Mercedes setzen die RFID-Technik schon seit Längerem in bestimmten Bereichen der Produktion ein und so gut wie alle Hersteller experimentieren mit der Technologie [Loin04c]. Auch bei Intel werden in der Produktion die Siliziumplatten, auf denen die Mikrochips produziert werden, mit Transpondern ausgestattet. Für den Einsatz in der Produktion von Verbrauchsgütern und Massenwaren, wie z. B. in der Lebensmittelproduktion, übersteigen die Kosten einer Einführung eines RFID-Systems und der Betrieb noch die durch die Technik erzielbaren Vorteile.

Entscheidet sich ein Unternehmen für die Einführung von RFID-Systemen, muss darauf geachtet werden, dass die Öffentlichkeit ausreichend mit einbezogen wird. Wenn es sich auch gerade bei Systemen in der Produktionslogistik oft um geschlossene Systeme handelt, mit denen der Verbraucher nicht in Berührung kommt, ist eine für die Öffentlichkeit transparente Informationspolitik wichtig. Denn in der öffentlichen Diskussion gibt es zahlreiche kritische Stimmen zu dem Thema RFID, die die Verbraucher mit Begriffen wie „Schnüffel-Chip" und „gläserner Kunde" verunsichern. *„Wenn es nicht gelingt, das Vertrauen der Verbraucher zu gewinnen, dann ist RFID tot"*, bemerkte ein Teilnehmer eines EU-Workshops zur weiteren Entwicklung der RFID-Technologie etwas zugespitzt [HEIS04-ol]. Um Vertrauen zu erlangen, müssen dem Verbraucher die Vorteile, die auch für ihn durch den Einsatz von RFID entstehen, aufgezeigt werden, z. B. besserer Schutz vor Plagiaten oder bessere Garantieabwicklung. Dadurch kann die Akzeptanz beim Kunden besser gefördert werden als durch neue und zusätzliche Gesetze.

4.2.1 Anlieferung von Rohstoffen, Baugruppen und Transportbehältern

Gerade in der Automobilindustrie ist die Produktion abhängig von den Zulieferern. Ein Großteil der Baugruppen eines Pkws wird von Zuliefererfirmen hergestellt und im Automobilwerk zu einem Pkw zusammengesetzt. In der Automobilproduktion herrscht eine sehr hohe Variantenvielfalt der Produkte und fast jedes Automobil hat unterschiedliche Baugruppen. Nicht jedes Fahrzeug einer Klasse hat den gleichen Motor oder das gleiche Armaturenbrett. Werden vom Zuliefern die Produkte direkt oder bei kleineren Teilen die Transportbehälter mit Transpondern versehen, können auf ihnen genaue Produktinformationen gespeichert werden, wie z. B. die Auftragsnummer. So kann jedes Teil genau einem bestimmten Auftrag zugeordnet werden. Werden die Baugruppen beim Automobilwerk mit einem Lkw angeliefert, kann mit Hilfe von Scannern, die z. B. an Gabelstaplern angebracht sind, die die Lkws entladen, sofort festgestellt werden, für welchen Auftrag die einzelnen Baugruppen bestimmt sind, und diese dem Produktionsfluss entsprechend zugeführt werden. Spezialteile, wie z. B. Armaturenbretter oder Fensterscheiben, werden in speziellen Mehrwegbehältern geliefert. Wenn diese entladen sind und wieder zurückgeschickt werden, kann mit Hilfe der Transponderdaten überprüft werden, wie lange der Behälter unterwegs war und ob er auf dem kürzesten Weg wieder zurückgelangt ist.

Neben den Produktinformationen können die Transponder auch ein sogenanntes Sicherungsbit speichern und dienen somit zusätzlich als Diebstahlschutz. Dadurch kann der Schwund reduziert werden, da die Teile nicht mehr so ohne weiteres aus dem Produktionsbetrieb entfernt werden können.

Damit die Kosten für den Technikeinsatz nicht den dadurch gewonnenen Mehrwert übersteigen, ist es wichtig, dass die Unternehmen zusammenarbeiten und wenn möglich, ihre Unternehmensnetzwerke verbinden. Wenn z. B. ein Automobilhersteller von seinem Zulieferer fordert, dass er seine Teile mit Transpondern ausstattet, ist es sinnvoll, dass die Unternehmen zusammen überlegen, in welchen Bereichen sie beide die Technik sinnvoll einsetzen können.

Beispiel (Transportbehälterverwaltung in der Automobilindustrie)

Für die Produktion eines Pkws werden bei einem deutschen Automobilhersteller Spezialbehälter für den Verkehr zwischen den Werken eingesetzt. Diese Behälter wurden zur besseren Überwachung und Verfolgbarkeit mit RFID-Transpondern versehen. Man wollte damit den Schwund der Behälter und Spezialteile verringern. Durch den Schwund der Behälter entstanden ernorme Folgekosten von mehreren Millionen Euro pro Jahr durch Maschinenstillstand, manuelles Zählen und Suchen von Behältern und Spezialteilen.

Durch die Ausstattung der Behälter mit Transpondern konnte der Schwund verringert werden. Der Aufwand für die Behältersuche wurde reduziert und das Budget für Ersatzbeschaffung konnte verringert werden.

Mit Hilfe der genaueren Datenbasis kann die Prozesskette optimiert werden, wodurch weitere Kosten eingespart werden können.

4.2.2 Auszeichnung von Teilen, Halbfertigprodukten oder Produkten

Die einzelnen Teile, Halbfertigprodukte oder Produkte können auch im eigenen Unternehmen mit Transpondern ausgestattet werden, damit sie einem bestimmten Auftrag zugeordnet werden und während des gesamten Produktionsprozesses verfolgt werden können. Mit Hilfe der Transponder kann direkt am Objekt festgestellt werden, auf welcher Stufe des Produktionsprozesses sich das Objekt befindet, welche Bearbeitungsschritte bereits ausgeführt wurden und welche noch ausgeführt werden müssen. Sind die Auftragsdaten abgespeichert, kann der Werker abfragen, wie viel Zeit noch für die Bearbeitung bleibt oder wie lange das Objekt sich bereits im Produktionsprozess befindet. Werden die Transponder z. B. direkt auf einer Rohkarosse und Türen angebracht, können nach der Lackierung, wofür die Türen demontiert werden, diese im Anschluss genau der entsprechenden Karosse wieder zugeordnet werden. Dabei sind die Transponder unempfindlich gegen die Temperaturen und Farbnebel, die bei der Lackierung auftreten.

Können die Transponder untereinander kommunizieren, kann während des Zusammenbaus bereits kontrolliert werden, ob die Baugruppen auch zusammengehören, indem die Auftragsnummern abgeglichen werden. Wird versucht, ein falsches Teil einzubauen, könnte z. B. der Transponder an der Karosserie ein Alarmsignal auslösen.

Sind alle Baugruppen eines Produktes mit Transpondern ausgestattet, kann nach der Endmontage am fertigen Produkt beim Vorbeiführen an einem Lesegerät überprüft werden, ob alle Einzelteile richtig verbaut wurden und das Produkt den Spezifikationen des Auftrages entspricht.

Die Transponder können wie oben schon beschrieben entweder direkt auf dem Teil oder der Baugruppe auf sogenannten Werkstückträgern oder auf den Transportbehältern bzw. Hilfsmitteln angebracht werden.

Beispiel (Paletten für die Motorenproduktion in der Automobilherstellung)

In der Produktionsstätte eines Automobilherstellers werden die Paletten, auf denen die Motoren für die Pkws zu den Montagestationen in der Produktion gebracht werden, mit Transpondern ausgestattet. Hierbei findet die Datenhaltung jedoch nicht dezentral auf den Transpondern statt, sondern die Transponder dienen nur dazu, die Verknüpfung zu einer zentralen SQL-Datenbank herzustellen. Man hat sich deshalb für die Transpondertechnologie entschieden, weil diese unempfindlich gegen Schmutz und Beschädigungen ist.

Die Motorengehäuse, die an den Anfang der Montagestraßen geliefert werden, haben ein Barcode-Etikett mit einer eindeutigen Seriennummer. Das Barcode-Etikett wird mit einem Scanner gelesen und in einer SQL-Datenbank gespeichert, in der alle relevanten Daten über den Motor abgelegt sind. Auf den Transponder, der sich auf einer Transportpalette für den Motor befindet, wird anschließend die Seriennummer übertragen. So kann der Weg jedes einzelnen Teils über die gesamte Strecke verfolgt werden. Die Lesegeräte für die Transponder sind über einen Lichtleiterdatenbus, der eine sehr hohe Datenübertragungsrate ermöglicht, mit der SQL-Datenbank verbunden. So können alle relevanten Informationen zu einem bestimmten Teil über den Transponder aus der SQL-Datenbank abgerufen werden, so dass alle wichtigen Montageinformationen an der Palette gelesen werden können. Jede Station kann so produktspezifische Werte, wie

Sollwerte, Identifikationsnummer und Varianteninformationen, zu dem gerade zu verarbeitenden Teil abrufen. Werden die Varianten oder Spezifikationen für eine Linie geändert, müssen nicht an allen Stationen Programmänderungen durchgeführt werden, sondern nur zentral in der Datenbank.

Bei der Anforderung der Informationen wird aus Sicherheitsgründen auch die ID der Bedienperson übertragen und überprüft, ob die Person die notwendigen Berechtigungen hat. Erst nach der Fertigstellung der vorgesehenen Fertigungsstufe erlaubt das System den Weitertransport des Teils an die nächste Station. [PCCo04-ol]

Mit Hilfe des Lichtleiterdatenbusses ist zwar eine sehr hohe Datenübertragung möglich, die Vernetzung der einzelnen Stationen in der Produktion ist aber sehr aufwändig, besonders wenn für einen Modellwechsel die Produktionslinien umgebaut werden müssen. Würde man leistungsfähigere Transponder verwenden, auf denen alle wichtigen Informationen zu einem Teil direkt gespeichert werden könnten, müsste man nur einen Zugangspunkt zur SQL-Datenbank am Anfang der Produktionslinie haben, wo der Transponder eingeschleust wird. Dort würden dann alle Informationen auf dem Transponder übertragen und somit könnten an jedem Punkt der Produktion alle Informationen mit mobilen Lesegeräten abgerufen werden.

4.2.3 Ausrüstung von Werkzeugen, Maschinen und Anlagen mit RFID

Mit RFID können nicht nur bewegliche Teile in der Produktion ausgestattet werden, sondern auch Anlagen und Maschinen. So können Objekte im Vorbeigehen erkannt werden. Häufig stehen wichtige Maschineninformationen auf Typenschildern, die irgendwo an der Maschine angebracht sind. Im Produktionsbetrieb werden diese Schilder durch Schmutz und Öle verunreinigt und können nicht mehr gelesen werden. Werden die Informationen auf Transpondern gespeichert, sind diese jederzeit abrufbar. Außerdem können noch weitere Informationen gespeichert werden. Es ist z. B. möglich, auf einem Transponder für jede Maschine eine Lebenslaufakte anzulegen, in der Baujahr, eventuell Bedienungsanweisungen und Sicherheitsvorschriften im Umgang mit der Maschine oder die Reparaturhistorie abgespeichert und kontinuierlich fortgeschrieben werden können. Die Daten sind immer direkt vor Ort an den Objekten verfügbar. Dies ist besonders sinnvoll bei Maschinen und Werkzeugen, die verliehen werden. Der Empfänger kann so direkt am Objekt alle wichtigen Informationen abrufen. Außerdem kann er mit Hilfe der Daten auf dem Transponder überprüfen, ob alle Wartungsintervalle eingehalten wurden oder ob gegebenenfalls Teile verschlissen sind. Auch für den Verleiher haben die Transponder Vorteile. Auf ihnen kann abgespeichert werden, wer die Maschine wann, wo und wie lange benutzt hat. Bei Schäden kann auf diese Weise besser der Verursacher ermittelt werden.

Da die Transponder einen großen Speicher haben, eventuell mit Sensoren ausgestattet sind und sehr robust sein müssen, eignen sich für dieses Einsatzgebiet oft nur teure aktive RFID-

Systeme. Es ist also nicht sinnvoll, jede Zange oder jeden Schraubendreher damit auszustatten. Aber bei teueren Objekten, wie z. B. Werkzeuge, die beim Flugzeugbau eingesetzt werden, lohnt sich die teure Technik, da die Objekte selbst einen sehr hohen Wert haben und eine gute Überwachung besonders wichtig ist.

4.2.4 Wartung von Anlagen und Maschinen

Sind Anlagen und Maschinen mit Transpondern ausgestattet, bietet das auch für die Wartung viele Vorteile. Wird wie in Kapitel 4.3 eine Lebenslaufakte über jedes zu wartende Objekt angelegt, kann jederzeit direkt an dem Objekt überprüft werden, wann die letzte Wartung durchgeführt wurde und ob alle Wartungsintervalle korrekt eingehalten wurden.

Tritt bei den Maschinen Verschleiß auf, können mit Sensoren versehene Transponder den Verschleiß überwachen und anzeigen, wenn Teile ausgetauscht oder repariert werden müssen. Die Wartungsintervalle können somit besser individuell für jede Maschine angepasst und optimiert werden. Da der Verschleiß direkt vor Ort überwacht wird, brauchen demnach nur Teile gewechselt werden, die wirklich auch ausgewechselt werden müssen. Das technische Personal wird mit tragbaren Endgeräten ausgestattet (PDAs[30]), die mit den Transpondern an den Maschinen kommunizieren. Auf dem Display wird angezeigt, welche Wartungsschritte durchgeführt werden und welche Teile ausgetauscht werden müssen. Ist die Wartung durchgeführt worden, kann eine persönliche Signatur auf dem Transponder von dem technischen Mitarbeiter abgespeichert werden, womit sich später nachvollziehen lässt, welcher Mitarbeiter wann die Maschine gewartet hat. Damit kann die Anlagensicherheit erhöht werden und gleichzeitig durch die Optimierung des Wartungsprozesses Instandhaltungskosten reduziert werden.

Beispiel (Anlagenverwaltung an einem großen europäischen Flughafen)

Zur effizienten Anlagenverwaltung wird an einem großen europäischen Flughafen ein RFID-System eingesetzt. Bisher erforderte die Dokumentation der Wartungsarbeiten in diversen sicherheitsrelevanten Bereichen einen erheblichen Aufwand und war zudem fehleranfällig. Vor der Einführung von RFID mussten die Mitarbeiter für Wartungsarbeiten mehrseitige Papierformulare für jedes Objekt ausfüllen und die Daten mussten manuell im vorhandenen SAP-System erfasst werden. Die manuelle Übertragung erforderte einen erheblichen Personalaufwand und es kam immer wieder zu Fehlern. Statusabfragen über Wartungsarbeiten waren nur mit einiger Zeitverzögerung möglich.

Für den Flughafen wurde eine mobile Infrastruktur entwickelt, die eine lückenlose Dokumentation der Wartungsarbeiten ohne Medienbrüche ermöglicht und die allen

30 PDA: Personal Digital Assistants

gesetzlichen Anforderungen entspricht. Dafür wurden Wartungsobjekte mit Transpondern ausgestattet. Jeder Wartungsmonteur erhält einen PDA, der mit einem RFID-Lesegerät erweitert wurde. Im SAP-System werden nach Bedarf Wartungsaufträge generiert und an die PDAs der Monteure am Beginn eines Arbeitstages übertragen. Ein Auftrag wird durch das Scannen des Transponders am Wartungsobjekt eröffnet, der Abschluss der Arbeit wird ebenso dokumentiert. Dadurch ist eine zeitliche Durchführungskontrolle möglich. Auf dem Transponder sind Identifizierungsinformationen zum Objekt abgespeichert sowie der Zeitpunkt der letzten Inspektion. Der Datenabgleich zwischen den PDAs und dem SAP-System erfolgt am Ende eines Tages automatisch.

Für ein erstes Pilotprojekt wurden 22.000 Brandschutzklappen, die bei Feuer die Ausbreitung von Rauch durch das Lüftungssystem verhindern sollen, mit „RFID-onMetal-Labels" ausgestattet. Bei den Transpondern handelt es sich um 13,56 MHz-Spezialetiketten. Diese garantieren auch bei der Verklebung auf Metall und unter hohen mechanischen Belastungen sowie extrem hohen Temperaturen einen sicheren Datentransfer. Das System soll nach der erfolgreichen Durchführung des Pilotprojekts nun schrittweise auf alle Wartungsobjekte des Flughafens ausgeweitet werden. Durch das System kann die kaufmännische Abwicklung der Wartung direkt vor Ort durchgeführt werden. Außerdem entfällt die Archivierung von jährlich 88.000 Auftragsdatenblättern allein für die Brandschutzklappen. [Buch04c]

4.2.5 Positionsortung von Baugruppen und Endprodukten

Viele Produktionsbetriebe haben sehr große Werksgelände, auf denen es oftmals schwierig ist, etwas wiederzufinden, wenn man nicht genau weiß, wo sich das entsprechende Teil befindet. Das gilt nicht nur für kleinere Teile, wie z. B. Werkzeuge, sondern auch für Autos oder Lkws. Das Werksgelände eines Automobilherstellers kann z. B. schnell eine Fläche von über eine Million Quadratmetern erreichen. Mit Hilfe von Transpondern kann das Wiederfinden von Teilen, Baugruppen oder Endprodukten erheblich erleichtert werden.

Werden die Objekte mit leistungsstarken aktiven Transpondern mit hohen Reichweiten ausgestattet, muss man sich nicht in der Nähe das Objektes befinden. Entweder kann das Objekt mit Hilfe der vom Transponder ausgesendeten Signale geortet werden (z. B. durch eine Funkpeilung[31]), oder auf dem Transponder wird die genaue Position des Objekts gespeichert und diese als Information an das Lesegerät übertragen. Dies funktioniert auf Freiflächen, aber auch in Fabrikhallen. In Fabrikhallen können allerdings nicht so große Reichweiten erzielt werden, da Stahlträger und Stahlbeton besonders auf die bei den Transpondern verwendeten Frequenzen (vgl. Kapitel 2) einen negativen Einfluss haben. Die

---

31 Funkpeiler: Funkempfänger mit besonderen Empfangsantennen (Richtantennen), mit denen die Einfallsrichtung der von einem Sender ausgestrahlten Signale und damit die Richtung zum Sender bestimmt werden kann. [MTL95]

kürzeren Reichweiten innerhalb von Gebäuden könnten aber durch Zwischenstationen (Relaisstationen[32]) überbrückt werden, wie man sie z. B. aus der Funktechnik kennt.

So kann der Standort eines Objektes schon im Vorfeld genau festgestellt werden und das langwierige Suchen durch einen Mitarbeiter entfällt. Mit Hilfe der Transponder ist es auch möglich, ohne großen Aufwand ein Objekt unmittelbar vor Ort genau zu identifizieren. Auf einem mobilen Lesegerät können alle Daten vom Objekt, die auf dem Transponder abgespeichert sind, unmittelbar abgerufen werden.

Dadurch, dass bei solchen Anwendungen aktive Transponder eingesetzt werden, eignen sie sich nur für größere und hochwertige Teile, Baugruppen und Endprodukte. Hierbei können die Produktionsprozesse durch das Entfallen von Suchzeiten verkürzt und somit Kosten eingespart werden, die den Einsatz von teurer RFID-Technologie rechtfertigten.

Beispiel (Ortungssystem zeigt Position von Neuwagen bei einem Automobilhersteller an)

In einem Pilotprojekt wurde im Jahr 2002 das Werk eines deutschen Automobilherstellers mit einem Fahrzeugortungssystem auf RFID-Basis ausgestattet. Jedes Jahr wurden in diesem Werk ca. 280.000 neue Fahrzeuge verschiedener Baureihe produziert. Das Werksgelände umfasst insgesamt 1,8 Millionen Quadratmeter, mit insgesamt 3.000 Parkplätzen für Neuwagen auf acht unterschiedlich großen Stellflächen. Nach dem Verlassen der Produktionshalle wird jedem Fahrzeug ein fester Standort zugewiesen. Dennoch ergaben sich häufig Standortwechsel der Fahrzeuge, wodurch die Mitarbeiter oft auf der Suche nach dem entsprechenden Fahrzeug waren. Um die Suchzeit zu vermeiden, wurde ein präzise arbeitendes Fahrzeugortungssystem entwickelt. Dafür wurde ein RFID-basiertes Fahrzeugortungssystem eingeführt. Wird ein Fahrzeug zur Endaufbereitung von dem Montage Finish System (MOFI) abgerufen, kann ein Mitarbeiter den Standort eines Fahrzeuges in Echtzeit über einen Web-Browser im Intranet abfragen. Der Standort des Wagens wird dann grafisch auf einem Plan des Werksgeländes angezeigt. So kann der Mitarbeiter direkt auf das abgestellte Fahrzeug zugehen und es zur Auslieferung

Abbildung 28: *Ortungssystem bei BMW [SAD03-ol (Pressebild)]*

---

32 Relaisstation: Zwischenstation mit Empfänger und Sender, z. B. beim Richtfunk; vergrößert die durch geradlinige Ausbreitung und Erdkrümmung beschränkte Reichweite durch Verstärkung und Umsetzung auf eine andere Frequenz. Eine durch Relaisstation überbrückte Fläche heißt Relaisstrecke. [MTL95]

vorbereiten. Durch dieses System wird ein schnellerer Fahrzeugdurchlauf ermöglicht, die Suchzeit wird verkürzt und somit Kosten gespart. Die Ortung mittels RFID-Technik arbeitet auf fünf Meter genau und ist somit im Vergleich zu satellitengestützten Systemen nicht nur präziser, sondern auch kostengünstiger. Außerdem können die Fahrzeuge auch in Hallen oder überdachten Bereichen geortet werden. [SAD03-ol]

4.2.6 Handhabungsvorschriften und Einbauvorschriften

Durch zunehmende Variantenvielfalt und häufig wechselnde Produktionsprogramme müssen sich die Mitarbeiter in der Produktion auf immer wieder neue Arbeitsabläufe einstellen. Die Informationen über die neuen Arbeitsabläufe können die Mitarbeiter häufig nur an zentralen PCs abrufen oder in Handbüchern, in denen die Arbeitsabläufe dokumentiert werden, nachlesen. Es ist oft nicht möglich, jeden Mitarbeiter mit einem eigenen PC auszustatten, so dass er jederzeit Zugriff auf die benötigten Daten hat. Werden komplexe Produkte, die durch ein Baukastensystem eine hohe Variantenvielfalt ermöglichen, mit einem Transponder ausgestattet, kann man auf ihm alle erforderlichen Handhabungs- und Einbauvorschriften abspeichern. So sind die erforderlichen Daten unmittelbar am Objekt jederzeit verfügbar. Komplexe Teile werden oftmals auf Werkstückträgern montiert, wie z. B. Karosserien oder Motoren, auf denen sie den Produktionsprozess durchlaufen. Diese Werkstückträger lassen sich gut mit Transpondern ausstatten und können nach der Fertigstellung des Produktes wieder verwendet werden. Die Informationen können mit stationären Lesegeräten, die an jeder Bearbeitungsstation installiert sind, abgerufen und die Informationen auf einem Monitor oder einem Display dem Mitarbeiter angezeigt werden. Eine Vernetzung mit einem zentralen Rechner ist nicht mehr notwendig.

Gerade bei Produkten, bei denen viele unterschiedlicher Arbeitsabläufe durchgeführt werden müssen und auf die korrekte Ausführung geachtet werden muss, ist es von Vorteil, wenn der Mitarbeiter die erforderlichen Daten jederzeit zur Verfügung hat. So können z. B. direkt am Teil die Arbeitsschrittreihenfolge, Angaben über die zu verwendenden Werkzeuge oder Anzugsdrehmomente für Verschraubungen abgespeichert werden. Wechselt der Arbeiter in einen anderen Produktionsabschnitt, hat er alle erforderlichen Daten sofort vorliegen. Außerdem kann jeder Bearbeitungsschritt auf dem Transponder quittiert werden. Erst wenn alle Bearbeitungsschritte durchgeführt wurden, kann der Transponder für den nächsten Produktionsprozess freigegeben werden.

Beispiel (von Werkstückträgern mit Transpondern bei der Firma Deutz)

In dem Werk in Köln-Porz stellt der Motorenhersteller Deutz kundenspezifische Dieselmotoren her. Durch ein modernes Prozessleitsystem kann jeder Motor an jedem Tag hergestellt werden. Die durchschnittliche Produktionszeit für einen Motor beträgt 14,5 Stunden inklusive Montage, Lackierung und Tests.

Für die Fließmontage wird das Material sortenrein und für die Standmontage in kommissionierten Montageboxen mit dem Lkw just-in-time geliefert. Für die jeden Tag rund 450 bearbeiteten Kundenaufträge werden durchschnittlich 25 Tonnen Material umgeschlagen mit rund 800 bis 1.000 Teileabrufen.

Für die Montage werden die Motoren auf einem Transportband auf Werkstückträgern montiert, die mit einem Transponder ausgestattet sind. Auf dem Transponder werden an jeder Station Zustandsinformationen, wie Messwerte für die Drehmomente oder Drehwinkel, gespeichert. Diese Daten dienen zur Identifikation des Werkstücks und können für Statistiken verwendet werden. Die Informationen über notwendige Arbeitsschritte können von insgesamt 50 Werkerführungs-PCs von den Werkern abgerufen werden. Mit Hilfe der übertragenen Identifikationsnummern können die Werkstücke zugeordnet werden. Anhand von Identifizierungspunkten wird der nächste Arbeitsschritt erst freigegeben, wenn der vorherige quittiert wurde. [SAD03-ol] Dieses Beispiel wird im Kapitel 6.1 noch einmal ausführlicher beschrieben.

4.2.7 Persönliche Signatur

In Produktionsprozessen, in denen noch viele manuelle Tätigkeiten anfallen, ist es oftmals sinnvoll, wenn genau festgehalten wird, welcher Mitarbeiter wann an welchem Werkstück gearbeitet hat. Am einfachsten lässt sich dies überwachen, wenn nur ein Werker für ein bestimmtes Werkstück verantwortlich ist. Bei manchen Luxussportwagen ist immer nur ein Mitarbeiter für die gesamte Herstellung eines kompletten Motors zuständig. Nach dem Zusammenbau des Motors wird der Name des Mitarbeiters auf dem Motorblock eingraviert, und es lässt sich immer überprüfen, wer den Motor zusammengebaut hat. Bei herkömmlichen Serienautos lässt sich das aber aus Kosten- und Zeitgründen nicht realisieren. Die Bearbeitungsschritte sind optimiert und ein Mitarbeiter ist für nur einen bzw. mehrere bestimmte Arbeitsschritte bei der Montage verantwortlich. Würde man den Arbeitsschritt vom Mitarbeiter manuell in einem Protokoll quittieren lassen, würde das den Arbeitsschritt verzögern.

Mit Hilfe der RFID-Technologie könnte man diesen Prozess vollständig automatisieren. Jedes Werkstück, an dem mehrere manuelle Bearbeitungsschritte durchgeführt werden müssen, wird mit einem Transponder versehen. Jeder Mitarbeiter bekommt ebenfalls einen Transponder, den er z. B. am Handgelenk tragen kann. Mit diesem Transponder kann der Mitarbeiter durch eine persönliche ID genau identifiziert werden (ein zusätzlicher Mehrwert kann dadurch geschaffen werden, dass der Transponder des Mitarbeiters z. B. auch zur Zutrittskontrolle für gesicherte Bereiche verwendet wird). Führt der Mitarbeiter während der Produktion seine Bearbeitungsschritte am Werkstück aus, wird die ID des Mitarbeiters auf den Transponder des Werkstücks übertragen. Außerdem kann noch übertragen werden, wann der Mitarbeiter mit dem Bearbeitungsprozess begonnen hat und wann er ihn abgeschlossen hat. So kann auch ermittelt werden, wie lange der einzelne Mitarbeiter für die Bearbeitung benötigt. Dies kann dann z. B. bei der Entlohnung des Arbeiters hilfreich sein.

Hat das Werkstück den Produktionsprozess durchlaufen, sind auf dem Transponder alle IDs von den Mitarbeitern gespeichert, die es bearbeitet haben. Treten an bestimmten Teilen besonders häufig Mängel auf, kann ermittelt werden, welche Gruppe von Mitarbeitern dafür verantwortlich ist und die Arbeiter können z. B. nachgeschult werden. Dies ermöglicht eine Verbesserung der Qualität, da gezielt schon während der Produktion Schwachstellen identifiziert und verbessert werden können.

Es kann der Produktionsfluss optimiert werden, da durch die Abspeicherung des Bearbeitungsbeginns und -endes der einzelnen Produktionsschritte Verzögerungen zwischen den einzelnen Stationen aufgedeckt werden.

Der Einsatz eines solchen Systems wäre aber wegen der Hardwarekosten sehr kostspielig und nur für sehr hochwertige Produkte, bei denen eine genaue Überwachung des Produktionsprozesses notwendig ist, sinnvoll. Eine Firma, die ein solches System oder ein ähnliches einsetzt, ist nicht bekannt.

4.2.8 Qualitätskontrolle

Eine Möglichkeit, wie die Qualität der Produkte bereits während der Produktion verbessert werden kann, ist bereits in Kapitel 4 beschrieben. Gerade bei komplexen und hochwertigen Produkten wie z. B. Pkws sind Qualitätskontrollen unverzichtbar. Oftmals lassen sich Kontrollen aber nur am fertigen Produkt oder an bestimmten Stationen während der Produktion durchführen. Qualitätskontrollen während der Produktion werden allein schon durch das Ausfüllen und die Verwaltung von Prüfprotokollen erschwert. Würde man alle wichtigen Daten auf einem Transponder speichern, der das Produkt durch die Produktion begleitet, ließe sich die Qualitätskontrolle bereits während der Produktion einfacher integrieren. Man könnte z. B. die Prüfprotokolle für einzelne Kontrollen, die nach bestimmten Produktionsschritten durchgeführt werden, auf dem Transponder abspeichern. Wenn jeder Produktionsschritt auf dem Transponder protokolliert wird, „weiß“ der Transponder, wann eine Qualitätskontrolle für das Teil durchgeführt werden muss, und kann dies dann entsprechend signalisieren (optisch oder akustisch). Der Mitarbeiter an der Station, der das Signal gezeigt bekommt, kann dann das entsprechende Prüfprotokoll abrufen, in dem auch die durchzuführenden Schritte für die Kontrolle aufgezeigt sind. Auf besondere Eigenschaften, wie Toleranzen oder Anzugsdrehmomente, kann entsprechend hingewiesen werden. Wurde die Qualitätskontrolle erfolgreich durchgeführt, wird sie entsprechend protokolliert, und das geprüfte Teil kann für die weitere Produktion freigegeben werden. Hat die Überprüfung Mängel festgestellt, können diese ebenfalls auf dem Transponder des Teils protokolliert werden und das Teil wird ausgesondert. Ausgesonderte Teile können (falls das möglich ist) direkt zur Nachbearbeitung weitergegeben werden. Die nachzuarbeitende Stelle kann direkt vom Teil abrufen, was genau nachgearbeitet werden muss.

Qualitätskontrollen, die einfach durchzuführen sind (z. B. optische Kontrollen), können so nahezu von jedem Mitarbeiter erledigt werden. Verfügen die Mitarbeiter ebenfalls über einen Transponder zur Identifikation, wie in Kapitel 4.7 beschrieben, kann auch genau festgehalten werden, wer die Überprüfung vorgenommen hat und wann.

Werden Kontrollen mit Hilfe von Maschinen durchgeführt, können diese automatisiert werden. Das zu prüfende Teil wird von einem Automaten geprüft, anschließend wird das Ergebnis auf dem Transponder gespeichert. So sind die Prüfprotokolle immer direkt an dem Teil, zu dem sie gehören. Es kann genau festgestellt werden, welche Teile kontrolliert wurden, welche nicht und was die Überprüfung ergeben hat.

Wenn die Kontrolle halbautomatisiert stattfindet, d. h. wenn ein Mitarbeiter mit Hilfe einer Maschine eine Kontrolle durchführt, kann die Maschine direkt nach dem Ausführen des Prüfprogramms auf dem Transponder speichern, welche Kontrollen erledigt wurden und welche nicht. Es können also nicht einfach vom Mitarbeiter Kontrollen „abgehakt" werden, die gar nicht durchgeführt wurden.

Durch die teilweise oder auch vollständige Automation ist es dann nicht mehr so einfach, Prüfprotokolle zu manipulieren. Das Protokollieren der einzelnen Schritte und eventuell auch das Übertragen der Prüfergebnisse von der Kontrolle finden vollautomatisch statt. Durch die genaue Protokollierung kann der Kunde später genau nachvollziehen, ob alle wichtigen Qualitätskontrollen erledigt wurden und alle Toleranzen und Messwerte stimmen.

Beispiel (Vollautomatische Mess- und Prüfstationen bei Deutz)

Das oben genannte Beispiel hört sich vielleicht noch nach Zukunftsmusik an, aber technisch umsetzbar wäre es auf jeden Fall. Es ist nur eine Frage der Kosten. Für ein solches System würde man Transponder mit Mikroprozessor benötigen, die über einen großen Speicher verfügen müssten. Solche Transponder gibt es zwar, sie sind aber noch sehr teuer.

Trotzdem werden bei dem Motorenhersteller Deutz bereits vollautomatische Mess- und Prüfstationen eingesetzt. Die eingesetzten Systeme basieren aber nur zum Teil auf der RFID-Technik. Es werden zwar Daten auf dem Transponder gespeichert, die auch für die Qualitätskontrollen notwendig sind, die ermittelten Daten, wie Messwerte der Prüfstationen, werden aber an Arbeitsstationen geschickt, die die Qualitätskontrollen protokollieren und verwalten. [SAD03-ol]

4.2.9 Vermischung von Bauteilen und Baugruppen

Ein Pkw besteht aus vielen verschiedenen Einzelteilen und Baugruppen. Durch das Outsourcing von Prozessen seitens der Automobilhersteller auf Zulieferfirmen findet im

Automobilwerk vielfach nur noch die Montage des Produktes statt. Dabei sind die unterschiedlichen Teile längst nicht mehr für jeden produzierten Pkw dieselben, vielfach werden Pkws nach speziellen Kundenaufträgen mit individuellen Ausstattungsmerkmalen gefertigt. Um zu gewährleisten, dass jedes Teil zum richtigen Zeitpunkt an die richtige Stelle im Produktionsprozess gelangt, lässt sich die RFID-Technologie einsetzen. Sind die einzelnen Bauteile mit Transpondern ausgestattet, lassen sich auch am fertigen Produkt die einzelnen verbauten Baugruppen einfacher identifizieren. In einem Artikel der Zeitschrift „LOGISTIK inside" (Ausgabe 6/2004) wird folgendes Zukunftsszenario beschrieben:

Autoproduktion 2010: Nach vier Stunden Produktion rollt der neue Wagen vom Band. Die letzten Schutzfolien sind entfernt, der Lack glänzt, der Wagen scheint fertig. Jetzt kommt die letzte Hürde: der Scannertunnel vor dem Hallentor. Langsam fährt der Wagen unter der bogenförmigen Antenne durch. In diesem Moment bricht eine wahre Datenflut los. Hunderte von Mikrochips in den Bauteilen des Fahrzeuges melden sich per Funk. Würde man die Bits und Bytes übersetzen, klänge die Nachricht ungefähr so: „Hier Tacho. Teil 53281. Eingebaut am 15.08.10, 11.35 Uhr, Band 3, Werk IV. Qualitätskontrolle passiert." In Sekundenbruchteilen sammelt ein Zentralcomputer die Meldungen – und gibt den Wagen frei. Alle Teile wurden richtig verbaut. [Loin04c]

In einigen Jahren könnte so ein Szenario bei der Herstellung von Pkws Realität werden. Zur Zeit ist die RFID-Technik für einen derartigen Einsatz aber noch nicht weit genug vorangeschritten. Gerade bei der Pkw-Produktion treten viele physikalische und technische Hindernisse auf, die noch überwunden werden müssen. So sind z. B. in den Produktionswerken viel Stahl und Stahlbeton verbaut, die die Sendeleistung der Transponder beeinflussen. Die physikalischen Einflüsse würden sich zwar mit aktiven Transpondern in den Griff bekommen lassen, da man aber bei einem Pkw von einer Haltbarkeit von ca. zehn Jahren ausgehen kann, müssten die Transponder eine ähnlich lange Haltbarkeit haben, die sich bei aktiven Transpondern ohne Wartungsaufwand nicht so einfach realisieren lässt. Für die Endkontrolle muss die Haltbarkeit zwar nicht so lange sein, um aber einen Mehrwert zu schaffen, könnte man die Transponderdaten auch bei der späteren Wartung der Fahrzeuge verwenden, wie in Kapitel 4.12 noch beschrieben wird.

In einem Pkw befinden sich außerdem viele technische Bauteile, bei denen es in Verbindung mit den Funksignalen der Transponder zu Störungen kommen kann. Besonders bei den Sicherheitseinrichtungen, wie ABS, ESP oder Airbags, die mit vielen im Fahrzeug verbauten Sensoren arbeiten, muss ein fehlerfreies Funktionieren gewährleistet werden. Es muss sichergestellt werden, dass z. B. ein aktiver Transponder nicht plötzlich den Airbag auslöst. Um die Transponder auf möglichst viele Bauteile in einem Pkw anbringen zu können, müssen die Stückpreise der Transponder noch niedriger werden. Eine Firma, die ein solches oder ein ähnliches System einsetzt, ist nicht bekannt.

4.2.10 Überwachung von Produktionsprozessen

Zur besseren Überwachung der Produktion ist es oft sinnvoll, genau zu wissen, wann welcher Produktionsschritt von welchem Werker ausgeführt wurde. Würde man in einer Fließfertigung das alles manuell protokollieren wollen, würde es die Produktionsprozesse verlangsamen. Mit Hilfe von Transpondern, die wie oben schon angesprochen an die zu fertigenden Erzeugnisse angebracht werden, lassen sich elektronische Begleitzettel realisieren, die das Protokollieren der Produktionsabschnitte automatisieren. Kommt ein Erzeugnis an eine Bearbeitungsstation, kann der Bearbeitungsschritt direkt auf dem Transponder abgespeichert werden. Dies kann bei einer automatisierten Fertigung durch intelligente Schreib-/Lesegeräte geschehen, die an den Bearbeitungsautomaten angebracht sind, oder wenn die Arbeitsschritte von einem Werker manuell ausgeführt werden, mit Hilfe eines weiteren Transponders, den der Werker z. B. am Handgelenk trägt, wie schon beschrieben wurde.

So können alle Arbeitsschritte in Echtzeit während der Produktion unmittelbar am Objekt erfasst werden. Am Ende des Produktionsprozesses können die Daten von dem Transponder, der sich am Erzeugnis befindet, durch ein Lesegerät, welches sich z. B. an der Endkontrolle befindet, an einen Zentralrechner übertragen werden.

Um aktuelle Daten während der Produktion über das Erzeugnis abrufen zu können und die Prozesse zu überwachen, können entweder Schreib-/Lesegeräte an den Bearbeitungsstationen mit dem Unternehmensnetzwerk verbunden werden, oder es werden in bestimmten Abständen Identifizierungspunkte eingeführt, an denen die Daten der Transponder gelesen werden. Dadurch, dass die Transponder unempfindlicher gegen äußere Einflüsse, wie Verschmutzungen oder Beschädigungen, sind als z. B. Barcodeetiketten, können die Daten zu jeder Zeit gelesen werden, und es stehen immer aktuelle Daten zur Überwachung des Produktionsprozesses zur Verfügung.

Beispiel (Überwachung der Produktion in der Automobilindustrie)

Um die Qualität bei der Lackierung zu verbessern, setzt ein europäischer Automobilhersteller unter anderem ein RFID-System in seinem Werk ein. Das Protokollieren und Überwachen wird dabei nur zum Teil von Transpondern unterstützt.

In der Lackiererei können täglich bis zu 500 Karosserien in 24 verschiedenen Farben lackiert werden. Dabei erhält jede Karosserie des hergestellten Pkw-Modells sieben Lackschichten. Um die hohen qualitativen Anforderungen an die Lackoberflächen einzuhalten und dem Korrosionsschutz gerecht zu werden, müssen alle technologischen Parameter, wie z. B. Schichtendicke, Trocknungszeit und Konditionierung der Luft, eingehalten werden. Die dabei durchgeführten Arbeitsschritte, einschließlich des Karosserietransports, laufen weitgehend automatisiert ab. Auf den Skid-Förderern[33] werden Transponder als mobile Datenträger angebracht. Diese melden alle notwendigen Produktionsdaten wie Wagenfarbe, Wagentyp und Auftragsnummer an die einzelnen Steuerungen. Die Daten werden mit allen anderen relevanten Daten zur Überwachung der Fertigungsanlagen, wie z. B. Trockner-Temperaturen, Produktionszähler, Daten zu Pumpen oder Prozessoptimierung und Qualitätssystem für Motoren, Klappen, Taktzeiten und eventuellen Störmeldungen, an die Dispatcher-Station[34] übertragen. Es werden zwar keine Zeitstempel der einzelnen Produktionsabschnitte übertragen, die Daten zur Identifizierung der Karosserie ermöglichen aber ebenfalls eine bessere Prozessoptimierung.

Abbildung 29: *Lackierstraße [SAD03-ol (Pressefoto)]*

4.2.11 Ersatzteilelogistik

Bei der Ersatzteilelogistik können zwei Bereiche unterschieden werden: einmal die Ersatzteilelogistik, die den eigenen Produktionsprozess mit Ersatzteilen versorgt und zum anderen die Ersatzteile, die für die Produkte von Kunden bestimmt sind.

Für die Ersatzteile, die im eigenen Unternehmen benötigt werden, ergeben sich besonders bei der Lagerung und der Verwaltung der Ersatzteile durch den Einsatz von Transpondern Vorteile. Wird ein Ersatzteil benötigt, lässt es sich z. B. viel schneller durch Scannen des entsprechenden Lagerregals oder -bereichs mit einem Lesegerät auffinden und direkt mit dem Lesegerät identifizieren. Gerade bei Ersatzteilen für Maschinen, die oftmals mit Schmutz oder Ölen behaftet sind, können keine Lesefehler mehr durch Verschmutzungen

---

33 Skid-Förderer: Schwerlastförderer

34 Dispatcher-Station: Die Dispatcher-Station (DST) in TETRA-Netzen [Funkzellenbasierte Netze] dient der Aufgabenverteilung und -überwachung. Ein Dispatcher ist eine Art Operationsleitzentrale, die mit den mobilen Funkgeräten kommunizieren kann. Über die Dispatcher-Station kann der gesamte Funkverkehr, sowohl Individual- als auch Gruppengespräche, kontrolliert und daraus einsatzmäßige Rückschlüsse gezogen werden. [SOL05-ol]

auftreten. Werden gebrauchte Teile für Maschinen wieder aufgearbeitet, kann direkt am Teil gespeichert werden, ob es schon aufgearbeitet wurde, wann es bearbeitet wurde und von wem. Es lassen sich die reparierten Teile also schneller finden und identifizieren. Außerdem können Unterlagen zur Reparatur und zur Historie des Ersatzteils auf dem Transponder abgespeichert werden. Eine extra Stelle, die die Unterlagen verwaltet und bei Bedarf ausgibt, ist nicht mehr nötig.

Da oftmals nicht nur technische Anlagen, sondern auch die für den Betrieb der Anlagen notwendigen Ersatzteile geprüft werden müssen, ergeben sich auch hierbei durch den Einsatz von Transpondern Vorteile. Auf dem Transponder können die Termine der nächsten Untersuchung oder die Prüfprotokolle der Untersuchungen gespeichert werden und sind somit jederzeit am Teil abrufbar.

Das Anbringen an Ersatzteilen lohnt sich jedoch oftmals nur für größere und hochwertigere Teile, wie z. B. Teile für Produktionsmaschinen oder elektronische Bauteile, da der Wert der Teile recht hoch ist und bei solchen Teilen noch ein zusätzlicher Mehrwert, z. B. durch die Speicherung von technischen Dokumentationen, geschaffen werden kann. Aber auch die Lagerbehälter für Kleinteile, wie z. B. Schrauben, können mit Transpondern versehen werden. Hierzu reichen dann auch kleinere passive Smartlabels, wenn nur Identifikationsdaten gespeichert werden sollen.

Handelt es sich um Ersatzteile, die für den Verkauf bestimmt sind, können Bestellungen schneller bearbeitet werden, da sich wie oben auch schon beschrieben die Teile im Lager schneller finden und identifizieren lassen. Bei Autoersatzteilen könnten auf den Transpondern auch Einbauanleitungen und Handhabungsvorschriften gespeichert werden.

Sind Ersatzteile mit Transpondern versehen, kann der Schutz vor Plagiaten erhöht werden. Auf den Transpondern können Echtheitszertifikate abgespeichert werden, die mit kryptologischen Verfahren verschlüsselt werden und so schwieriger zu kopieren sind. Gerade bei den Ersatzteilen für die Autoindustrie nimmt die Anzahl an gefälschten Ersatzteilen ständig zu.

Beispiel (Auszeichnung von Ersatzteilen bei einem Flugzeughersteller)

Ein europäischer Flugzeughersteller hat seine Verleihwerkzeuge im Bereich der Ersatzteileversorgung für Kunden mit Transpondern ausgestattet.

Mit Hilfe der Transponder kann eine eindeutige Identifikation gewährleistet werden, gerade bei Flugzeugersatzteilen, die oft mit Ölen und Schmutz behaftet sind. Weitere Vorteile der Transponder für den Flugzeughersteller sind, dass die Transponder nicht ablösbar sind und eine Verschlüsselung der Daten möglich ist. Bei dem Versuch, einen Transponder von einem Teil abzulösen, wird dieser zerstört. Dadurch ist ein höherer Schutz vor Plagiaten möglich. Bei den eingesetzten Transpondern handelt es sich um passive Transponder.

Bei der Umsetzung des Systems muss darauf geachtet werden, dass das RFID-System mehrere verschiedene Standards erfüllt, da eine weltweite Identifikation gewährleistet werden soll. Damit das System branchenübergreifend eingesetzt werden kann, soll das System auf dem Electronic Product Code (EPC) basieren, luftfahrtbezogen soll der Standard ATA Spec2000 erfüllt werden. Mit Hilfe der Transponder stehen dann allen Beteiligten in dem Ersatzteilezyklus des Flugzeugherstellers alle wichtigen Informationen rechtzeitig beim Eintreffen der Ersatzteile zur Verfügung.

4.2.12 Spätere Wartung an Produkten

Werden während der Produktion Transponder verwendet, z. B. zur Identifikation von Teilen und Baugruppen, können diese auch noch nach der Produktion weiter verwendet werden. Bei Wartung an Produkten, z. B. an Pkws, ist es wichtig zu wissen, welche Komponenten verbaut wurden. Viele der verbauten Komponenten werden im Produktlebenszyklus eines Pkw-Modells weiter entwickelt und erneuert. Obwohl das Modell das gleiche bleibt, können sich die Teile und Baugruppen der einzelnen Produktionsjahre unterscheiden. Wegen der unterschiedlichen Bauteile sind dann später unterschiedliche Wartungsschritte nötig. Die Bremsbelege eines Pkw-Modells müssen z. B. bei der Serie X nach 30.000 km gewechselt werden, bei der Serie Y erst nach 45.000 km. Bei der Inspektion muss dann erst ermittelt werden, aus welcher Serie das Fahrzeug stammt, z. B. über die Fahrgestellnummer, die in eine Datenbank eingegeben wird, in der alle Daten der unterschiedlichen Serien eines Modells gespeichert sind.

Es könnten aber auch alle wichtigen Daten zu einer Serie auf einem Transponder gespeichert werden, der am Fahrzeug angebracht wird. Wenn sowieso schon während der Produktion Transponder zur Identifikation von Fahrzeugen verwendet werden, können diese für die spätere Wartung mit zusätzlichen Daten ergänzt und weiter verwendet werden. Es muss nur schon bei der Produktion darauf geachtet werden, dass Transponder mit einer ausreichenden Lebensdauer gewählt werden. Hierfür würden sich passive Transponder eignen, da diese wartungsfrei sind. In einem Pkw befinden sich viele Komponenten, die eine permanente Stromversorgung benötigen, und somit wären auch aktive oder semiaktive/-passive Systeme denkbar. Mit Hilfe der Transponder können bei einer Inspektion alle relevanten Daten über die Serie des Modells abgerufen werden.

Wird ein Fahrzeug verkauft, lassen sich auf die Art genau die Serviceintervalle nachvollziehen, da alle durchgeführten Inspektionen auf dem Transponder gespeichert werden können. Es ist also nicht mehr so einfach möglich, Prüfprotokolle für Inspektionen zu fälschen, was die Sicherheit für den Kunden erhöht.

Bietet sich die Möglichkeit, Transponder mit Sensoren auszustatten, können diese dann Verschleißteile wie z. B. Bremsbeläge überwachen und bei Bedarf signalisieren, dass sie gewechselt werden müssen. Ähnliche Systeme werden bereits bei der Reifendruckkontrolle für Pkws eingesetzt, die allerdings den Zustand des Reifens, wie Luftdruck und Temperatur, permanent überprüfen und noch nicht den Verschleiß kontrollieren können. Durch eine permanente Überwachung von Verschleißteilen können die Wartungsintervalle optimiert werden und dadurch die Kosten für die Wartung gesenkt werden. Gerade im Pkw lohnt es sich, auch geringwertige Teile mit solchen Systemen zu kontrollieren, wenn auch die RFID-Systeme teurer sind als die Teile, die überwacht werden. Die Folgeschäden, die durch defekte Teile entstehen und der zusätzliche Gewinn an Sicherheit können den Einsatz solcher Systeme rechtfertigen. Ein Zahnriemen für einen Motor im Pkw kostet z. B. nur ein paar Euro, wird er aber nicht rechtzeitig gewechselt und reißt, kann das einen kompletten Motorschaden zur Folge haben.

Aber nicht nur bei Pkws können solche RFID-Systeme für die Wartung eingesetzt werden. Auch bei Anlagen und Maschinen können durch solche Systeme die Wartungsintervalle optimiert und die Kosten somit reduziert werden.

Beispiel (Reifendruckkontrollsystem)

Ein elektronisches Reifendrucksystem besteht aus einer Radelektronik mit Ventil, die auf der Felge montiert wird, vier Antennen, die sich über jedem Rad befinden, und einem Steuergerät. Die Radelektronik ist ein aktiver Transponder mit eigener Batterie, Druck- und Temperatursensoren sowie einer integrierten Messelektronik. Im Rad wird alle drei Sekunden der Luftdruck und die Temperatur gemessen. Bei stabilen Messwerten werden nur selten Daten an das Steuergerät geschickt (etwa alle 54 Sekunden). Im Falle einer Reifenpanne wird der Fahrer sofort gewarnt. Bei der Datenübertragung wird eine unidirektionale Hochfrequenzübertragung vom Rad zum Fahrzeug verwendet. Die Übertragung erfolgt im 433-MHz-Bereich, dem sogenannten ISM-Band. In naher Zukunft kommt noch das 866-MHz-Band zur Übertragung hinzu. [BERU-ol]

Mit dem System wird nicht der Verschleiß des Reifens kontrolliert, was aber möglich wäre. Es könnte sogar das gesamte Reifenleben dokumentiert werden [NRZ01-ol]. Ähnliche Systeme könnten auch auf andere Komponenten im Pkw, wie z. B. Bremsbeläge oder Zahnriemen, angewandt werden.

4.2.13 Diebstahlschutz und Schwund

Ein RFID-System nur zum Schutz vor Diebstahl und Schwund einzusetzen, ist oftmals nicht sinnvoll und zu aufwändig. Wird aber schon für einen anderen Einsatzzweck ein RFID-System verwendet, kann man dieses evtl. für den Diebstahlschutz erweitern.

Sind Werkzeuge, Maschinen, Teile, Baugruppen oder fertige Produkte mit Transpondern ausgestattet, können diese um eine entsprechende Komponente für den Diebstahlschutz erweitert werden. So kann dann überwacht werden, ob die gekennzeichneten Objekte unberechtigt das Unternehmen verlassen. Zur Überwachung müssen alle Ein- und Ausgänge mit Gates versehen werden, wie man sie aus vielen Kaufhäusern bereits kennt. Da sich die Transponder schon auf den Objekten befinden, halten sich die Kosten für die Erweiterung eines Systems um eine Diebstahlschutzkomponente in Grenzen. Natürlich lohnt sich so ein System auch wieder nur für hochwertigere Werkzeuge, Maschinen und Produkte. Durch die ständige Überwachung der Objekte ist es möglich, diese durch den gesamten Produktionsprozess zu verfolgen und somit Schwund zu vermeiden. Verschwinden häufiger Objekte im Produktionsprozess, kann so ermittelt werden, in welchem Bereich der Produktion der Schwund stattfindet.

Auch für Objekte, die nicht einfach mitgenommen werden können, wie z. B. große Maschinen oder Fahrzeuge, kann mit Hilfe eines Transponders der Diebstahlschutz verbessert werden. Oft werden Fahrzeuge oder Maschinen an den auf den Rahmen eingeschlagenen Fahrgestell- oder Seriennummern identifiziert. Diese können herausgetrennt oder abgeschliffen werden und mit dem Einschlagen oder Einschweißen neuer Nummern dem Fahrzeug oder der Maschine eine neue „Identität" gegeben werden. Wird die Fahrgestell- oder Seriennummer mit einem verschlüsselten Echtheitszertifikat auf einem Transponder gespeichert, ist eine Fälschung nicht mehr so einfach möglich. Die Transponder lassen sich so anbringen oder in ein Fahrzeug bzw. einer Maschine integrieren, dass bei dem Versuch, den Transponder zu entfernen entweder der Transponder oder sogar das Fahrzeug bzw. die Maschine zerstört werden muss. Durch kryptologische Verfahren können die Daten auf dem Transponder vor unberechtigtem Lesen oder Verändern gesichert werden.

Durch eine bessere Überwachung der Objekte in der Produktion und einen verbesserten Schutz der zu Identifikationszwecken notwendigen Daten durch RFID lassen sich also die Kosten, die durch Diebstahl und Schwund entstehen, verringern.

4.3 Lagerlogistik

Zu den Managementinstrumenten im Lager zählen die Lagertechnik und Lagerführung/-organisation. RFID ist als Teil der Lagertechnik zu sehen, da es sich um eine technische Einrichtung handelt. Ihr Einsatz kann Auswirkungen auf die Lagerführung und -organisation haben.

Im Folgenden sollen die Einsatzmöglichkeiten der RFID-Technologie als Instrument für die Lagertechnik und die damit verbundenen technischen Möglichkeiten betrachtet werden. Als Hilfestellung wird Bezug auf die Geschäftsprozesse im Lager genommen, und es werden einige Praxisbeispiele zur Erläuterung herangezogen.

4.3.1 Ent- und Verladung, Wareneingang und -ausgang

Bei der Ent- und Verladung am Wareneingang und -ausgang werden heute die Artikel meist noch manuell erfasst und es erfolgt eine manuelle Mengenkontrolle. Dazu werden Transportbegleitscheine manuell überprüft, ggf. im Warenwirtschaftssystem eingegeben und mit den Bestelldaten abgeglichen. Durch den Einsatz von Barcodes war bereits eine teilautomatisierte Erfassung im Wareneingang möglich. Aufgrund der rauen Transport- oder Lagerbedingungen kam es bei solchen optischen Verfahren durch leichte Verschmutzungen, eine fehlerhafte Ausrichtung oder eine Beschädigung des Barcodes öfter zu Lesefehlern und der Prozess wurde unter- oder abgebrochen. Die Barcodes oder Lesegeräte mussten gereinigt oder die Lieferung sogar manuell erfasst werden.

Schon bei der Anlieferung kann ein mit Transpondern ausgerüsteter Ladungsträger (z. B. Container, Wechselbrücken oder Paletten) erkannt werden. Die komplette Ladung von Lkws wird stückgenau erfasst, wenn dieser an einem Scanner vorbeifährt, z. B. am Tor der Lagerhalle. Dazu muss keine Palette abgeladen werden.

Darüber hinaus werden einzelne Produkte automatisch (Self Scanning), ohne Kontrolle und genaue Ausrichtung des Transponders, schneller am Wareneingang und -ausgang erfasst. Selbst verpackte Ware wird artikelgenau erkannt und die Daten automatisch und synchron mit den Liefer- oder Auftragsdaten des Warenwirtschaftssystems abgeglichen. Die Ware kann sofort in den verfügbaren Bestand gebucht werden und steht dadurch schneller nachfolgenden Prozessen zur Verfügung. Eine Automatisierung und Kombination von Prozessen ist ebenfalls möglich [ChFM03, S. 3], wie etwa die Buchung, Kontrolle und das Erstellen des Lieferscheines. Durch die Einarbeitung der Transponder in Materialien (z. B. Glas, Plastik) oder Waren und das Scannen durch die Verpackungen hindurch entfällt die Problematik von Lesefehlern aufgrund physischer Schäden. [Ludw03-ol]

Mit Hilfe der Pulkerfassung kann sich der Erfassungsaufwand weiter reduzieren, die Erfassungsqualität wird gesteigert und die Erfassungsgeschwindigkeit erhöht sich [BoDL04, S. 79]. Eine sofortige Empfangs- oder Lieferbestätigung kann der vorherigen oder nachfolgenden Stelle elektronisch übermittelt werden, so dass diese den korrekten Empfang der Artikel angezeigt bekommt [Inte04a, S. 5]. Sind die Mengen und Lieferungen auch in Größe und Umfang bekannt und ist die Lagerkapazität knapp, kann bereits im Wareneingang eine automatische Lagerplatzzuordung durchgeführt werden und eine Reservierung der benötigten Lagerflächen erfolgen.

Durch die Ausrüstung von Ladungsträgern ist darüber hinaus eine reibungslose und automatisierte Abfolge der Prozesse möglich. Die Durchlaufgeschwindigkeit durch Wareneingang und -ausgang erhöht sich und Be- und Entladevorgänge werden beschleunigt.

Die vorhandenen Kapazitäten an Wareneingängen und -ausgängen können wesentlich effizienter genutzt werden und es werden Leerlaufzeiten und Stillstand vermieden. [IX03a]

Beispiel

> Im Auslieferungslager von Tchibo in Bremen erfolgt im Wareneingang und -ausgang bereits eine automatische Erkennung der Container und Wechselbrücken mittels RFID, sobald diese an das jeweilige Tor andocken. Jedoch findet bisher nur eine Plausibilitätskontrolle statt, da die Fahrzeuge die Transponder erst beim Befahren des Hofes erhalten.
>
> Wenn zusätzlich eine Zuordnung des Fahrzeuges zu den elektronisch vorliegenden Bestellungen erfolgt und auch Versandeinheiten oder Produkte mit Transpondern ausgestattet sind, kann sofort an den Lieferanten und Tchibo eine automatisierte elektronische Mitteilung geschickt werden, dass die Ware ordnungsgemäß angekommen ist. Fehlen Einheiten oder sind beschädigt, kann dies ebenfalls sofort mitgeteilt werden.

4.3.2 Eingangs- und Ausgangskontrollen

Neben der Überprüfung im Wareneingang und -ausgang muss - meist zusätzlich - auch eine Qualitätskontrolle erfolgen. Dies geschieht meist visuell und stichprobenartig, weil eine genaue Überprüfung von Fehl-, Falsch- oder Mängellieferungen zu zeitaufwändig wäre.

Durch die eindeutige Identifizierung der Ware im Wareneingang und -ausgang kann auch gleichzeitig eine automatisierte Kontrolle in einem Arbeitsschritt erfolgen. Eine unverzügliche Einlagerung ist möglich und eine manuelle Mengen- oder Qualitätskontrolle kann entfallen. Cross Docking[35] wird durch RFID ebenfalls beschleunigt. Ohne eine Änderung der NVE[36] kann der unverzügliche Transport zu einer nachfolgenden Station, die die Ware weiterverarbeitet bzw. zu einem anderen Bestimmungsort bringt, erfolgen. Zeiten, in denen die Produkte auf die Qualitätssicherung oder eine Freigabe warten müssen, können teilweise entfallen oder wenigstens verkürzt werden. Falls doch einmal Fehl- und Falschlieferungen auftreten, kann dies sofort am Wareneingang oder -ausgang erkannt werden. Auch Sensoren an Transpondern können die Qualitätssicherung unterstützen, indem sie über den Zustand der Ware Auskunft gegeben oder auf Mängel hinweisen. Fehlende Kennzeichnungen an Waren können bei der Kontrolle schneller ersetzt werden, da bekannt ist, um was für Stoffe es sich handelt, wie z. B. bei Gefahrstoffen. Alternativ wäre auch eine Integration der Transponder in entsprechende Hinweistafeln möglich.

Wiederholtes Ein- und Auspacken und das Entfernen von Verpackungsmaterial lassen sich ebenfalls vermeiden und eine zusätzliche Beeinträchtigung der Ware durch derartige

---

[35] Mit Cross Docking wird die kundenbezogene Kommissionierung und Belieferung ohne Zwischenlager bezeichnet. Im Zentral- oder Regionallager des Einzelhandels wird die Ware filialbezogen kommissioniert und neu verladen [Ecin05-ol].

[36] Nummer der Versandeinheit (NVE) ist Anfang der 90er Jahre als Standard von der EAN-Gemeinschaft erlassen worden. [GS105-ol]

Vorgänge wird vermieden. Neben dem eingesparten Verpackungsmaterial sind weitere Einsparungen in Form von Lagerfläche und Zeit realisierbar.

Einen Großteil des Nutzens im Wareneingang und -ausgang sowie der Kontrolle macht allein die Zeitersparnis aus, die sich durch paralleles Lesen von Transpondern im Pulk oder durch das parallele, automatische Ausführen mehrerer Prozesse innerhalb weniger Sekunden realisieren lässt.

Je nach Eigenschaft der Artikel, Umfang und Einsatzmöglichkeiten der Technik gibt es hierbei jedoch auch einige Einschränkungen, da nicht alle Fehler an Waren festgestellt oder die richtige Handhabung nicht immer eindeutig erkannt werden kann. Deshalb wird auch weiterhin eine Qualitätskontrolle immer notwendig sein. Jedoch wird sich ihr Aufwand wesentlich reduzieren können, wobei dies sicherlich immer auch abhängig vom eingesetzten System und der Art der Artikel ist.

Beispiel

Während des Pilotprojektes der Kaufhof Warenhaus AG im Wareneingang und -ausgang wurde die Warenausgangskontrolle im Lager mittels eines Gates durchgeführt. Die Effizienzsteigerungen (nach REFA), die dadurch erzielt werden konnten, beliefen sich auf den Faktor 9 bei der Datenerfassung. Die kontrollierten Auslieferungen von 10% konnten auf 100% gesteigert werden. Neben dem automatischen Auftragsabgleich wird im gleichen Prozessschritt der Lieferschein erstellt.

4.3.3 Inventur, Positionsortung und Bestandsgenauigkeit

Inventuren sind nach gesetzlicher Vorgabe mindestens einmal im Jahr durchzuführen [GHS+04-ol]. Oft müssen deshalb Filialen oder Lager für ein bis zwei Tage geschlossen werden und es geht Umsatz verloren. Um Inventuren durchführen zu können, muss meist zusätzliches Personal kurzfristig eingestellt werden. Dadurch werden sie teuer und zeitaufwändig. Falls die nötige Sorgfalt fehlt, wird die Bestandserfassung außerdem ungenau. Objekte, die falsch abgelegt werden, müssen bei der Inventur aufwändig wieder eingeordnet werden oder gelten als „nicht vorhanden". Außerdem ermöglicht eine Inventur nur eine momentane Bestandsaufnahme. Zwischen Inventurterminen kann der Lagerbestand hingegen nur vermutet werden, weil eine genaue Bestandsüberprüfung nicht möglich ist oder nur anhand der Aus- und Eingangsdaten geschätzt werden kann. Kommt es trotzdem aufgrund fehlerhafter Daten zu Fehlbeständen, kann es zu einer Verzögerung nachfolgender Prozesse kommen. Pufferbestände sollen die Bestandsproblematik ausgleichen.

Durch eine Anbringung von Antennen an bestimmten Bereichen im Lager, wie z. B. Lagerflächen oder Transportmitteln, kann in Echtzeit festgestellt werden, wo sich Objekte befinden (z. B. auch leere Lagerfächer, je nach RFID-Lagerausstattung). Das sorgt für eine bestandsgenaue Erfassung. Bestandsänderungen durch Ein-, Um- oder Auslagerungen können automatisch vom System registriert werden. Je nach Ausrüstung des Lagers mit Antennen könnten sogar in Bewegung befindliche Objekte fast positionsgenau mit Fahrtrichtung angezeigt werden. Die Bestandsdaten im Lager sind jederzeit abrufbar und es kann auf Knopfdruck eine Echtzeitinventur durchgeführt werden [ChFM03, S. 3]. Durch die Positionsortung kann bei einer Verwendung von optischen oder akustischen Signalen eine Lagerplatzzuordnung unterstützt werden. LEDs oder Anzeigeterminals signalisieren Lager-arbeitern, wo sich abzuholende Ware befindet bzw. wo reservierte oder leere Lagerfächer sind und die Ware eingelagert werden soll. Bei einer manuellen Ein- oder Auslagerung (z. B. durch Stapler) wäre auch eine Navigation von Transportmitteln zum Objekt möglich, indem z. B. Transponder in den Boden integriert werden.

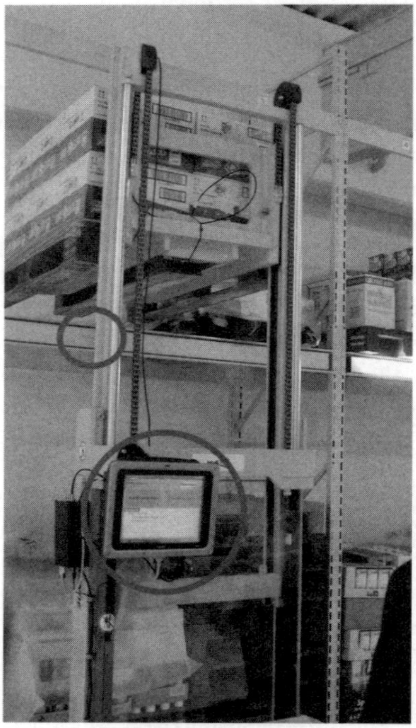

Der Transponder befindet sich am Lagerfach (verdeckt). Das Display zeigt an, ob die Auslagerung aus dem richtigen Fach erfolgt.

Abbildung 30: *Auslagerung Lagerfach*

Falls eine Ausrüstung mit Antennen nicht möglich ist, weil z. B. zu viele Kabel verlegt werden müssten, Lagerflächen zu groß für eine Erfassung sind oder das Metall das Lesen beeinträchtigen würde, kann durch die Nutzung von mobilen Handgeräten eine Beschleunigung der Inventur ermöglicht werden. Alternativ wäre dann auch eine Lagerplatzzuordnung über an die Lagerfächer angebrachte Transponder möglich. Dann müsste ein Lesegerät inkl. Display am Transportmittel angebracht werden. Aufgrund der derzeit noch geringen Reichweite von Transpondern wird für diesen Einsatzbereich die Kombination von RFID mit anderen Technologien sinnvoll sein.

Beispiel

In der Filiale der Kaufhof Warenhaus AG haben Tests ergeben, dass durch die Ausrüstung mit Transpondern die in den Filialen zweimal jährlich durchzuführende Inventur viermal schneller durchführbar ist, da die Ware nicht mehr einzeln, sondern im Vorbeigehen gesammelt gescannt werden kann. Dazu werden mobile Lesegeräte mit einer Reichweite von 40-60 cm eingesetzt.

4.3.4 Lagerplatzbewirtschaftung, Ein-/Um-/Auslagerung

Bereits beim Entladevorgang im Wareneingang wurde geprüft, ob Artikel sich zusammenfassen lassen und welche Lagerplätze zu reservieren sind. Durch die Ausstattung mit Transpondern auf Artikelebene können identische Artikel mit unterschiedlichen Eigenschaften in Lagerbehältern oder auf Paletten zusammengefasst werden, z. B. unterschiedliche Chargen. Aufgrund der Eindeutigkeit der Artikel durch die individuelle Seriennummer lassen sich die Produkte voneinander unterscheiden, da durch das Auslesen der Transponder die unterschiedlichen Eigenschaften der Produkte sofort ermittelt werden können, z. B. Haltbarkeitsdaten. Durch die mengenmäßige Zusammenfassung von Artikeln kann Lagerplatz eingespart werden, da kleine Einheiten zusammengefasst werden können. Produkte liegen nicht verteilt im Lager, und bei größeren Bestellungen ist eine Zusammenstellung der Artikel nicht unbedingt notwendig. Darüber hinaus können während Ein-/Um- oder Auslagerungsvorgängen (I-Punkt oder K-Punkt) Informationen darüber weitergegeben werden, wann ein Auftrag abgeschlossen ist, wohin Artikel weitertransportiert werden müssen oder wo eine Wiedereinlagerung erfolgen soll.

Eine chaotische Lagerung wird ebenfalls unterstützt. Mittels der Transponder und Seriennummern können die einzeln Produkte eindeutig identifiziert und schneller gefunden werden. Eine sofortige Einlagerung von z. B. gemischt zusammengestellten Artikeln auf Paletten ist möglich.

Beispiel

Verderbliche Ware verliert täglich an Wert. Aus diesem Grund sind Verzögerungen in der Lieferkette bei dieser Art von Gütern besonders teuer. Die britische Supermarktkette Sainsbury nutzt in einer Pilotanwendung die RFID-Technologie, um tiefgekühlte Produkte mit begrenztem Haltbarkeitsdatum vom Wareneingang über die Distribution bis zum Kaufhausregal zu verfolgen. Die Hersteller liefern die Waren auf Mehrweg-Plastikpaletten an Sainsbury. Die Paletten besitzen einen RFID-Chip mit integriertem Datenspeicher. Beim Warenausgang erfasst der Hersteller die ausgelieferte Ware und ordnet sie in einer zentralen Datenbank der Palettennummer zu, die auf dem RFID-Chip gespeichert ist. Zusätzlich wird das Haltbarkeitsdatum auf den Chip geschrieben. Beim Wareneingang bei Sainsbury werden die Paletten durch eine RFID-Leseschleuse geschoben. Der Wareneingang wird automatisch gebucht und die Daten mit denen in der Datenbank erneut abgeglichen. Das Lagermanagementsystem schlägt sofort einen Lagerplatz vor. Wenn die Bestellung eines Supermarktes eintrifft, empfiehlt das Lagermanagementsystem automatisch die Waren mit der kürzesten Resthaltbarkeit. Sainsbury verhindert dadurch, dass Waren schon im Lager verderben und optimiert damit die durchschnittliche „Lebenszeit" der Waren auf dem Kaufhausregal. Durch die exakten Kenntnisse von Beständen und deren Haltbarkeitszeiten ist eine optimierte Nachbestellung möglich. Vor der Einführung des automatischen Warenerfassungssystems dauerten die Eingangskontrolle und die Einbuchung der Waren ca. 2,5 Stunden. Der gleiche Vorgang dauert jetzt nur noch eine halbe Stunde. [ScSt03]

4.3.5 Fehlentnahmen, Warensicherung und Schwund

Wenn ein Lager komplett mit Schreib-und Lesegeräten, Monitoren und Warnanlagen ausgerüstet ist, können Fehlentnahmen ausgeschlossen werden. Die Lagerbestände werden in bestimmten Zeitabständen mit dem Lagerverwaltungssystem abgeglichen, und jede Lagerbewegung, sei sie betriebswirtschaftlich motiviert oder nicht (z. B. Diebstahl), kann sofort abgebildet werden [ChFM03, S. 3]. Dazu ist lediglich ein Soll-/Ist-Bestandsvergleich notwendig. Die Möglichkeit, die Artikel neutral zu verpacken, würde es zudem Dieben erschweren, die richtigen Objekte zu finden.

Darüber hinaus kann durch Lichtsignal angezeigt werden, in welches Lagerfach die Ware eingelagert oder von wo sie ausgelagert werden soll. Das System erkennt in Echtzeit selbst, wenn ein Fehler auftritt, sorgt mittels geeigneter Maßnahmen dafür, dass auf den Fehler oder die Fehlerursache aufmerksam gemacht wird, und ermöglicht so eine Korrektur.

Die RFID-Technologie kann auch zur Warensicherung an Lagereingängen und -ausgängen eingesetzt werden. Die Transponder werden dazu mit einem entsprechenden Warensicherungsbit ausgestattet, das beim Verlassen des Lagers deaktiviert wird. In Handelshäusern im Endkundenbereich wird dieses System in einfacher Form bereits seit einigen Jahrzehnten eingesetzt. Alternativ kann aber auch eine einfache Freigabe durch das Lagerverwaltungssystem erfolgen. Im Falle eines Diebstahls kann so unmittelbar reagiert werden und es können frühzeitig Gegenmaßnahmen ergriffen werden. [ChFM03, S. 3]

Beispiel

Der Kaufhof hat im Rahmen seines Pilotprojektes in einem Gerry Weber Shop im Ausgangsbereich ein Gate angebracht. Der an der Bekleidung angebrachte Transponder (13,56 MHz) wurde zusätzlich für die Warensicherung mit einem Warensicherungsbit versehen, das während des Bezahlvorganges an der Kasse entwertet wurde. Wenn ein Kunde die Ware ohne Bezahlung mitgenommen hätte, sollte am Warenausgang ein Alarm ausgelöst werden.

Eine 100-%ige Warensicherung ist damit leider aber noch nicht möglich, da die baurechtlich vorgeschriebene Breite der Fluchtwege bei zwei Metern liegt, die Transponder bei einer Leistung von 0,5 Watt aber lediglich eine Reichweite von 1,5 Meter haben. Aus diesem Grund war eine Warensicherungsfunktion während des Kaufhof-Projektes nur bedingt möglich.

4.3.6 Kommissionierung

In Distributions- und Verteilzentren, in denen automatisierte Förderanlagen die innerbetrieblichen Transporte der Waren übernehmen, kann eine automatische Sortierung bzw. Kommissionierung der Ware mit Hilfe der Transponder vorgenommen werden [QuNL04, S. 144].

Die Artikel werden an der Leseeinrichtung vorbeigeschleust (Siemens Moby) und über Weichen automatisch dem jeweiligen Bestimmungsort zugeordnet.

Abbildung 31: *Hängesortierer und Gate*

Werden die Artikel mittels Förderanlagen an den Lesegeräten vorbeigeschleust, kann eine automatische Kommissionierung erfolgen. Die ausgelesenen Artikeldaten werden dann mit den Bestellungen im Warenwirtschaftssystem abgeglichen. Dieses sorgt dafür, dass die Weichen an den Abzweigungen innerhalb des Fördersystems so gestellt werden, dass die gesammelten Artikel am Ende die korrekte Lieferung für den jeweiligen Bestimmungsort ergeben.

Beim Einsatz von Transpondern auf Behälter-Ebene werden anstatt der Artikel die Behälter durch das System geschleust. Die Befüllung mit Artikeln erfolgt dann an den Kommissionierbahnhöfen und -stationen. Wenn die Kommissionierung an den jeweiligen Stationen nicht automatisch ausgelöst wird, kann die manuelle Kommissionierung noch durch Signale oder das Anzeigen von Kommissioniervorschriften mittels eines Displays unterstützt werden. Weitere Möglichkeiten im Bereich der automatischen Kommissionierung sind denkbar.

Die Effizienz und Genauigkeit bei Kommissioniervorgängen kann gesteigert werden. Die Warenlieferungen werden automatisch erkannt und können innerhalb weniger Sekunden für den Transport freigegeben werden. [Metr04c, S.11f]

Beispiel

Im Arzneimittelhandel ist dieses System schon seit 1992 im Einsatz. Das Unternehmen Sanacorp setzt auf eine teil- und vollautomatische Kommissionierung. Die Behälter werden über Rollbahnen und Steiggurte durch die Kommissionierzentren befördert. Die Steuerung der eingesetzten und mit Transpondern versehenen Behälter für die Apotheken wird mittels Weichen vorgenommen, die vom Lagerrechner zentral gesteuert und entsprechend des Auftrages gestellt werden. Diese führen dann die Behälter über Rollbahnen zu den Kommissionierstationen. Die automatischen und manuellen Kommissionierstationen erkennen, welche Medikamente in die Behälter gelegt werden sollen. Bei einer manuellen Kommissionierung wird den Packern über eine Prioritätensteuerung und mittels Lichtsignalen angezeigt, welche Behälter zuerst befüllt werden müssen.

4.3.7 Handhabungssicherheit, Ladungssicherung und Packen

Bei der Verwendung oder dem Transport spezieller Stoffe oder Produkte ist eine bestimmte Handhabung notwendig, die eine größtmögliche Produkt- oder Prozesssicherheit garantieren soll. Gesetzliche Vorschriften müssen eingehalten werden, z. B. wenn es um den Schutz von Mitarbeitern oder der Umwelt geht[37].

Bei Transport, Lagerung oder Kommissionierung u. a. von Gefahrstoffen, pharmazeutischen Produkten und Nahrungsmitteln (Tiefkühlprodukten) ist meist eine Zustandsüberwachung wünschenswert, da durch eine frühzeitige Reaktion die Produkt- oder Betriebssicherheit gewährleistet werden kann, die durch falsche Handhabung, Lagerung oder durch äußere Einflüsse gefährdet ist. Hinzu kommen steigende Anforderungen an die Unternehmen, die sich im Umfang technischer Einrichtungen oder der größeren Sorgfaltspflicht beim Umgang mit den Gütern widerspiegeln. Mit zunehmender Größe des Unternehmens und komplexeren Prozessen wird außerdem die Überwachung der Prozessschritte immer schwieriger.

RFID kann mittels der Monitoring-Funktion für eine Einhaltung entsprechender Parameter sorgen. Mittels Monitoring kann laufend überprüft werden, ob bestimmte Grenzwerte (Maximaltemperatur und -beschleunigung, Haltbarkeitsstufen, Abnutzung) überschritten wurden. Bei kritischen Stoffen können sich weitere Einsparungspotentiale ergeben. Durch die ermittelten Daten kann analysiert werden, ob alle technischen Einrichtungen notwendig sind, andere einfachere Verfahren genauso effektiv wären oder ob eine Änderung der Verfahren überhaupt sinnvoll ist. Kritische Artikel, die die Produkt- und Prozesssicherheit gefährden, werden frühzeitig ausgesondert. Reklamationen oder Unfälle können bereits frühzeitig verhindert werden. Wird trotzdem ein beeinträchtigtes Produkt weitergeleitet oder werden Grenzwerte überschritten, kann über eine Signalübermittlung oder einen Abgleich

[37] Z. B. Unfallverhütungsvorschriften (UVV), Lösemittelverordnung (BImSchV 31) [Juri05-ol]

der Transponderdaten mit den Systemdaten schnellstmöglich reagiert werden. Es kann eine Kontrollinstanz alarmiert werden, die für eine Aussonderung des Produktes sorgt oder die die Prozesssicherheit wieder herstellt. Später lassen sich auch Schwachstellen herausfinden.

Das System kann auch rechtzeitig vor der Verwendung von Artikeln anzeigen, wie diese behandelt werden müssen. Das gewährleistet eine zusätzliche Handhabungssicherheit. Falsche Kennzeichnungen werden somit vermieden oder frühzeitig erkannt [ChFM03, S. 3]. Über Zusatzeinrichtungen an Transpondern wird permanent überprüft, ob die Ware entsprechend den Vorschriften gehandhabt wird. Eine Überwachung von Verladevorgängen kann über ein solches System ebenfalls realisiert werden. [BoDL04, S.79]

Beispiel

Ein Chiphersteller in Dresden bezieht temperaturempfindliche Fotochemikalien von einem Zulieferer aus Amsterdam. Damit die Chemikalien nicht während des Transports zu hohen Temperaturen ausgesetzt werden, setzt der Hersteller digitale Temperaturlogger ein. Diese werden in einen Transportbehälter gegeben und zeichnen den Temperaturverlauf permanent auf. Nachdem die Messdaten ausgelesen wurden, werden sie in ein XML-Format umgewandelt. Unmittelbar nach der Ankunft werden die Daten in das MySAP PLM-System eingespeist. Verdorbene Ware kann sofort erkannt und zurückgewiesen werden. Außerdem kann in etwaigen Schadensfällen festgestellt werden, wo die Schädigung durch wen oder was verursacht wurde. [BSI04, S. 83]

4.3.8 Preisanpassungen

Der Lagerbestand an Produkten, z. B. Lebensmitteln, wird regelmäßig kontrolliert und mit dem Haltbarkeitsdatum verglichen. Gleichzeitig wird z. B. die Temperatur bei Produkten, die gekühlt werden müssen, kontinuierlich überwacht. Bei Abweichungen vom Soll-Wert wird eine Kontrollinstanz informiert, so dass die Produkte schnellstmöglich ausgelagert werden können. Falls z. B. sich nur das Überschreiten des Mindesthaltbarkeitsdatums andeutet oder mehr Waren am Lager sind, als vermutlich verkauft werden, wird der Preis automatisch

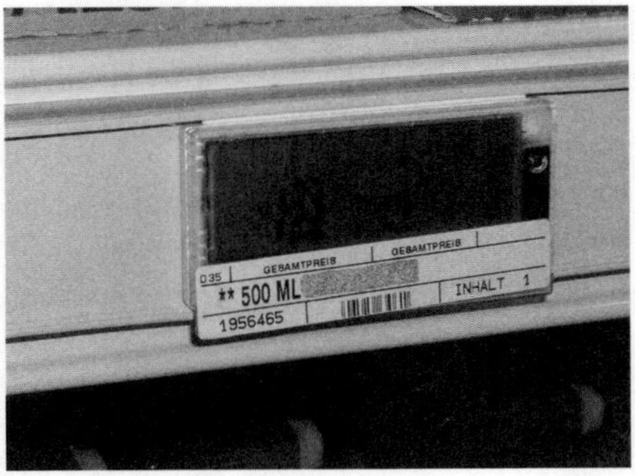

Die Preise auf dem Preisschild können jederzeit angepasst werden, z. B. kurz bevor das Mindesthaltbarkeitsdatum erreicht wird oder wenn zu viel Ware im Warenbestand ist und abverkauft werden muss.

Abbildung 32: *Preisschild, elektronisch*

angepasst. Eine Änderung der Preisauszeichnung entfällt, da z. B. Regale in Einzelhandelsmärkten (nichts anderes als Lager) mit elektronischen Preisschildern ausgestattet werden, die den geänderten Preis unverzüglich anzeigen. [ChFM03, S. 3]

Beispiel

Die elektronischen Etiketten für eine automatische Preisanpassung gibt es bereits im Innovation Center der Metro Group Future Store Initiative. Jedoch sind sie bislang nur im Future Extra Store im Einsatz. Sie sind mit dem System gekoppelt und ermöglichen eine sofortige, elektronische Preisänderung der Ware.

Teil 5

Auswirkungen von RFID

Auswirkungen von RFID

5. Auswirkungen von RFID

Die verschiedenen Einsatzmöglichkeiten innerhalb von Lager und Supply Chain, die im vorhergehenden Kapitel erläutert wurden, haben verschiedene Auswirkungen und Optimierungspotentiale aufgedeckt, die teilweise bereits erwähnt wurden und auf die in diesem Kapitel näher eingegangen werden soll.

Im Wesentlichen wird die RFID-Technologie die Geschäftsprozesse beeinflussen und für eine Effizienzsteigerung sorgen. Dabei wird die Technologie als Brücke zwischen Realität und virtueller Welt die Geschäftsprozesse derart unterstützten und beeinflussen, dass es einerseits zu drastischen Veränderungen kommt, andererseits einfach nur die Prozesse insgesamt schneller abgewickelt oder sicherer werden. [BoDL04, S.79]

Neben einer besseren Auslastung der Kapazitäten ist aber auch die Vermeidung von unnötiger Arbeit in Form von Kontrollen denkbar. Einfache Einsparungen wie bei Verpackungsmaterialien könnten realisiert, aber auch die Prozesse radikal umstrukturiert werden und zu messbaren Ergebnissen und Wettbewerbsvorteilen führen.

Aber welche Auswirkungen werden sich wirklich ergeben und wie werden sie aussehen? Lassen sie sich messen oder gibt es verlässliche Prognosen? Fragen hierzu sollen in diesem Kapitel beantwortet werden. Dabei wird auf Studien oder bereits vorhandene Ergebnisse von Projekten zurückgegriffen. Ob diese Daten letztendlich realisierbar sind, hängt von jedem Unternehmen selbst ab.

Es ist anzunehmen, dass sich in Unternehmen, in denen bisher keine Barcode-Technologie eingesetzt wird, ein höherer Nutzen erzielen lässt als in Unternehmen, in denen diese Technologie bereits längere Zeit eingesetzt wird. Andererseits könnten aber das teilweise vorhandene Know-how als auch mehr Effizienzsteigerungen den Nutzen deutlich höher ausfallen lassen als bei Unternehmen, die sich diese Wissensbasis noch erarbeiten oder extern einkaufen müssen.

5.1 Supply Chain

Die Untersuchung von Auswirkungen, die der Transpondereinsatz innerhalb der Supply Chain haben kann, und wie sich dieser quantifizieren lässt, beschäftigt derzeit Analysten. In Studien und Prognose werden Zahlen genannt, die zum größten Teil vorsichtige oder auf Befragungen beruhende Schätzungen sind. Einige basieren auch auf fundierten Recherchen. Der Bereich Supply Chain dürfte aufgrund der Vielfältigkeit an Versorgungskettentypen und -strukturen und der unterschiedlichen Leistungserbringung keine umfassende Prognose zulassen. Studien beschränken sich entweder nur auf einen speziellen Anwendungsbereich oder ein bestimmtes Gebiet innerhalb der Supply Chain. Sie sind teilweise ziemlich allgemein gehalten, so dass sich eine verlässliche Aussage für kein Unternehmen treffen lässt.

Deshalb basieren die Aussagen in diesem Kapitel lediglich auf den Einsatzmöglichkeiten in Kapitel 4. Studien bekannter Beratungsunternehmen wurden mit hinzugenommen, soweit sie die jeweiligen Punkte mitbetrachten.

Innerhalb der Supply Chain können die Transponder zur bereichsübergreifenden, kontinuierlichen Prozessoptimierung und -beschleunigung benutzt werden. Basierend auf den gewonnen Daten und den Einsatzmöglichkeiten lassen sich Strategien erarbeiten und die üblichen Planungsmethoden unterstützen.

Beispielsweise soll mit Methoden wie Collaborative Planning innerhalb der Supply Chain eine Win-Win-Strategie erreicht werden. RFID kann dies als neue Technologie unterstützen, da es die Zusammenarbeit verstärkt und die Transparenz erhöht. Das wird wiederum verschiedene Auswirkungen auf die einzelnen Bereiche innerhalb der Supply Chain haben.

5.1.1 Produktentstehung und -entwicklung

Eine langfristig angelegte Produktentwicklungsplanung wird heute bei vielen Unternehmen groß geschrieben. Sie ist eine Einzelstrategie im Netzwerk der Unternehmensstrategien, um den Erfolg eines Unternehmens zu sichern. Meist besteht sie aus einem komplexen Geflecht verschiedener Prozesse, die der Ausgangspunkt für den Produktlebenszyklus sind. Im Rahmen der Produktplanung werden Spezifikationen festgelegt, Ideen und Konzepte entwickelt, um neue innovative Produkte für den Markt zu entwickeln und Spezifikationen festzulegen. Die Produktentwicklung definiert daraus die Produktfunktionalitäten und erstellt ein Lastenheft. Endpunkt der Entwicklung könnte ein funktionsfähiger Prototyp sein.

Im Rahmen der Produktentwicklung werden meist auch schon umfangreiche Produkt- und Erzeugnisdaten angesammelt, so z. B. zur Erzeugnisstruktur, Verwendungsnachweise sowie Arbeits-, Wartungs- oder Sicherheitsunterlagen. Auch werden vermehrt innovative Lieferanten bereits in dieser Phase an der Entwicklung beteiligt. [Thal03, S. 99ff]

Der Einsatz von RFID könnte in diesem Bereich für eine bessere Transparenz sorgen. Basis für die Produktentstehung und -entwicklung sind nunmehr nicht mehr allein die Produktinnovationen, sondern die „am Kunden" gewonnene Daten (POS). Direkte und detaillierte Informationen über das Kundenverhalten könnten zur Entwicklung neuer Produkte führen. Auch wäre denkbar, dass der Kunde als Testperson herhält und die Produkte vor einer breiten und teuren Markteinführung an ihm im Geschäft getestet werden. Der Informationsfluss zum Händler garantiert in jedem Fall einen aktuellen Datenbestand, der direkt wieder in die Forschung und Entwicklung eingeht und zu einer Verbesserung und Anpassung von Produkten führt.

Die Produktentwicklung könnte effizienter geplant und durchgeführt werden und das Risiko bei einer Markteinführung gesenkt werden.

Durch das virtuelle zur Verfügung stellen von Produkt- und Erzeugnisdaten könnte für eine kostengünstige und umweltschonende Beseitigung der Produkte gesorgt werden. Wartungsfehler durch fehlende Produktinformationen wären ebenfalls vermeidbar.

5.1.2 Produktions- und Distributionsplanung

Die Produktionsplanung umfasst die produktionslogistischen Planungsaufgaben vor dem Produktionsbeginn. Hierzu gehören u. a. die Produktionsprogrammplanung, die Mengenplanung und die Kapazitäts- und Terminplanung. Die Produktion wird meist an den Kosten gemessen. Sie denkt in technischen Dimensionen und beruht überwiegend auf einer möglichst langfristigen, verlässlichen Planung, um die Prozessabläufe in den Werken optimieren zu können. Beim Vertrieb ist das meist genau anders herum. Er arbeitet marktorientiert und will eine möglichst hohe Flexibilität erreichen. Das spiegelt sich dann in Diskussionen über Bestände wider und unterschiedliche Meinungen treffen aufeinander. Die Unternehmensbereiche stehen in betriebswirtschaftlicher Konkurrenz zueinander. [TBD+03, S. 71f]

Aufgrund der langfristigen Ausrichtung arbeiten viele Unternehmen außerdem ausschließlich nach dem Push-, statt dem Pull-Prinzip [BDP+03, S. 51f] und damit größtenteils am Kunden vorbei auf Lager und nicht bedarfsgerecht. Die nötige Flexibilität fehlt.

Durch die mittels RFID beim Handel gewonnenen Daten und die bekannten Kundenanforderungen könnte eine bedarfsgerechtere und am Kunden ausgerichtete Produktion ermöglicht werden. Lieferketten werden zu Nachfrageketten [Inte04b]. Eine bessere Kapazitätsplanung (es ist bekannt, was wann in welcher Menge produziert werden soll) wird Engpässe in der Produktion vermeiden, und die Lieferbereitschaft steigt. Dazu wäre natürlich auch notwendig, dass sich die Produktion dieser Flexibilität unterwirft.

Zudem müsste die Planung der Belieferungstermine und -mengen für den Kunden und Zwischenhändler zentral durch den Hersteller vorgenommen und durchgeführt werden. Das nimmt zwar einen Teil der Entscheidungsfreiheit der Kunden, jedoch können durch das Beseitigen einer kostenintensiven Überproduktion und Lagerhaltung auch zusätzliche Kosten eingespart und Gewinne erzielt werden. Durch die freigewordenen Kapazitäten lassen sich zusätzliche Kundenservices anbieten, und der Hersteller wird einen Teil der Händleraufgaben übernehmen.

Mittels RFID kann eine nachfragegesteuerte und vernetzte Warenwirtschaft realisiert werden. Jeder gekaufte Artikel kann unmittelbar durch einen bestellten ersetzt werden bzw. es wird für ihn ein neuer hergestellt [GCI04, S. 6]. RFID kann einen Beitrag zur Senkung der Zeit- und Kostenaufwendungen leisten, und die Produktivität kann gesteigert werden [Metr04d, S. 12]. Eine Bewegung von der Push-gesteuerten Produktion hin zu einer Produktion nach Pull-Prinzipien oder ein Wechsel während des Produktlebenszyklus ist möglich.

Bei Artikeln mit langen Vorlaufzeiten (Herstellung von z. B. Wein) ist ein solches Vorgehen unter Umständen nicht unbedingt möglich und es muss auf Lager produziert werden. Vielleicht kann nicht einfach nachproduziert werden, weil es sich um einen Saisonartikel handelt. Jedoch ist auch das früh genug erkennbar, da der Händler jederzeit die Bestände des Herstellers überprüfen und auf Alternativprodukte zurückgreifen kann (z. B. andere Jahrgänge).

In Bereichen mit Artikeln mit kurzen Vorlaufzeiten kann aber auch ein vorhandener Lagerbestand nur geringfügig abgebaut oder in seinem Umfang erhalten bleiben.

Durch die Optimierung der Prozesse in der Lieferkette und die verbesserte Zusammenarbeit [TsPi03, S.7] lassen sich Prozesse schneller durchführen, die Liefer- und Termintreue und die höhere Warenverfügbarkeit können garantiert werden. Der Lieferant wird zuverlässiger und der Kunde zufriedener. Über die Produktverfolgung kann jederzeit nachvollzogen werden, wo sich bestimmte Objekte befinden. Dynamisch kann eine Zeitanpassung erfolgen, z. B. falls sich Fahrzeuge im Stau befinden und sich die Lieferung terminlich verzögert, können die Partner schneller reagieren. Durch elektronische Statusmeldungen sind die jeweiligen Partner in Echtzeit über den Stand der Auftragsbearbeitung informiert. Sie wissen, was wann und in welchem Zustand ankommt. Gleichzeit haben die Partner die Sicherheit, dass die Ware einwandfrei und vollständig ihr Ziel erreicht und dies sowohl am Wareneingang und -ausgang bestätigt wird. Fehllieferungen können frühzeitig durch den Abgleich mit den jeweiligen Bestell- und Versanddaten am Wareneingang und -ausgang verhindert werden. Kosten durch Falschlieferungen oder terminliche Verzögerungen werden gesenkt.

Außerdem ist durch den Einsatz von RFID und die mögliche Transportüberwachung eine Tourenplanung in Echtzeit möglich.

5.1.3 Beschaffungsplanung und Bestandsoptimierung

Die Beschaffungsfunktion als zentrale Funktion in der Materialwirtschaft wurde lange Zeit entweder vernachlässigt oder lediglich als Erfüllungsgehilfe gesehen. Ansätze wie Single-/Dual-/Multiple-Sourcing beschäftigen sich mit der Anzahl der Zulieferer und beschreiben zugleich den Grad der Abhängigkeit des Kunden vom Zulieferer. Auch werden die Beschaffungsobjekte immer komplexer. Kunden müssen immer über Neuerungen informiert sein und können je nach Beschaffungsmarktlage auf lokale oder globale Zulieferer zurückgreifen [KaKe97, S. 15ff]. JIT-Beschaffung oder -Belieferung gewinnen immer mehr an Bedeutung, insbesondere für Automobilzulieferer. Daneben ist eine Belieferung mit Teilen notwendig, die eine hohe Prozesssicherheit gewährleisten.

Weitere Ziele der Materialwirtschaft stehen ebenfalls im Vordergrund. Dazu gehört neben niedrigen Material-, Energie- und Leistungskosten die Kundenorientierung. Eine Prozessoptimierung wird angestrebt und die Qualitätssicherung sowie geringe Kapitalbindung verfolgt. Es wird zunehmend die Notwendigkeit eines materialwirtschaftlichen Controllings gesehen. Konzernweite Informationssysteme, um z. B.

Probleme bei der Beschaffung zu vermeiden oder in Form eines Berichtswesens weltweite Informationen zur Verfügung zu stellen, werden eingesetzt. Die Bestände sind möglichst aktuell zu halten und es wird ein zentrales Controlling der Vorräte verfolgt. Daneben kommen noch Make-or-Buy-Betrachtungen mit ins Spiel.

Verluste, wie z. B. Waren, die kurz vor Ablauf des Mindesthaltbarkeitsdatums sind, sind im Handel in der Bestandsplanung noch ein Problem. Der Einsatz von RFID auf Produktebene kann vor Ablauf des Mindesthaltbarkeitsdatums frühzeitig für einen Abverkauf der Waren sorgen. Preissenkungs- oder Werbemaßnahmen greifen frühzeitiger. Die Anzahl unverkäuflicher Ware wird sich reduzieren lassen. Die Kosten für solche Waren, z. B. Herstellungs- und Entsorgungskosten werden sich senken lassen können. Verluste lassen sich ebenfalls reduzieren.

Schätzungen zufolge betragen die Bestandsverluste in Lieferketten ca. 2 % des weltweiten Umsatzes. Zwar wird zur Verfolgung der Güter bereits heute die Ware etikettiert, jedoch können diese Bestandsverluste durch die bisherige Technik nicht ganz vermieden werden. Eine Kosten-Nutzen-Analyse von IBM zeigt, dass durch den Einsatz von RFID die Bestandsverluste um durchschnittlich 25 % bei Kartons und 40 % auf Artikelebene gesenkt werden können. [GCI04, S. 6]

Durch die Informationen an Beständen und Verfügbarkeitsdaten an allen Stellen der Lieferkette und die intelligenten Auswertungsmöglichkeiten kann zusätzlich eine Optimierung der Beschaffungsmengen ermöglicht werden. Diese kann schneller und genauer festgelegt werden und darüber hinaus zu einer Reduzierung der Lagermengen und -kosten führen. Es wird davon ausgegangen, dass sich Einsparungen in diesem Bereich von einmalig bis zu 5 % realisieren lassen. [ATK04-ol]

5.1.4 Bullwhip-Effekt

Die sich aufschaukelnden Nachfrageschwankungen in der Lieferkette, auch als Bullwhip-Effekt bezeichnet, stellen heute noch ein Problem im Bereich der Verfügbarkeit und Lagerung von Gütern entlang der Produktionskette dar. Eine dezentrale Lagerhaltung in der Unternehmensorganisation, eine vielstufige Supply Chain, saisonale Schwankungen oder die Erhöhung der Variabilität führen dazu, dass die Kosten der Lagerhaltung steigen, weil z. B. durch Pufferbestände im Lager die Bedarfsschwankungen ausgeglichen werden müssen. Insbesondere der Versuch von Kunden, die Kosten durch die Ausnutzung von Rabatten und Aktionsangeboten zu senken, und die damit verbundenen periodischen Sammelbestellungen, die sich in der Lieferkette fortsetzen, gekoppelt mit einer Fehleinschätzung von Belieferungsterminen und Bestellungen, werden als Ursache für den Bullwhip-Effekt gesehen. Zum Ausgleich des Bullwhip-Effektes versuchen Unternehmen, *„mit viel Aufwand das zu prognostizieren, was ein anderer Partner weiter vorn in der logistischen Kette bereits"* weiß. [Goep04, S. 34]

Durch eine eindeutige Identifikation und die Erhöhung der Transparenz von Beständen und Vorräten in Versorgungsketten und Lager könnten Bestandsprobleme, die Bestandsschwankungen wie die des Bullwhip-Effektes auslösen, beseitigt werden, falls die notwendige Transparenz (z. B. mittels des EPC) geschaffen wird. Sind die Bestände mit Lagerort und Menge jederzeit bekannt, können Kunden sofort eine Verfügbarkeit ablesen und Hersteller die Bedarfsschwankungen leichter ausgleichen. Es kann immer nachvollzogen werden, wie viel an Beständen wo zur Verfügung steht oder unterwegs ist. Gekoppelt mit entsprechenden Bestellverfahren sind automatisierte Bestellungen möglich, z. B. sobald eine Ware entnommen wird oder Mindesthaltbarkeitsdaten überschritten werden. Verbrauchsprognosen werden durch die Informationsgewinnung unterstützt. Effiziente Versorgungsketten, gekoppelt mit RFID-Systemen auf Artikelebene, die sowohl software- als auch hardwaretechnisch effizient ausgerichtet werden, können diese gewonnene Transparenz in der Supply Chain nutzen, um bestell- und bestandsoptimal zu arbeiten. Fehler durch falsch geliefertes Material (Menge, Art, Zeit) werden ebenfalls reduziert [Span04, S. 131f] und damit Fehlmengen und Bestandsschwankungen vermieden, die z. B. durch Retouren und nicht vorhandene Waren entstehen können. Die Bedarfs- und Liefermengen werden geglättet.

Inwieweit durch die Informationsgewinnung die Nachfrageschwankungen wirklich geglättet werden können, ist nicht absehbar. Studien hierzu existieren noch nicht und den Unternehmen liegen in diesem Bereich auch noch keine Zahlen vor.

5.1.5 Transport- und Tourenplanung

Die Tourenplanung stellt für den Spediteur die Basis zur Erbringung von Logistikleistungen dar. Durch die Anwendungssysteme können die Planung und Steuerung von Fahrzeugrouten sowie eine Sendungs- und Frachtverfolgung unterstützt werden. Flottenmanagementsysteme helfen, Leerfahrten zu vermeiden, und sorgen für eine bessere Auslastung von Transporten. Die laufende Lokalisierung der Transporthilfsmittel und Transportgüter verbessert bereits heute die Sicherheit und Rückverfolgbarkeit. [Thal03, S. 224]

Mittels des RFID-Einsatzes kann eine dynamische Transportplanung und Optimierung der Transportkette realisiert werden. Eine verbesserte Zusammenarbeit und Transparenz bei Transport und Belieferung könnte sogar während der Transporte Verluste minimieren und für eine bessere Kapazitätsauslastung sorgen [TsPi03, S.7]. Die Daten werden während des Transportes bestandsgenau geführt. RFID-Überwachungssysteme im Fahrzeug oder an bestimmten Stationen garantieren eine lückenlose Rückverfolgbarkeit und Lokalisierung der Güter. Die Transportverluste lassen sich minimieren.

Zusätzlich können durch den Einsatz von RFID die Flottenmanagementsysteme auf Veränderungen dynamisch reagieren. Vergessene oder zurückgelassene Ware an Warenausgangstoren kann über den derzeitigen Standort das System informieren, dass sie noch nicht verladen wurde oder im Warenausgang wartet. Darüber hinaus ist denkbar, dass verplante, aber nicht ausgenutzte Kapazitäten (z. B. aufgrund von Fehlmengen) sofort wieder verplant werden. Bestandsgenaue Lieferungen sind möglich. Fehllieferungen werden schon während des Transportes festgestellt und der Kunde wird darüber informiert. Die verbesserte Möglichkeit, auf Situationsänderungen während der Transporte zu reagieren, kann Verzögerungen innerhalb der nachfolgenden Supply Chain noch weiter reduzieren.

5.1.6 Kundenbindung und Marketing

Häufig werden SCM-Anwendungen mit Grunddaten aus datenerfassenden Systemen gefüttert. Verkaufte Artikel werden an der Kasse im Supermarkt erfasst und die Bestände registriert. Dieses unter dem Namen Efficient Consumer Response (ECR) bekannte Verfahren hat zunehmend an Bedeutung gewonnen. Es wurde vermehrt zur Verbesserung der Supply Chain eingesetzt. Leider wurde aber von der Industrie das C vergessen, also die Konsumenten. [ATK04, S. 4]

Die Vermutung liegt nahe, dass die durch ECR-Verfahren gewonnenen Daten im Marketingbereich bisher vernachlässigt wurden und ein Großteil von Marketing- und Promotionsmaßnahmen keinen zusätzlichen Gewinn geschaffen haben. So ergab z. B. eine Studie von McKinsey, die 5.000 europäische Promotions in der Konsumgüterindustrie analysiert hat, dass zwar 90 % der Promotion zusätzlichen Umsatz realisieren, aber nur 40 % erreichen nach Zurechnung aller Kosten einen positiven Deckungsbeitrag. 60 % aller Promotions vernichten somit Wert [TBD+03, S. 97]. Hinzu kommt, dass durch Massenmarketing und Promotions auch ECR-Verfahren verfälscht werden könnten und SCM-Anwendungen auf einer falschen Datenbasis aufsetzen.

Sicherlich gibt es keinen Kardinalsweg, um diese Probleme zu beseitigen, jedoch könnte sich durch die Einführung von RFID in der Supply Chain die Kundenbindung verbessern lassen. Schnellere Prozesse, z. B. an der Kasse von Händlern, sorgen auch für kürzere Wartezeiten und es kann sich mehr um den Kunden gekümmert werden. Die Kundenzufriedenheit erhöht sich, was sich wiederum in einem höheren Umsatz widerspiegelt. ECR-Verfahren sind viel effizienter, weil neben den Daten an der Kasse sich auch im Verkaufsraum Daten gewinnen lassen. SCM-Anwendungen könnten also im Umkehrschluss auf einen besseren Datenbestand zurückgreifen, der durch die Transparenz in der Lieferkette dann auch noch aktueller ist.

Darüber hinaus kann durch gezielte Marketing-Maßnahmen und den Verzicht auf Massenwerbung zusätzlicher Umsatz geschaffen werden. Hier kommt die segmentspezifische Werbung ins Spiel. Durch Werbeanzeigen auf Displays fallen keine hohen Promotionskosten an, da z. B. keine Werbung verteilt werden muss oder sie in Medien teilweise entfallen kann. Eine direkte Ausrichtung der Werbung „am Kunden" ist möglich. Diese segmentspezifische Werbung kann dann den Umsatz erhöhen. So haben Tests der Fa. Gap ergeben, dass durch die gezielte Bewerbung von Produkten der Umsatz um etwa 15 % steigt [GuSp04]. Die Kunden sind für die zielgerichteten Marketingmaßnahmen also empfänglicher als Massenwerbung.

5.1.7 Arbeitskosten und Versicherungsleistungen

Die Einführung von RFID soll sich insbesondere bei den Personalkosten spürbar bemerkbar machen. Je nach Einführung ist eine zusätzliche Teil- oder Vollautomatisierung von Prozessen möglich. Schneller durchführbare Prozesse können Kosten für Überstunden oder weitere Einstellungen zusätzlich verhindern.

Studien ergaben, dass sich in diesem Bereich durch die Automatisierung von Prozessen Einsparungspotentiale von bis zu 20 % realisieren lassen. Überstunden können sogar um bis zu 15 % reduziert werden [Inme04]. Da ein Großteil der Lager- und Produktionskosten meist noch Personalkosten sind, können sich, umgelegt auf die einzelnen Objekte, spürbare Einsparungen erzielen lassen. So fand eine Studie von LogicaCMG heraus, dass sich die Kosten für die Abwicklung einer einzelnen Palette durch den Einsatz der RFID-Technologie um 8,5 % senken lassen, so dass sich eine Investition bereits nach zwei bis drei Jahren amortisiert [JHN+04-ol]. CHEP ermittelte, dass durch Tracking & Tracing von Paletten in der US-Lebensmittelbranche 6,7 % der Supply Chain-Kosten eingespart werden können. Das wären bis zu 3,2 Mrd. US-Dollar. [LaRu04, S. 13]

Da sich Schäden, die durch abgelaufene und unbrauchbare Waren entstehen, durch den RFID-Einsatz ebenfalls reduzieren lassen, können auch hier indirekte und direkte Einsparpotentiale realisiert werden. So können direkt Kosten eingespart werden, da eine Überwachung von Artikeln zu einem frühzeitigen Eingreifen führt und schneller ausgesondert oder nachgearbeitet werden kann. Auch sind die betroffenen Artikel eindeutig feststellbar und es müssen z. B. nicht alle Geräte eines Typs überprüft werden. Die Reduzierung von Ansprüchen ist eine weitere Folge. Indirekt wird das zu einer Kostensenkung beitragen, da durch weniger Schadensfälle sich die Bearbeitungs- und Abwicklungskosten und damit auch etwaige Entschädigungsleistungen reduzieren. Ingesamt wird dies zu einer Verminderung der Fehlerkosten führen.

Durch die richtige Behandlung und Erfassung von physischen Ressourcen könnten Schadensfälle vermindert werden und Versicherungsleistungen in Form von Versicherungsprämien sinken. So kann nach Unfällen zur Schadensregulierung ein Gutachter die Daten eines Transponders auswerten, der gekoppelt mit entsprechenden Systemen (z. B. Bremsen beim Auto, Lenkung) und Sensoren, Aufzeichnungen während des Unfalles gemacht hat. Auch Schäden an anderen Teilen (z. B. durch Erschütterungen) lassen sich so dokumentieren und Folgeunfälle und -schäden vermeiden.

Versicherungswirtschaft und Unternehmen werden entlastet, Risiken für Beschäftigte, Unternehmer und Kunden sinken und Diebstähle können eher bemerkt oder verhindert werden. Durch die Reduzierung von Schadensfällen können so erhebliche Summen eingespart werden. [ChFM03, S. 5]

Das Fraunhofer-Institut geht davon aus, dass allein *„die lückenlose Rückverfolgung des Warenflusses mittels RFID in hohem Maße zur Lösung von Haftungs- und Sicherheitsfragen beitragen wird“.* [Metr04a, S. 8]

Beispielsweise hat die Fa. Cabgemini für eine amerikanische Baumarktkette eine umfassende Aufwand-Nutzen-Analyse durchgeführt. Es wurde für den Zeitraum 2004-2010 ein Nutzen in Höhe von 385 Mio. US-Dollar errechnet, dem Investitionskosten in Höhe von 125 Mio. US-Dollar gegenüberstehen. Der Nutzen teilt sich so auf, dass 70 % auf geringere Personalkosten entfallen, 19 % der geringere Schwund bringt, 8 % macht der geringere Kapitaleinsatz aus und 3 % davon sind Einsparungen durch geringere Anlagenkosten, wie z. B. durch weniger Transportbehälter. [LaRu04, S. 14]

5.1.8 Controlling und Informationen, Organisationsplanung

Das Erfassen und Erzeugen von Kennzahlen verursacht Kosten, kann aber auch Nutzen bringen. Die Aktualität der Informationen bestimmt auch die Kosten für die Ermittlung dieser Kennzahlen. Fraglich ist, wie viel Controlling wirklich sein muss. Es geht also darum, die richtigen Kennzahlen zu erfassen, die mehr Effizienz zu moderaten Kosten bringen. [TBD+03, S.134f]

Durch Verwendung von betrieblichen Informationssystemen, wie SAP R/3, die durch ihre Funktionen durchgängige Geschäftsprozesse ermöglichen und Unternehmensbereiche miteinander verbinden, ist ein erster Schritt erfolgt, um Informationslücken zu schließen und Informationen unternehmensweit zur Verfügung zu stellen. Systeme wie EDI und Internet sind der nächste Schritt, um über die Unternehmensgrenzen hinweg Informationen entlang der Supply Chain verfügbar zu machen. Während die integrierten Betriebsinformationssysteme, E-Business- und B2B-Systeme immer mehr Applikationen und Datenbanken miteinander verknüpfen, kann in einem dritten Schritt durch die RFID-Technologie die noch fehlende Verbindung zwischen Applikation und Datenbanken mit der realen betrieblichen Umwelt hergestellt werden (s. Medienbrüche/folgender Abschnitt). Auf Basis der in Echtzeit gewonnenen Informationen können dann Systeme Entscheidungen treffen oder automatisierte Abläufe in Gang setzen. Falls zusätzlich Sensoren über die Zustandsänderungen in der Umwelt Daten generieren, können diese die Informationsverarbeitung und die damit verbundenen Systementscheidungen unterstützen. Es muss weder mit statistischen Werten oder Annahmen gearbeitet werden, noch mit anderen aus dem Informationssystem bezogenen Daten. [ChFM03, S. 9]

Darüber hinaus können aufgrund der qualitativ hochwertigen Daten Anwendungstechnologien zur Steigerung der Effizienz in der Prozesskette entwickelt werden, um entscheidende Verbesserungen entlang der gesamten Wertschöpfungskette zu erreichen. [Voig02-ol]

5.1.9 Medienbrüche

Die Forschung und Praxis beschäftigen sich bis heute mit der Vernetzung von Unternehmen, Prozessen, Informationssystemen und Menschen. Die Informationstechnologie wird heute als ein Schlüssel gesehen, der zwischen diesen physischen Faktoren auftretenden Medienbrüche so gering wie möglich hält. Ein Medienbruch ist beispielsweise das wiederholte Erfassen von Aufträgen in unterschiedlichen Informationssystemen innerhalb der Wertschöpfungskette, also nichts anderes als ein fehlendes Glied in der digitalen Informationskette. Sie werden als Mitverursacher von Langsamkeit, Intransparenz, Fehleranfälligkeit der inner- und überbetrieblichen Prozesse gesehen [FlDi03, S. 612]. Dabei hat der Einsatz neuer Technologien (wie z. B. Barcodes) und Standards die Kosten zwar weitgehend gesenkt, aber die Medienbrüche konnten nicht beseitigt werden.

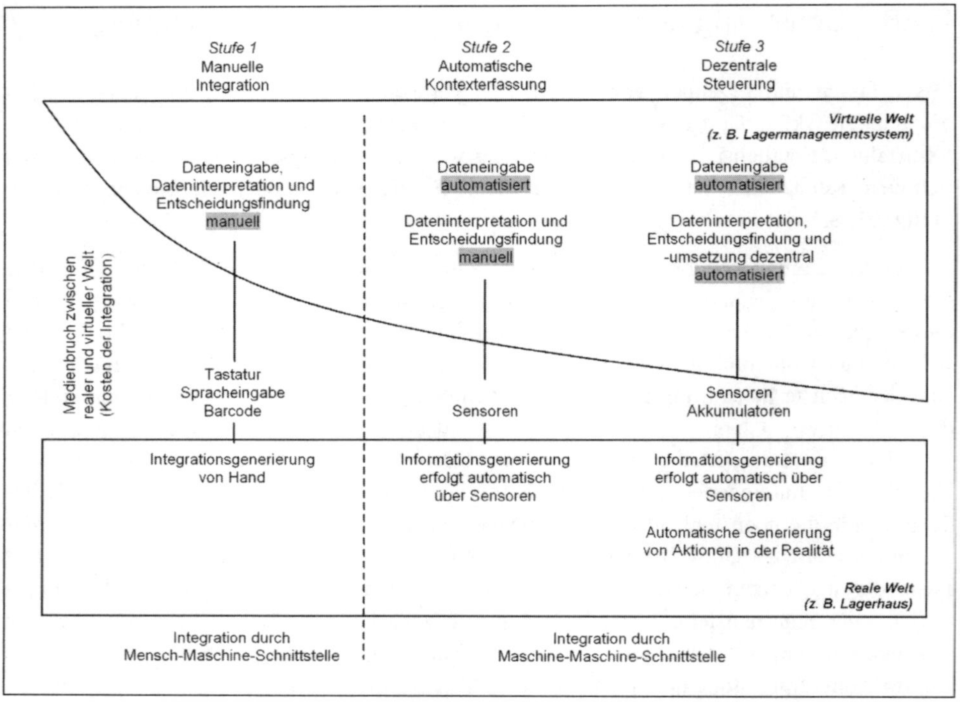

Abbildung 33: *Entwicklungsstufen betriebswirtschaftlicher UbiComp-Anwendungen* [FlDi03, S.613]

Durch Medienbrüche steigen in jedem Fall der Aufwand und damit die Kosten für die Dateneingabe und -anpassung.

Daten von vorgelagerten Prozessen können mit einem Transponder zur Verfügung gestellt werden und es können zusätzliche Daten über ihn weitergegeben werden. Mittels eines angeschlossenen Betriebsinformationssystems können Informationen von den nachgelagerten Stationen bei Bedarf abgefragt oder über z. B. das Internet (z. B. EPC) abgespeichert werden [ChFM03, S. 9]. In diesem Zusammenhang taucht auch der Begriff der digitalen Logistik auf, der den rein elektronischen Datenaustausch, also die papierlose Supply Chain, bezeichnet.

Durch den Einsatz von RFID wäre eine vollautomatische Maschinen-Maschinen-Kommunikation möglich. Medienbrüche, die zwischen physischen Ressourcen auftreten und notwendig für Prozessabläufe sind, werden vermieden. Die Informationen würden 1:1 übertragen und ein manuell notwendiges Prozesseingreifen wäre nicht mehr nötig.

Es kommt also zu einer Annäherung von virtueller und realer Welt, indem weniger Daten manuell eingegeben oder mittels Schnittstellen und Ein- und Ausgabemasken zur Verfügung gestellt werden müssen. Systeme kommunizieren unmittelbar miteinander und eine Eingabe per Hand oder eine physische Intervention entfällt. Je nach Reichweite können Transponder zur automatisierten Identifizierung und Prozesssteuerung benutzt werden. Sie stellen weitere Daten zur Verfügung und übermitteln diese an die Umwelt. Sie sind Schnittstellen zwischen realer und physischer Welt und übernehmen damit die Aufgabe eines Mediums, das Medienbrüche vermeidbar macht.

Durch die Vermeidung von Medienbrüchen werden die inner- und überbetrieblichen Prozesse schneller, es entstehen weniger Fehler und es wird die nötige Transparenz für die Optimierung von Prozessen geschaffen. Eine kostspielige Lücke zwischen Informationssystem und Realität wird geschlossen. Kosteneinsparungen und Qualitätssteigerungen können erreicht werden und neue Geschäftsmodelle entstehen [FlDi03, S. 612].

5.2 Auswirkung auf die Produktion durch den Einsatz von RFID

In Kapitel 4 wurden konkrete Anwendungsfälle aufgezeigt, in denen der Einsatz von RFID zu Vorteilen führen kann. In diesem Kapitel werden nun die Auswirkungen beschrieben, die sich auf einzelne Bereiche der Produktionsplanung und -steuerungs-Systeme (PPS-System) beziehen. Mit Hilfe von RFID können einige Schwächen heutiger PPS-Systeme behoben werden, wie z. B. eine unbefriedigende Mengenplanung. Außerdem unterstützen RFID-Systeme eine zeitnahe Planung des Produktionsprogramms. [Dang03a]

5.2.1 Mengenplanung

Definition: *Die Mengenplanung hat die Aufgabe, Aufträge über Erzeugnisse und davon abgeleitete Materialien an die Fertigung und den Einkauf mit den erforderlichen Zeitpunkten und über die erforderliche Menge zu übermitteln, so dass das Fertigungsprogramm erfüllt werden kann. Eine Reihenfolge für die Bearbeitung an den einzelnen Fertigungsmitteln wird hier nicht ermittelt. Die Mengenplanung verwendet daher als Modell vor allem die Erzeugnisstruktur. Der Mengenplanung nachgeschaltet ist in der Regel die Terminplanung bzw. Kapazitätsplanung, die die angesprochene Reihenfolgenbildung durchführt.* [Dang03c]

Durch den Einsatz von RFID ist es möglich, den Produktionsprozess genauer zu überwachen und zu steuern. Die Daten über die produzierten Mengen und den Produktionsfortschritt können jederzeit in Echtzeit vor Ort abgerufen werden. RFID ermöglicht es, die Bestandsüberwachung zu automatisieren. Wenn Materialien entnommen werden, können die Transponder selbst die Entnahme dem Lagerverwaltungssystem signalisieren, und bei Bedarf kann sofort eine Nachbestellung der entnommenen Ware vom System erstellt werden. Fehler bei der manuellen Eingabe können reduziert werden. Der Schwund kann reduziert werden, da es möglich ist, jedes unberechtigte Entnehmen von Ware zu signalisieren.

Die Bedarfsermittlung muss nicht mehr manuell durch Zählen durchgeführt werden, sondern es ist möglich, größere Mengen auf einmal mit einem Lesegerät zu scannen (Pulkerfassung).

Stücklisten können auf Transpondern, die z. B. an Werkstückträgern angebracht sind, abgespeichert werden. Somit ist für jedes Teil die richtige Stückliste immer vor Ort verfügbar. Müssen während der Produktion wegen nicht bestandener Qualitätsprüfung Teile ausgetauscht werden, kann dies auf dem Transponder gespeichert werden und am Ende der Produktion durch einmaliges Lesen der Transponderdaten die Mehrentnahmen an das Lagerverwaltungssystem geschickt werden. So können die Bestände besser überwacht und Fehlbestände reduziert werden. Man kann außerdem die Bestellmengen besser planen und die Lagerkapazitäten können reduziert werden, wodurch weniger Kapital gebunden wird.

5.2.2 Terminplanung

Definition: *Die Terminplanung dient dazu, Aussagen über Termingerüste für die Bewältigung einer Gesamtaufgabe zu machen. Die Terminplanung betrachtet Ablaufstrukturen, die nur einmal instantiiert werden. Damit reduziert sich eine Bestandsaussage auf eine 0/1-Aussage, nämlich ob der Vorgängervorgang beendet und der Nachfolgervorgang noch nicht begonnen worden ist. Für jede FV-Klasse*[38] *gibt es nur einen Start- und einen Endtermin*[39]*, und damit planmäßig nur die Aussagen „noch nicht begonnen", „in Arbeit", „abgeschlossen"!* [Dang03c]

Über die planmäßigen Aussagen „noch nicht begonnen", „in Arbeit" und „abgeschlossen" aus der Definition können mit Hilfe von RFID sehr viel genauere Aussagen gemacht werden. Es kann unmittelbar am Objekt abgerufen werden, welche Fertigungsvorgänge bereits durchgeführt wurden und welche nicht. So können immer genaue Aussagen über den Produktionsfortschritt für einen bestimmten Auftrag gemacht werden.

Es können ebenfalls einfacher Auftragsprioritäten verändert werden, wenn diese am Objekt gespeichert werden. Soll ein Auftrag eine höhere Priorität bekommen, kann diese Information auf dem Transponder gespeichert werden, und der Auftrag durchläuft bevorzugt

---

38 FV-Klasse: Fertigungsvorgangsklasse [Dang03c]

39 Hier sind nicht früheste und späteste Termine gemeint!

den Produktionsprozess. So ist man viel flexibler bei der Terminplanung und kann noch Auftragstermine ändern, obwohl die Produktion bereits begonnen hat.

Von den Transpondern der fertigen Produkte können die tatsächlich entstandenen Bearbeitungszeiten abgerufen und so die Termine für folgende Aufträge besser geplant werden. Es können genaue Transportzeiten zwischen den einzelnen Bearbeitungsschritten ermittelt und berücksichtigt werden. Entstehen irgendwo im Bearbeitungsprozess Wartezeiten, können diese genau einem bestimmten Bereich zugeordnet und die Ursache der Verzögerung beseitigt werden.

5.2.3 Kapazitätsplanung

Definition: *Bei der Kapazitätsplanung sind Beginn-(Start-, Anfangs-)Termin und Fertigstellungs-(End-)Termin eines Fertigungsauftrags (der in der Mengenplanung definiert wurde) sowie die Zwischentermine (Anfangs- und Endtermine) der einzelnen (Arbeits-)Vorgänge unter Berücksichtigung eines begrenzten Kapazitätsangebotes festzulegen. Dabei herrscht üblicherweise die Denkweise der Kleinserienfertigung mit einer Terminplanung mit einzeln identifizierten Aufträgen (Jobs) vor. Oft wird nur die Teilefertigung betrachtet und für die Montage das Ergebnis der Mengenplanung (MRP) als ausreichend angesehen. Aber auch die Großserienfertigung benutzt heute z. B. in der Montage Kapazitätsplanungsverfahren, die dann aber mehrere Einzelvorgänge für eine FV-Klasse je Zeitabschnitt betrachten.* [Dang03c]

Um für einen Fertigungsauftrag eine genaue Kapazitätsplanung durchzuführen, braucht man präzise Daten über die benötigten Kapazitäten. Die gesamte Dauer eines Auftrags kann recht einfach anhand der Anfangs- und End-Termine bereits durchgeführter Aufträge festgestellt werden. Schwierig ist es, die Kapazitäten der einzelnen Bearbeitungsstationen zu ermitteln. Mit Hilfe von RFID ist man in der Lage, die benötigten Kapazitäten der einzelnen Objekte während der Bearbeitung auf den Transpondern abzuspeichern. Man hat also eine sehr exakte Datenbasis aus früheren Aufträgen, anhand derer man in der Lage ist, auch die benötigten Kapazitäten für einzelne Bearbeitungsprozesse präzise zu ermitteln. Sogar bei manueller Fertigung können die unterschiedlichen Montagezeiten verschiedener Werker ermittelt werden und so für einen Auftrag die individuelle Bearbeitungszeit jedes Werkers berücksichtigt werden. Auf diese Weise ist man in der Lage, auch die Montagezeiten besser einzuplanen.

Bei der überwiegend automatisieren Großserienfertigung können zwar die Bearbeitungszeiten sehr präzise ermittelt werden, Ausfallzeiten durch z. B. technische Defekte werden dabei aber nicht berücksichtigt. Durch die Abspeicherung der Bearbeitungszeiten auf den Transpondern am Objekt können auch die entstandenen Wartezeiten durch Maschinenausfälle erfasst und bei der späteren Kapazitätsplanung einkalkuliert werden.

5.2.4 Lenkung und Verfolgung der Förderhilfsmittel

Bei Förderhilfsmitteln sind prinzipiell die zwei Zustände „leeres Förderhilfsmittel" und „belegtes Förderhilfsmittel" zu unterscheiden. Bei der Planung und Disposition beschränkt man sich auf die Verwaltung der freien, verfügbaren Förderhilfsmittel. Die ferfügbaren werden den anstehenden Aufträgen zugeordnet. [Dang03b]

Werden die Förderhilfsmittel mit Transpondern ausgestattet, die über zusätzliche Sensoren verfügen, können diese selbst erkennen, ob sie leer oder belegt sind. Wenn sie leer sind, können sie das signalisieren und z. B. von fahrerlosen Transportfahrzeugen aufgenommen werden und stehen unmittelbar nach dem Freiwerden zur Disposition für neue Aufträge bereit.

Für die Verfolgung von Förderhilfsmitteln können unterschiedliche Prinzipien angewendet werden:

- Zählende Verfolgung
- Alphanumerische Beschriftung
- Identifikation über Code
- Aktive Identifikation

[Dang03b]

Die Verfolgung von Förderhilfsmitteln, die mit Transpondern ausgestattet sind, zählt zur „aktiven Identifikation". Jedes Förderhilfsmittel erhält einen Transponder, und an Erfassungsstationen findet ein Datentransfer statt. Dadurch können die Transponder umcodiert werden, so dass eine zuständigkeitsabhängige Steuerung ermöglicht wird [Dang03b]. Ist die Kapazität nicht vollständig ausgelastet, können Stationen angefahren werden, an denen noch Förderkapazitäten benötigt werden.

5.2.5 Qualitätssicherungsprozess/Qualitätsmanagement

Seit einer internationalen Begriffserklärung von 1990 wurde das Qualitätsmanagement als Oberbegriff für die Gesamtheit aller qualitätsbezogenen Tätigkeiten gewählt.

Bei den Prozessen des Qualitätsmanagements kann der Einsatz von RFID zu Verbesserungen führen. Früher wurden Qualitätssicherungen nur am Anfang und am Ende der Produktwertschöpfungsprozesse durchgeführt. Mittlerweile haben sich diese Prozesse in die einzelnen Bearbeitungsstufen der Produktion verlagert, um einerseits die Stabilität der Produktionsprozesse zu überprüfen und zu verbessern und andererseits die betroffenen Teile frühzeitig zu identifizieren und aus der Wertschöpfungskette herauszunehmen bzw. nachzubessern. [AIK+04]

Bei der Umsetzung von Qualitätsmanagementsystemen entstehen oft Insellösungen, da die Systeme nur für bestimmte Bereiche in der Produktion entwickelt werden. Diese Systeme lassen sich oft gar nicht oder nur schwer durch die Entwicklung von Schnittstellen in andere Aufgabenbereiche integrieren. [AIK+04]

Werden die Daten der Qualitätssicherung bei der Identifizierung betroffener Teile auf Transponder gespeichert, können diese mit den Teilen in andere Bereiche übertragen werden. Es muss nur einmal eine Schnittstelle für das Auslesen der Daten geschaffen werden, die für alle betroffenen Bereiche übernommen werden kann.

5.2.6 Medienbrüche

Medienbrüche entstehen durch den Einsatz unterschiedlicher Technologien und Standards, bei dem Datenaustausch zwischen Maschine/Maschine und Mensch/Maschine. Bei dem Austausch zwischen Mensch/Maschine spricht man von einer Datenvermittlung zwischen realen Welten (physische Welt), in der z. B. ein Mensch ein Formular ausfüllt. Von virtueller Welt (informatische Welt) spricht man bei dem Maschine/Maschine Datenaustausch, in der Computer Daten verarbeiten.

Medienbrüche entstehen also nicht nur bei der Kommunikation von verschiedenen Unternehmen, sondern auch im eigenen Unternehmen. Als Medienbruch kann z. B. das wiederholte Erfassen von Auftragsdaten in der Produktion gesehen werden. Je komplexer die Prozesse sind, desto höher werden die Kosten für die Dateneingabe und die Anpassung der unterschiedlichen Systeme.

Mit Hilfe von RFID ist es möglich, die Schnittstellen zwischen realer und virtueller Welt zu verringern, indem weniger Daten manuell eingegeben werden, mittels Schnittstellen an andere Systeme übertragen oder für Anwender durch Bildschirmmasken zur Verfügung gestellt werden. Dadurch, dass wichtige Daten unmittelbar am Objekt gespeichert werden, sind die Daten immer auf einem Datenspeicher verfügbar und können von autorisierten Personen oder Systemen abgerufen werden.

So müssen in einem PPS-System weniger Schnittstellen vorhanden sein, und bei der Einführung neuer Systeme kann die Entwicklung zusätzlicher Schnittstellen verringert werden.

5.2.7 Rückverfolgbarkeit der Produkte

Speziell für die Produzenten in der Lebensmittelbranche ist die Rückverfolgbarkeit ein aktuelles Thema. Zu Beginn des Jahres 2005 tratt die bereits am 28. Januar 2002 verabschiedete EU-Verordnung 178/2002 in Kraft, die die Lebensmittelbranche verpflichtet, die Herstellung und Lieferung ihrer Produkte rückverfolgbar zu machen. Das hat zwar nicht zwingend unmittelbare Auswirkungen auf die Produktionslogistik, muss aber trotzdem bei der Produktion berücksichtigt werden, weswegen es hier kurz angesprochen werden soll.

Wenn ein Schaden entsteht oder die zuständigen Behörden es verlangen, sind seit dem 1. Januar 2005 alle notwendigen Informationen zu Herkunft und Verbleib der Ware offen zu legen. Es müssen also auch die Produzenten in der Lage sein, zumindest den unmittelbaren Lieferanten und den unmittelbaren Abnehmer der Ware nennen zu können. Die EU-Verordnung fordert jedoch nicht ausdrücklich eine Rückverfolgbarkeit auf Chargenebene[40], wie es zum Beispiel von der Centrale for Coorganisation (CCG) empfohlen wird, was aber von Vorteil wäre, da die Qualität verschiedener Chargen variieren kann. Die chargenorientierte Rückverfolgbarkeit hätte aber deutliche Auswirkungen auf das Tracking and Tracing[41], da bei Warenbewegungen nicht nur artikelbezogene Daten erfasst werden müssten, sondern auch zusätzlich Daten der einzelnen Herstellungschargen. Um eine chargenbezogene Rückverfolgbarkeit zu ermöglichen, muss also einerseits festgelegt werden, welcher Stoff in welchem Ausmaß rückverfolgt werden soll, andererseits müssen die chargenbezogenen Daten mit der tatsächlich zu verfolgenden Einheit verknüpft werden. [Voll04]

Bei den Lebensmittelherstellern sind zur Zeit etwa 95 % dabei, Systeme für die Rückverfolgbarkeit aufzubauen. Allerdings beschäftigt das Thema die Branche nicht erst seit der EU-Verordnung. Um die Qualität ihrer Produkte sicherzustellen, sind viele Hersteller schon länger daran interessiert und auch in der Lage, ihre Waren in der Lieferkette zu verfolgen und Warenrückrufaktionen durchzuführen. Etwas weniger als 50 % der Unternehmen verwenden dafür die europaweit gültige EAN-Codierung zur durchgängigen Kennzeichnung. 32 % der Unternehmen verwenden Barcodes unterschiedlicher Formate zur automatischen Erfassung von Rohstoffen, Hilfsstoffen und Halbfabrikaten, und bei 45 % dienen Barcodes dazu, Fertigwaren zu identifizieren. [TaKu04-ol]

In diesem Bereich bieten RFID-Systeme, mit denen alle relevanten Daten standardisiert mit der Ware verknüpft werden können, deutliche Effizienzvorteile. Eine Studie der Unternehmensberatung Deloitte aus dem Jahr 2004 und der Lebensmittel Zeitung, die die Auswirkungen der „EU-Verordnung zur Rückverfolgbarkeit von Lebensmitteln" betrachtet, ergab jedoch, dass bis ins Jahr 2009 die Unternehmen überwiegend auf die Barcode-Technologie setzen werden. Erst in der Zeit danach wird geplant, stärker in RFID-Systeme zu investieren. Vor der flächendeckenden Verbreitung von RFID-Systemen ist mit einer

---

[40] Chargenfertigung: diskontinuierliche Fertigung; d. h., bei verschiedenen Chargen können trotz gleicher Fertigungsvorgaben durch leicht unterschiedliche Produktionsbedingungen qualitative Unterschiede auftreten, z. B. Lackherstellung. Bei der Produktion wird der Fertigungseinheit eine Charge (begrenzte Werkstoffmenge) zugeführt und nach Abschluss der Fertigung komplett entnommen. [KlKr00]

[41] Tracking and Tracing: System zur Sendungsverfolgung, wobei Tracking die Ermittlung des aktuellen Status (Zustand, Ort) bezeichnet. Von Tracing oder dem Bilden einer Sendungshistorie wird gesprochen, wenn der genaue Sendungsverlauf ex post mit allen wichtigen Ereignissen rekonstruierbar ist. Tracking and Tracing bildet eine zentrale Voraussetzung für das interne und das kettenweite Monitoring und die Schwachstellenanalyse von Logistikprozessen. Indem viele Frachtführer Tracking and Tracing-Funktionalitäten über das Internet anbieten, werden Tracking- and Tracing- Bestandteil von Electronic Commerce (E-Commerce) -Systemen. [KlKr00]

Übergangsphase zu rechnen, in der RFID-Etiketten neben den EAN-Codierungen verwendet werden. Die Daten lassen sich dann sowohl mit Barcode-Scannern als auch mit RFID-Lesegeräten, die in einem Gerät kombiniert werden können, erfassen. Eine Grundlage für die Verbreitung von RFID-Systemen ist mit der Schaffung des Electronic Product Code (EPC) geschaffen, der ausschließlich auf RFID-Etiketten gespeichert werden soll, die die Waren kennzeichnen. Produktdaten (z. B. über Herstellung, Lieferung, Verfallsdaten) können dann jederzeit über das international zuständige EPC-Netzwerk abgerufen werden (genauer in Kapitel 2 beschrieben). [TaKu04-ol]

Die Kosten und Nutzen eines solchen RFID-Systems sind umstritten. In der Deloitte-Studie wurde ermittelt, dass die Mehrzahl der Unternehmen sich durch RFID-Systeme ein höheres Nutzenpotenzial verspricht, als es bei Barcode-Systemen der Fall ist. Fast 60 % versprechen sich von einem neuen System eine bessere Abwicklung bei Rückverfolgbarkeit und bei Rückrufaktionen von Produkten.

Bei der Wirtschaftlichkeitsbetrachtung zeigt die Untersuchung jedoch ein sehr gespaltenes Meinungsbild. Es sind nur 32 % der Hersteller, 45 % der Zulieferer und 49 % der Handelsunternehmen davon überzeugt, dass RFID-Systeme wirtschaftlicher seien als barcodebasierte Systeme, ca. ein Drittel aller Unternehmen sieht überhaupt keinen Unterschied und sogar 10 % bis 26 % der Unternehmen befürchten gar eine geringere Wirtschaftlichkeit von RFID-Systemen verglichen mit barcodebasierten Systemen. Die unterschiedlichen Beurteilungen lassen sich damit begründen, dass viele Unternehmen erst wenige Erfahrungen im praktischen Einsatz mit RFID-Systemen haben und die Kosten für RFID-Systemkomponenten noch deutlich höher sind als z. B. bei Barcode-Systemen. Damit RFID-Systeme auch in diesem Bereich Erfolg haben, müssen den betroffenen Unternehmen Zusatznutzen gegenüber den barcodebasierten Systemen aufgezeigt werden, wie z. B. die Pulkerfassung von Waren oder die Wiederverwendbarkeit von Transpondern. [TaKu04-ol]

Aber nicht nur in der Lebensmittelindustrie ist eine genaue Rückverfolgbarkeit der Produkte wichtig, um die Qualität der Produkte zu verbessern. Gerade in der Automobilindustrie kommt es immer wieder zu Rückrufaktionen von sehr hohen Stückzahlen. Im April 2004 musste z. B. ein deutscher Autokonzern weltweit 870.000 Autos verschiedener Baureihen wegen möglicher Beschädigungen an der Vorderachse zurückrufen [DWW04-ol]. Bei einer Rückrufaktion muss dann in der Werkstatt erst einmal überprüft werden, ob das Auto überhaupt betroffen ist. Handelt es sich dabei um schwer zugängliche Teile, ist der Aufwand, das entsprechende Teil auszubauen und zu kontrollieren, oft größer, als das Teil zu ersetzen. Vor allem, wenn bei der Überprüfung des Fahrzeugs festgestellt wird, dass die betroffenen Teile gar nicht verbaut wurden. Wenn alle Informationen zur Produktion und entsprechender Charge auf einem Transponder im Auto gespeichert werden, lässt sich durch einfaches Scannen des Transponders ermitteln, ob das Auto zu der Charge gehört, in der fehlerhafte Teile verbaut wurden. Eine aufwändige Demontage der betroffenen Komponenten entfällt.

Hierfür können kostengünstige passive Transponder verwendet werden, da die Daten unmittelbar am Transponder gelesen werden können und keine großen Reichweiten benötigt werden. Auch die hohen Lebenszeiten von über zehn Jahren und die Wartungsfreiheit sprechen bei einem solchen Einsatz für passive Transponder.

5.3 Lager

Die bereichsübergreifende Abstimmung der Managementinhalte, die mittels der Managementinstrumente beeinflusst werden sollen, um bestimmte Leistungsvorgaben zu erreichen, ist heute eine Aufgabe für das Lagermanagement. RFID als ein Baustein innerhalb der Lagertechnik ist eines dieser Instrumente, das bei der Einführung Folgen für die zu betrachtenden Parameter wie Verfügbarkeit, Betriebs- oder Lagerkosten, Servicelevel bzw. Lieferservice und Umweltvorschriften hat.

So fand eine Untersuchung von Metroplan heraus, dass die Leistung von Distributionszentren doch sehr stark auseinander driften[42]. RFID ist ein Ansatz, um ein Lager effizienter zu managen und seine Leistung zu erhöhen.

5.3.1 Bestandsplanung

Studien belegen, dass Unternehmen heute über zu hohe Bestände verfügen. Eine Befragung unter 768 Unternehmen ergab, dass 40 % bis 50 % der Firmen selbst davon ausgehen, über zu hohe Bestände zu verfügen, und einen zu hohen Flächenbedarf haben [Loma04-ol]. Gründe für zu hohe Bestände können vielfältig sein. Neben der falschen Bestandstrategie zur Auffüllung der Bestände können Fehlplanungen der Produktion oder der Bullwhip-Effekt zu hohen Beständen führen. Andererseits ist es möglich, dass aufgrund einer Fehlplanung wertvoller Lagerplatz belegt ist. Andere Produkte sind dadurch nicht mehr lieferbar, weil nicht genügend Lagerplatz zur Verfügung steht, um den entsprechenden Pufferbestand vorzuhalten, oder weil die Bestandsplanung an eine neue Situation im Unternehmen zu spät angepasst wurde.

Zu hohe Bestände an Fertig- und Zwischenprodukten werden als Hauptkostentreiber in der Logistik gesehen. [Bain03-ol]

Nimmt man RFID als technologisches Instrument im Bestandsmanagement und nimmt man die gewonnene Transparenz in der Lieferkette hinzu, d. h. betrachtet man die vorherigen und

---

[42] Die Prozesskosten sind in ausgewählten Bereichen der schlechtesten Distributionszentren durchschnittlich fast dreimal so hoch wie die der besten Unternehmen. In Bereichen wie der Kommissionierung übersteigen sie sogar den siebenfachen Wert. Bei einigen Prozessleistungen sieht es ähnlich aus. Die besten Unternehmen schaffen durchschnittlich um eine viermal höhere Prozessleistung als die schlechtesten Unternehmen. Die Bereitstellung ist sogar um mehr als das Siebenfache effizienter, der Versand um mehr als das Neunfache [Voig04, S. 38].

nachfolgenden Prozesse außerhalb des Lagers, so könnten sich die Bestände optimieren lassen. Möglich wäre eine neuartige und mehr auf Technik basierende Bestandsstrategie, die die Ursachen von Fehlbeständen zwar nicht beseitigen kann, aber durch die Datenverfügbarkeit diese analysiert und vorzeitig auf sie reagiert. Gleiches gilt für zu hohe Bestände. Können die Ursachen für hohe Bestände nicht aus dem Weg geräumt werden, könnte durch die gewonnene Flexibilität z. B. die Produktion umgestellt und der Lagerbestand so gesenkt werden.

Nur wenn die Transparenz in der Lieferkette die Probleme frühzeitig erkennbar macht, können das Lager optimal ausgelastet und die Bestände verringert werden. Das Bestandsmanagement kann flexibler reagieren und wäre ein mögliches Instrument, um die Bedarfsschwankungen vor ihrem Eintritt auszugleichen, Prozesse im Lager zu optimieren und die Durchlaufgeschwindigkeit zu erhöhen.

Die Unternehmensberatung Accenture vermutet, dass sich durch den Einsatz von RFID der Mindestlagerbestand um 10 % bis 30 % vermindern lässt [Ostl03-ol]. Die fortlaufende Bestandsoptimierung wird somit zu einer Senkung der Lagerbestände führen, und das Lager kann durch die frei gewordenen Kapazitäten effizienter genutzt werden.

Die höhere Produktverfügbarkeit soll wiederum zu weniger OOS-Situationen führen und zusätzlichen Umsatz schaffen. Eine bessere Verfügbarkeit, schnellere Lagerprozesse und weniger OOS sollen nach Studien allein 70 Mio. Euro an Zugewinn je 1 Mrd. Euro Umsatz bringen [ATK04-ol]. Das wäre eine Steigerung des Umsatzes um knapp 7 %.

5.3.2 Verfügbarkeit, Servicelevel

Der Servicelevel und die Verfügbarkeit von Produkten sind auch eine Problematik im Lager. RFID kann dazu beitragen, dass sich durch die Optimierung der Prozesse in der Lieferkette und verbesserte Zusammenarbeit die Verfügbarkeit verbessert.

5.3.3 Geschäftsprozesse und Personaleinsatz

Der Einsatz von RFID wird aber auch Geschäftsprozesse im Lager beschleunigen, und das Personal kann effizienter eingesetzt werden. Da sich z. B. die für die Inventur benötigte Zeit von Wochen und Monaten auf wenige Minuten und Stunden reduzieren lässt, kann diese Zeitersparnis helfen, Überstunden abzubauen. Eine Reorganisation und strukturelle Änderung der Geschäftsprozesse, weil z. B. mehrere Prozesse in einem Schritt abgewickelt werden können oder die Leistung durch die Technologie zugenommen hat, kann nicht nur zu einer Beschleunigung der Prozesse führen, sondern auch zu einer besseren Auslastung des Personals. Durch den Einsatz von RFID lassen sich niedrigere Arbeitskosten realisieren, insbesondere bei Annahme, Lagerung, Kommissionierung und Versand von Waren.

Auf der einen Seite kann also Personal effizienter eingesetzt werden, auf der anderen Seite wird es durch die Prozessoptimierung auch produktiver. [GCI04, S. 11]

Es wird geschätzt, dass sich z. B. allein im Wareneingang und -ausgang rund 8 % bis 10 % an Zeit einsparen lässt, wenn eine Palette komplett erfasst wird [Ostl03-ol]. Außerdem geht man davon aus, dass in Warenlagern und Geschäften insgesamt weniger Personal benötigt wird und sich die Personalkosten um bis zu 10 % senken lassen. [ATK04-ol]

Welche Auswirkungen RFID im Einzelnen auf die Geschäftsprozesse im Lager haben kann, wird in Tabelle 7 aufgeführt.

Einsatzbereich/ Anwendungsgebiet	mögliche Prozessverbesserung	
	individuell	prozessübergreifend
Wareneingang:		
■ Entladung *	■ automatisiertes Erkennen der Ware, insbes. Größe und Anzahl benötigter Lagerplätze	■ Prozessbeschleunigung durch Automatisierung, insbesondere Selfscanning und Pulkerfassung
■ Eingangskontrolle (auch Warenausgangskontrolle)	■ Öffnen von Verpackungsmaterialien entfällt (weniger Beschädigungen/Material) ■ sofortige Fehl-, Falsch- oder Mängellieferungen erkennbar und bedingte Schadenskontrolle (auch durch Sensorerfassung) möglich, unverzügliche Schadensmitteilung an Lieferant/Kunden ■ Unterstützung der Kennzeichnungskontrollen (DIN, Aufdrucke, Typenschilder) ■ sofortiger Mengenabgleich mit Bestellmenge	■ Unterstützung vollautomatischer Lager, vom Wareneingang bis zum Ausgang ■ Automatisches Erkennen von Artikeln und Transporthilfsmitteln ohne physische Ausrichtung ■ weniger Fehler durch äußere Einflüsse oder falsch ausgerichtete Ware ■ belegloser Austausch von Informationen (über Transponder möglich/Signatur ggf. auf Transponder schreibbar/Lieferscheine nicht mehr notwendig) ■ laufende Diebstahl-, Bewegungs- und Zustandskontrolle (Monitoring)
■ Lagerplatzzuordnung	■ *)Automatisch bei der Entladung bereits Lagerplatzzuordnung und -reservierung	■ automatisierte Schadensmeldungen (z. B. durch Sensoren)
■ Einlagerung	■ Positionsortung und Navigation der Förder- und Transportmittel	

Lagerabwicklung: ■ Lagerhaltung, Inventur	■ Positionsortung und Inventur in Echtzeit (insbesondere bei großen Freilagern) ■ chaotische Lagerung möglich ■ laufende Bestandsoptimierung ■ Materialdisposition wird unterstützt (automatisierbar), durch auslösen automatischer Bedarfsmeldungen, ggf. auch Bestellungen (z. B. aus der Produktion heraus) und Planung der Kapazitäten, Kontrolle anhand tatsächlichem Bestand	■ Unterstützung des Warenumschlags, z. B. falls sofortiger Weitertransport notwendig (Cross Docking) ■ Eindeutige und sichere Zuordnung von Waren zu Container/Transport(hilfs)-mitteln (vermeidet auch Fehllieferungen) ■ automatisierte EDI-Mitteilungen an vor-/nachgelagerte Stellen über Auftragsstatus
■ Um- und Auslagerung	■ automatische Zuordnung von Umlagerungskapazitäten bei Entnahmen (Optimierung der Kapazitäten) ■ dynamische Anpassung von Lagerstrategien und -strukturen (Schnell-/Langsamdreher)	
■ Kommissionierung	■ Handhabungs- und Verpackungsvorschriften werden gegeben ■ Prioritätensteuerung	
Warenausgang: ■ Ladungssicherung, Packen	■ Vorschriften zur Ladungssicherung können gegeben werden ■ Wiederverpacken entfällt ggf. bei sortenreinen Paletten	

■ Bereitstellung ■ Verladung	■ automatisierte Belegausgabe/ggf. digitale Übertragung ■ automatisierte Meldungen an Spediteur, dass Ware bereitgestellt wurde ■ automatisierte Empfangsbestätigung, Annahmenachweise ■ Fahrerbenachrichtigung über fertig verladene Ware	

Tabelle 7: *Von RFID unterstützte Prozessverbesserung im Lager*

5.4 Kosten und Einsparungspotentiale, Return-on-Investment

Fraglich ist, inwieweit RFID nachhaltig Einsparungen erbringt, sei es durch Prozessverbesserung als auch durch die Erhöhung des Umsatzes. Derzeit werden wohl eher hochwertige Artikel oder die Möglichkeit, Transponder erneut zu nutzen, Anwendung finden.

Denn die Kosten, die für eine RFID-Einführung anfallen, sollten nicht unterschätzt werden. Ein zeitnaher Return-on-Investment (ROI) ist bei den heute noch relativ hohen Hardwarekosten für Transponder, Lese-/Schreibgeräte und Drucker als auch für die Integration von Hard- und Software in die unternehmenseigene IT nicht zu erwarten. Das strategische Potential und der

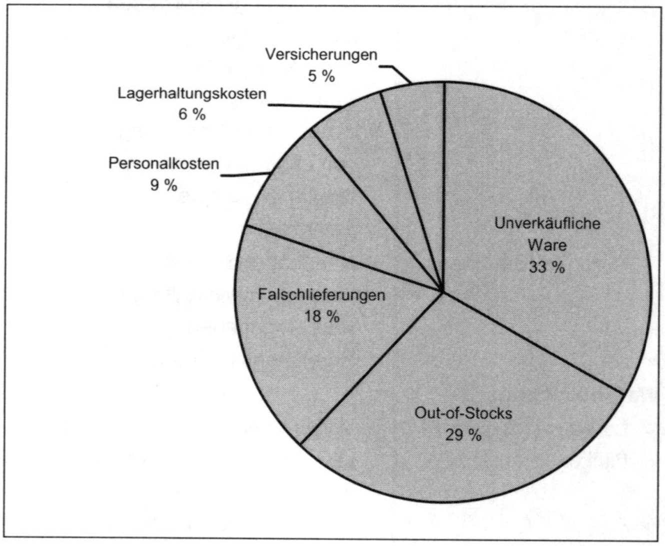

Abbildung 34: *Anfänglicher und im ersten Jahr erzielbarer Nutzen für Hersteller* [ATK04, S. 2]

mögliche Mehrwert durch RFID lassen sich auch schlecht einschätzen und sind nicht immer sofort im Voraus erkennbar. Nur wenn sich messbare Prozessverbesserungen durch die Technik ergeben, die sich in gesunkenen Kosten quantifizieren lassen, ist eine Bewertung möglich, wobei sich Vorteile des RFID-Einsatzes meist über die gesamte Wertschöpfungskette ziehen und eine logische Kombination der Verbesserungen und Einsparungen dann am sinnvollsten ist.

Trotzdem sind, insbesondere bei der Bewilligung von Projekten und Investitionen in Technologien, Wirtschaftlichkeitsberechnungen notwendig.

Einer in 2004 von A.T. Kearney aufgestellten Modellrechnung im Rahmen der Studie zufolge, schlagen im Handelsbereich die Kosten für eine Einführung von RFID mit etwa 300.000 Euro pro Warenverteilzentrum zu Buche. Die Ausrüstung für jedes weitere Geschäft eines Händlers wird derzeit noch einmal auf etwa 50.000-100.000 Euro geschätzt. Den Hauptteil der Kosten wird die Integration in den gesamten Organisationsprozess verursachen. Beratungsunternehmen rechnen dabei mit zweistelligen Millionenbeträgen. Doch die Händler können auch mit Einsparungen rechnen. So prognostizierte das Beratungsunternehmen für die Einzelhändler ein Einsparpotential bei den Lagerkosten um bis zu 5 %, während die Personalkosten sich um bis zu 10 % reduzieren lassen. Dies entspricht im deutschen Einzelhandel einer Summe von 6 Mrd. Euro im Jahr.

In der Studie wird aber auch darauf hingewiesen, dass einige Konsumgüterhersteller zunächst mit höheren Belastungen rechnen müssen und sich erst später ein Nutzen für sie ergibt. Für die Hersteller hängen diese höheren Kosten dann von der hergestellten Menge an Produkten ab (Anbringung der Transponder auf Paletten, Verpackungseinheiten und Produkten), während es sich bei den Kosten für die Händler größtenteils um fixe Kosten handelt. Hinzu kommt, dass Hersteller, die hochwertige Waren produzieren, von einer besseren Warenverfügbarkeit eher profitieren. Hersteller von günstigen Waren, wie z. B. Nahrungs- und Lebensmitteln, die kostengünstige Produkte in großen Mengen verkaufen, dagegen eher weniger. Bei einer Auszeichnung auf Artikelebene werden diese kaum von RFID profitieren, und bei den derzeitigen Transponderpreisen wird auch in naher Zukunft der Nutzen die Kosten nicht aufwiegen.

Bei einer im Rahmen der genannten Studie durchgeführten Analyse zweier Hersteller mit vergleichbaren Umsatz wurde festgestellt, dass der Hersteller von Lebens- und Nahrungsmitteln sich um 130 Mio. Euro deutlich schlechter stellt. Deshalb raten Analysten den Herstellern dazu, den Nutzen gründlich zu prüfen. Dazu ist es notwendig sich klarzumachen, ab wann welche Einheiten (Paletten, Waren) mit Transpondern ausgerüstet werden (Charge, Palette) und sich die Technologie lohnt. Falls RFID in Frage kommt, wird nach Angaben von A.T. Kearney derzeit eine selektive und zeitlich gestreckte Einführung wohl die beste Strategie sein. [ATK04-ol]

Darüber hinaus hat IBM gemeinsam mit dem AutoID-Center verschiedene Whitepaper über die Wirtschaftlichkeit erstellt. Diese basieren auf den Ergebnissen bereits umgesetzter Installationen. Die Berechnung der Wirtschaftlichkeit in einem Logistikzentrum ergibt dabei ein drastisch besseres Ergebnis bei einer Identifikation auf der Behälterebene. [Span04, S. 135]

In welchen Bereichen sich zusätzlicher Nutzen entlang der Supply Chain ergeben kann, soll Tabelle 8 veranschaulichen. Sie soll lediglich einen Überblick geben, denn je nach Einsatzobjekt wird der tatsächlich erzielbare Nutzen variieren.

Anwendungsmöglichkeit	**Einsatzgebiet** (abhängig vom jeweiligen Einsatzobjekt)							**Einsatzobjekt**			
	Hersteller & Produktion	Lager und Warenumschlag	Kommissionierung	Innerbetriebliche Transporte	Überbetriebliche Transporte	Kunden, Konsumenten	Recycling & Entsorgung	logistische Einheiten	Transporthilfsmittel/Behälter	Investitionsgüter	Artikel (hochwertige)
Kennzeichnung und Identifikation (Track & Trace)	●	●	●	●	●	●	●	●	●	●	●
Unterstützung und Überwachung von Prozessen	●	●	●	●	●	○	⊙	●	●	●	●
Vermeidung von Prozessfehlern	●	●	●	●	●	○	●	●	●	●	●
Zustandsüberwachung (Sensorik, Monitoring)	●	●	●	●	●	●	●	●	●	●	●
Lokalisierung, Positionsortung	●	●	⊙	●	●	●	●	●	●	●	●
Digitales Quittieren und Lieferscheine	●	●	⊙	●	●	○	⊙	●	●	●	●
Wartung von Investitionsgütern	●	●	○	○	○	●	●	○	●	●	○
Management von Behältern, Transporthilfsmitteln	●	●	⊙	●	●	⊙	●	○	●	○	○
Rückverfolgbarkeit und EU-VO 178/2002	●	●	○	●	●	●	○	●	●	●	●
Schwund, Diebstahl	●	●	⊙	●	●	●	○	●	●	●	●
Plagiatschutz	●	○	○	○	⊙	●	○	○	○	●	●
Verfügbarkeit, OOS	●	●	⊙	●	⊙	●	○	●	○	○	●

PLM	●	○	○	○	○	●	○	○	●	●	●
Entsorgung	●	○	○	◉	●	●	●	○	●	●	●
CRM, Serviceangebote	◉	○	○	○	○	●	◉	○	○	○	●
Forschung & Entwicklung	●	○	○	○	○	●	◉	○	◉	●	●
Beschaffungsmarktpflege	●	○	○	○	○	○	○	●	●	●	●
Prozessoptimierung	●	●	●	●	●	◉	●	●	●	●	●
Neue Geschäftprozesse und Produkte	●	●	◉	◉	◉	◉	●	○	●	●	●

Tabelle 8: *Nutzen der Anwendung von RFID in bestimmten Einsatzgebieten*

● Einsatz bringt zusätzlichen Nutzen/wird bereits eingesetzt

◉ Einsatz bringt teilweise zusätzlichen Nutzen ○ so gut wie kein Nutzen

Teil 6

Der Einsatz von RFID in der Unternehmenslogistik

Der Einsatz von RFID in der Unternehmenslogistik

6. Der Einsatz von RFID in der Unternehmenslogistik

Der Einsatz der RFID-Technologie unterliegt in der Logistik, wie bei den meisten Technologien, einem stetigen Lernprozess, der durchlaufen wird. Neben der Bereitschaft, bestehende Geschäftsabläufe neu zu gestalten, um Vorteile erzielen zu können, gehört dazu auch die Planung der Einführung eines neuen Systems bzw. einer neuen Technik oder auch die Erweiterung von bestehenden Systemen. [Span04, S. 128]

Fraglich ist auch, in welchen Bereichen mit dem Einsatz von RFID zuerst begonnen werden sollte. Scheinbar ermöglichen die Verwendung und Identifikation auf Behälterebene die meisten Einsatzmöglichkeiten im Gegensatz zum Einsatz auf Palettenebene. Aufwand und Komplexität sind dann natürlich höher als auf Palettenebene, da Behälter ggf. nicht nur unterschiedlich dimensioniert sind, sondern auch unterschiedliche Einflussfaktoren betrachtet werden müssen, wie beispielsweise beim Einsatz von offenen oder geschlossenen Systemen. Deshalb sollte zuerst einmal mit einem einfachen Einstieg begonnen werden (z. B. Paletten), um danach weitere Transporthilfsmittel (z. B. Container) mit Transpondern auszurüsten oder Produkte damit zu kennzeichnen.

6.1 Integration von RFID in die Supply Chain

Zur Einführung der RFID-Technologie haben verschiedene Unternehmen und Gremien Stufenpläne entwickelt, wie z. B. die Global Commerce Initiative (GCI) und IBM, die aber hier nicht weiter betrachtet werden sollen [Inte04b] [GCI04, S.13-17]. Auch verschiedene Labors bieten angesichts der nahezu unüberschaubaren Konsequenzen, die sich aus dem Einsatz von RFID ergeben, Anwenderschulungen an, wie z. B. das RFID-Labor des Logistischen Demonstrations- und Versuchsfeldes am Fachgebiet Logistik der Universität Dortmund [Flog04-ol]. Eine Aufstellung einiger Labors befindet sich im Anhang. Darüber hinaus haben verschiedene Firmen wie Metro oder IBM Hotlines zum Thema eingerichtet.

Vorteilhaft ist es auch, auf das Wissen professioneller Partner zurückzugreifen, die durch verschiedene Projekte schon umfangreiche Erfahrungen sammeln konnten. Schließlich ist es wichtig, dass die Entwicklung von RFID-Lösungen auf der physikalischen Ebene (Technologieauswahl) erfolgt, damit diese ihr volles Potential entfalten kann. [Span04, S. 136f]

6.2 Stand der Technik, Middleware

Ohne die entsprechende Anwendungssoftware und standardisierte Schnittstellen können Informationen nicht ausgelesen und ausgetauscht werden. Auch muss eine entsprechende virtuelle Infrastruktur geschaffen werden, um die Datenbanken mit benötigten Informationen zu füllen bzw. die Informationen an den benötigten Stellen zur Verfügung zu stellen und eine versorgungskettenübergreifende Kommunikation zu ermöglichen. Dazu ist es notwendig, eine integrierte, leistungsfähige Middleware[43] einzusetzen. Sie filtert und verwaltet als zwischengeschaltete Station die aufkommenden Datenströme und stellt diese internen und externen Partnern sowie den eigenen ERP-Systemen zur Verfügung. Zum einen muss eine geeignete Middleware nur die benötigten Daten ausfiltern, weil die ERP-Systeme in aller Regel nur einen Bruchteil der Informationen benötigen. Zum anderen muss sie Daten weiterleiten, damit alle an der Wertschöpfungskette beteiligten Unternehmen von den gewonnenen Daten profitieren können und Reibungsverluste vermieden werden. Weitere Daten, die nicht durch andere Systeme weiterverarbeitet werden, können gespeichert werden. An der Middleware werden in aller Regel herstellerunabhängige weitere Systeme angeschlossen.

RFID in Kombination mit der Middleware fungiert damit, unabhängig von Formaten oder Kommunikationsprotokollen, als eine zentrale Schnittstelle zwischen den ERP- und EAI-Systemen. Sämtliche Datenbanksysteme können angeschlossen und mit Daten versorgt werden. Die Analyse und Weiterverarbeitung der RFID-Daten können dadurch effizienter gestaltet werden. [ML04-ol]

Für die Datenweiterleitung sind in den letzten Jahren neue Technologien entwickelt worden, wie z. B. Electronic Data Interchange (EDI) oder das Internet. Ohne den unternehmensübergreifenden elektronischen Datenaustausch mittels EDI wären die Partner informationstechnisch voneinander abgeschottet gewesen [Pfla01, S. 1]. Diese Schlüsseltechnologien können neben den existierenden RFID-Standards eine Kommunikation auf Softwareebene zwischen den Unternehmen erreichen.

Hersteller von Hard- und Software haben bereits seit Ende 1999 Module vorgestellt und spezielle Schnittstellen für erste logistische Anwendungen zur Verfügung gestellt. Mittlerweile werden viele Anwendungssysteme bereits standardmäßig mit der Möglichkeit der RFID-Integtration angeboten, oder eine standardisierte RFID-fähige Komponente kann zusätzlich erworben werden.

So verkündete SAP bereits auf der Sapphire 2002, dass mittels des Einsatzes von RFID und SAP-Software OOS-Situationen in den Regalen des Einzelhandels vermieden werden können. SAP stellte auch gleichzeitig einen Prototypen des Systems vor [Terz04-ol]. Seit

---

[43] Softwareschicht über dem Betriebssystem, die bestimmte Datenstrukturen und Operationen zur Verfügung stellt, die es Prozessen und Benutzern auf weitverteilten Maschinen erlaubt, konsistent zu interagieren [Tane02, S. 589]. Sie stellt Dienste für Anwendungssoftware zur Verfügung.

Mitte 2004 ist die angekündigte und bei Pilotkunden, wie z. B. Metro Group, bereits erprobte Lösung auf dem Markt. Sie umfasst neue Komponenten und Module. Nach Angaben von SAP ist damit eine nahtlose Integration in jede Systemumgebung über den hauseigenen Web Application Server möglich. Die RFID-kodierten Daten können direkt in die Geschäftsprozesse eingebunden werden. Warenfluss und Lieferkette sollen sich lt. SAP präzise überwachen und planen lassen. [IX04b]

Was an RFID-Modulen und technischen Einrichtungen schließlich eingesetzt wird, ist während der Integrationsphase abzuklären. Die Auswirkungen des RFID-Einsatzes auf die Systemhardware hängen insbesondere von der eingesetzten Software und den zu übertragenden Daten ab. Je mehr Daten übertragen werden, desto eher kann es sein, dass bestehende Netzwerke an ihre Leistungsgrenzen geraten. Wurde im Vorfeld eine Optimierung der Daten durch eine leistungsfähige Middleware durchgeführt und kann die Hardware darauf eingestellt werden, ist dies eher unproblematisch. Problematisch hingegen kann die Verwendung eines ungefilterten Datenaufkommens werden. So wurde von Intel und Siemens errechnet, dass z. B. bei einem Einsatz auf Artikelebene bei WalMart (über 5.000 Filialen) und ungefiltertem Informationsfluss täglich ca. 9 Terrabyte an Daten anfallen. Welches System kann solch einen Datenstrom schon problemlos bewältigen?

6.3 Testlabors & Forschungsstandorte

Zur Erprobung des RFID-Einsatzes haben Hersteller von Hard- und Software in Kooperation von Handelsunternehmen und Logistikdienstleistern in den vergangenen zwei Jahren vielfältige Pilotprojekte begonnen. Im Rahmen der meisten Projekte hat sich gezeigt, dass vielfach die beteiligten Unternehmen sich erst mit der neuen Technologie auseinander setzen müssen, bevor an eine Einführung zu denken ist. Hierbei entstanden mehrere Testlabors. Die bekanntesten werden hier aufgeführt, wobei die Liste keinen Anspruch auf Vollständigkeit erhebt, da auch andere Hersteller mittlerweile mit Testlabors nachziehen.

Standort:	Neuss
Hauptträger:	Metro Group im Rahmen der Metro Group Future Store Initiative
Daten:	1.300 m²
Eröffnung:	07.07.2004
Erforschung/Bereiche:	insgesamt 30 Anlagen und Einrichtungen zur Erprobung, RFID bei der Kommissionierung, im Lagermanagement, im Warenhaus, im Verbrauchermarkt und im Haushalt/Schulungs- und Kommunikationszentrum/Test der

	Technologie unter Praxisbedingungen
Ausrichtung:	Lieferanten, Partner, Handel
Internet:	http://www.innovation-center.metrogroup.de

Tabelle 9: *Testlabor – Innovation Center*
[Metr04a, S. 10] [Metr04c, S. 29] [Metr04d, S. 34]

Standort:	Magdeburg, Fraunhofer Institut für Fabrikbetrieb und -automatisierung (Fraunhofer IFF)
Hauptträger:	Fraunhofer IFF, Intel, Siemens Business Service
Daten:	1.800 m²
Eröffnung:	23.06.2004
Erforschung/Bereiche:	Test-/Entwicklungslabor zur Ermittlung der Praxistauglichkeit von RFID in der Logistik, insbesondere Prozessanalysen, Kosten/Nutzen-Analysen, Softwareentwicklung und -anpassung, Demonstratoren und ausleihbare RFID-Hardware
Ausrichtung:	Forschung
Internet:	http://www.logmotionlab.de

Tabelle 10: *Testlabor – Logmotionlab*
[Log05-ol]

Standort:	St. Gallen
Hauptträger:	ETH Zürich, Universität St. Gallen, Auto-ID Center am MIT
Daten:	eines von weltweit 6 Forschungszentren, die aus dem 1999 gegründeten Auto ID-Center am Massachusetts Institute of Technology (MIT) hervorgegangen sind
Eröffnung:	07/2001-06/2003 (Phase I), seit 07/2003 (Phase II)
Erforschung/Bereiche:	Durchführung von 10 unternehmensspezifischen Projekten, Aufbau von 6 lauffähige Demonstratoren, Entwicklung von 4 Business-Cases, Durchführung von Innovationsworkshops, Aufbau von Technologie-Know-how/seit 07/2003 (Phase II): Intensivierung der Forschung im Bereich RFID/AutoID
Ausrichtung:	Forschung, Ubiquitous/Pervasive Computing (UbiComp),

	Ermittlung des betriebswirtschaftlichen Nutzens smarter Dinge
Internet:	http://www.m-lab.ch, http://web.mit.edu/auto-id/

Tabelle 11: *Testlabor – M-Lab (Auto-ID Center Lab St. Gallen) [ChFM03, S. 1]*

Standort:	Dortmund
Hauptträger:	Universität Dortmund
Daten:	-
Eröffnung:	-
Erforschung/Bereiche:	RFID-Anwenderschulung, verschiedene Forschungsvorhaben, Ausarbeitung von Studien, Beratung, Wirtschaftlichkeitsanalysen, Systemvergleiche und -tests, Transponderbelastungstests, Erstellen von Fachartikeln, Hilfe bei der Systemimplementierung, Seminar- und Messeveranstaltungen, Richtlinienarbeit
Ausrichtung:	Industrie und Handel/Forschung
Internet:	http://www.uni-dortmund.de/flog

Tabelle 12: *Testlabor – Flog/Kompetenzzentrum/LogIDLab [Flog04-ol]*

Software	Hersteller	Beschreibung	Anbindungsmöglichkeiten
Logistic Consulting and Solutions (LoCaS)	T-Systems	mobile Kassenlösung Integration in Warenwirtschaftssysteme, ERP	SAP R/3 Microsoft Navision
Trading Partner Management-Systems (TPM)	Manhatten Associates	ermöglicht Datenaustausch zwischen Unternehmen in Echtzeit Supply Chain Execution System	
ViaWare	Provia	Warehouse-Management-	

	Software	System Supply Chain Execution System	
SAP Auto-ID Infrastructur	SAP	System für SAP Netweaver integriert Funktionen für das Prozessmanagement	SAP R/3 (> 4.6c)
WarehouseManager, AutomationManager	Swisslog		
Oracle Application Server 10g	Oracle	Funktionen für RFID und EPC enthalten	
RFID Processor	Peoplesoft		

Tabelle 13: *Software zur Verfolgung von Warenströmen*

Artikel	Anbieter/Hersteller	Beschreibung
Kombipaket aus Hard- und Software	Manhatten Associates (Warehouse-Management-Systeme, Trading Partner Management) Printronix (RFID-Drucker) Alien Technology (Smart Labels und Lesegeräte)	Smart Labels werden mit EPC beschrieben Software verbindet Unternehmen über das Internet (Supply Chain Execution)
Rundum-Paket für RFID-Neulinge/Starter-Sets für beteiligte Unternehmen am RFID-Rollout der Metro Group	Siemens Business Services SAP Intel	Implementierung sowie Beratung ist im Fixpreis enthalten, das Paket gibt es in drei Varianten für verschiedene Geschäftsszenarien
Kombilösung für den Einzelhandel sowie für die komplexeren Anforderungen in der Fertigungsindustrie, dem Flugzeugbau sowie der Hightech-Branche	SAP (Netweaver) Infineon (You-R Open u. Hardware)	durchgängige Lösung Plattform deckt die ganze Bandbreite von RFID-Tags bis hin zu Unternehmensanwendungen sowie den damit verbundenen Hard- und Softwareprodukten und

		Services ab
Starter-Sets für beteiligte Unternehmen am RFID-Roll-Out der Metro Group	IBM (Komplettlösung)	Starter-Sets sind in verschiedenen Größen erhältlich

Tabelle 14: *Kombilösungen aus Hard- und Software*

Teil 7

RFID – weitere Anwendungsbereiche

RFID – weitere Anwendungsbereiche

7. RFID – weitere Anwendungsbereiche

Technischer Fortschritt, Leistungssteigerungen sowie Kostenreduktion ermöglichen der RFID-Technik in zahlreichen Anwendungen, Prozesse positiv zu beeinflussen und zusätzlich neue Einsatzgebiete zu erschließen. Der betrachtete Einsatz innerhalb der Logistik ist aus den bisher identifizierten Gebieten eines von vielen. Als der Begriff Supply Chain noch nicht bekannt und definiert war, wurde dort teilweise schon RFID eingesetzt.

Doch das Potenzial der RFID-Technologie ist noch nicht erschöpft, so dass ständig weitere Einsatzgebiete hinzukommen [ÖWH+04, S.18]. Die nachfolgend beschriebenen Beispiele sollen vorrangig einen Einblick in die bereits bestehenden praktischen Anwendungsmöglichkeiten der Gegenwart geben und den Blick über den Tellerrand hinaus ermöglichen. Darüber hinaus werden die Zukunftsentwicklungen sowie neue mögliche Anwendungen in diesen Bereichen erläutert. Tabelle 15 gibt einen kurzen Überblick über die beschriebenen RFID-Anwendungen und bildet die Grundlage für die folgenden Ausführungen.

Anwendungs-bereich	Objekt	Nutzen der Anwendung
Entsorgung	Müllbehälter	Gerechtes, transparentes und leistungsbezogenes Abrechnungssystem, Gebührensparen durch Müllvermeidung, Einsparpotential für die Entsorgungsunternehmen etc.
Bibliothek	Bücher, DVD, CD etc.	Selbstverbuchung der Medien, automatisierte Rückgabe, mehr Ordnung in den Regalen, Diebstahlschutz etc.
Tierhaltung	Rinder, Hunde, Katzen etc.	Herkunftsnachweis für Tiere, Identifikation von Tier und Besitzer, automatische Tierfütterung, Eindämmung von Tierseuchen, Auffinden von verloren gegangenen Tieren etc.
Sport-veranstaltung	Sportler	Automatische Erfassung der einzelnen Sportler bei Großveranstaltungen, Erfassen der Nettozeit und Zwischenzeiten, schnellere Auswertung und exakte Ergebnisse etc.
Ticketing	Eintrittskarten, Fahrausweise,	Kontaktlose, bequeme, sichere und schnelle Kontrolle in den Zutrittsbereichen,

	Skipässe etc.	Fälschungssicherheit der Tickets, Einsparung von Personalkosten durch automatische Kontrollen, erhöhtes Sicherheitsniveau etc.
Zutrittskontrolle	Schlüssel, Chipkarten, Armbänder etc.	Sicherer und komfortabler Zutritt zu geschützten Bereichen, flexible Verwaltung der Zutrittsberechtigungen, Erweiterungsmöglichkeiten etc.
Zufahrtskontrolle	Kfz, Lkw und andere Fahrzeuge	Automatisches und komfortables Öffnen von Einfahrtsschranken zu gesicherten Geländen, Vermeidung von Rückstaus an Einfahrtsbereichen tc.
Diebstahl-sicherung	Konsum- und Luxusgüter, Kfz-Wegfahrsperre etc.	Einfache Warensicherung, Kontrolle auch ohne Sichtkontakt zum Gegenstand, Alarmsignal bei unerlaubten Entfernen von Gegenständen etc.
Sonstige Anwendungen	Ausweisdokumente, Personenidentifikation durch Implantate, Medikamentenverfolgung, Patientenbetreuung, Fluggepäckverfolgung, Dokumentation von Wartungsarbeiten, Kennzeichnung von Ausstellungsstücken, Verwaltung von Bierfässern, Kennzeichnung von Wäsche- und Kleidungsstücken, Pferdesattel-Identifikation, Strandkorb-Verwaltung, Einsatz in der Verhaltenbiologie etc.	

Tabelle 15: *Anwendungsbereiche der RFID-Technologie*

In den folgenden Anwendungsbereichen werden jeweils die gegenwärtig umgesetzten RFID-Lösungen und anschließend mögliche Zukunftsaussichten betrachtet. Allerdings verlaufen die Grenzen zwischen Gegenwarts- und Zukunftsanwendungen fließend und machen daher eine genaue Abgrenzung schwierig. Für die vorliegenden Ausführungen soll die **Gegenwart** so verstanden werden, dass RFID-Anwendungen, die bereits in der Vergangenheit eingeführt wurden, auch zum jetzigen Zeitpunkt sowie in der Zukunft Bestand haben. Hier ist speziell die Umsetzung der RFID-Technik in der Praxis gemeint, also in welchen Bereichen und Branchen diese Technologie heute bereits mit Erfolg eingesetzt wird. Die **Zukunft** grenzt sich durch mögliche Weiterentwicklungen der Technologie oder neuer Einsatzbereiche ab. Laborversuche u. Ä. sind ebenfalls als mögliche Anwendungen der Zukunft zu betrachten, da diese noch keine konkrete Umsetzung darstellen. Hierzu zählen des Weiteren Theorien oder mögliche Einsatzszenarien, sofern diese formuliert werden können.

7.1 Entsorgung

Die umweltverträgliche Müllentsorgung sowie die Kosten zur Unterhaltung der Mülldeponien belasten private Haushalte und Industrieunternehmen. Ein Pauschalpreis für die Entsorgung bietet keine gerechte Kostenbeteiligung aufgrund der unterschiedlich produzierten Müllmengen. Um die entstehenden Kosten in der Müllentsorgung möglichst transparent zu halten und entsprechend gerecht zu verteilen, wäre eine automatische Erfassung der jeweiligen Müllmengen sinnvoll.

7.1.1 RFID in der Anwendung

Durch den Einsatz der RFID-Technologie wird eine verursachergerechte Abrechnung ermöglicht. Monatliche Pauschalen für die Entsorgung können durch eine individuelle Abrechnung, die der tatsächlichen Müllmenge entspricht, ersetzt werden. Hierzu werden die Müllbehälter der einzelnen Kunden mit Transpondern und die Sammelfahrzeuge des Entsorgungsunternehmens mit automatischen Lesesystemen sowie mit Wiege- oder Volumenmesssystemen ausgestattet. Beim Entleeren des Müllbehälters kann der Transponder ausgelesen und die angefallene Müllmenge nach Gewicht oder Volumen ermittelt werden. Der Transpondercode resp. die Kundennummer und die jeweilige Müllmenge werden auf einer Chipkarte im Bordcomputer des Müllfahrzeuges gespeichert und später zur Weiterverarbeitung und Fakturierung an die Betriebszentrale übermittelt. Dem Kunden, vielmehr dem Müllverursacher, kann nun, entsprechend der regionalen Gebührenstaffelung, eine Rechnung gemäß der angefallenen Abfallmenge zugestellt werden. [Fink02, S.391]

In Deutschland wird diese Art der Müllentsorgung in verschiedenen Großstädten wie Bremen, Köln und Dresden sowie zahlreichen Kommunen bereits eingesetzt [Fink02, S.393]. In Schweden führten bereits rund 10% aller Kommunen Mülltonnen mit Transponder ein [MKS+04-ol, S.15]. Insgesamt entstehen verschiedene Vorteile für Kommunen, Entsorger und Bürger durch die Nutzung von RFID bei der Entsorgung. Die Gemeinden können z. B. die Routen der Müllwagen genau verfolgen und die verrechneten Kosten der Entsorgungsbetriebe überwachen sowie die Fahrstrecken gegebenenfalls optimieren. [Tagn04-ol, A]

Weitere Vorteile der Kommunen sind:

- Drastische Reduzierung der Widersprüche und Akzeptanz der Gebührenbescheide
- Bürgerfreundliches, transparentes und leistungsbezogenes Abrechnen
- Permanente Auskunftsfähigkeit bei Bürgeranfragen
- Leistungstransparenz gegenüber dem Entsorgungsunternehmen
- Aussagekräftige Statistiken für evtl. Optimierungen

Vorteile auf Seiten der Entsorger sind:

- Kostensenkung durch hohe Transparenz für Logistik und Finanzen
- Statistiken für Fahrzeugauslastung, Schüttungszeiten, Fahrstrecke etc.
- Einsparpotential für die Fahrzeugflotte durch Tourenoptimierung und Tourenbeschleunigung
- Bedeutend weniger Reklamationen durch exakte Entsorgungsnachweise
- Vermeidung von „Schwarzentleerungen“

Vorteile für die Bürger:

- Gerechteres Gebührensystem
- Hohe Transparenz der Gebührenentscheide
- Gebühreneinsparung durch Müllvermeidung [Moba04-ol]

7.1.2 Zukunftsaussichten

Zwar noch ein Zukunftsprojekt, aber bereits für Barcelona in der Planung, ist die Entleerung nach Bedarf. Getestet werden derzeit Mülltonnen mit integriertem RFID-Transponder, die über Sensoren feststellen können, ob der Müllbehälter voll ist oder nicht. Im Vorbeifahren, ohne anzuhalten, werden die Mülltonnen ausgelesen und somit geprüft, ob sie geleert werden müssen oder nicht [Hill04-ol]. Ein Schritt weiter wäre das Entleeren auf Verlangen. Die Müllfahrzeuge würden dann nur noch zur Entleerung gerufen, wenn die integrierten RFID-Transponder mit Sensoren feststellen, dass die Mülltonne geleert werden soll. [MKS+04-ol, S.15]

Eine weitere Möglichkeit in der Zukunft könnte die Identifizierung des Mülls selber sein, um so eine Aussortierung und ökologische Entsorgung zu gewährleisten. Dazu müssten allerdings alle zu entsorgenden Gegenstände mit entsprechenden Transpondern markiert werden. Die europäische Richtlinie 2002/96/EG über Elektro- und Elektronik-Altgeräte, auch WEEE-Richtlinie genannt (Waste from Electrical and Electronic Equipment), fordert allerdings bereits seit August 2005 die Mitgliedsstaaten der EU auf, Elektronikgeräte getrennt vom Hausmüll zu sammeln und zu entsorgen. Insbesondere Hersteller werden in diesem Zusammenhang dazu verpflichtet, die Geräte recycling-freundlich zu entwickeln sowie Altgeräte zukünftig zurückzunehmen und entsprechend zu entsorgen. Um dieser Pflicht nachzukommen, könnte die Ausstattung der Geräte mit RFID-Transponder unterstützend helfen, indem entsorgte Elektrogeräte über die Radiofrequenz Identifikation aussortiert und einem Hersteller zugeordnet werden. So können in Zukunft auch nicht visuell identifizierbare Geräte (sogenannte No-Name-Produkte oder weiße Ware) erfasst werden und zum Hersteller zurückgelangen. [KuP04-ol]

7.2 Bibliothek

7.2.1 RFID in der Anwendung

Besonders das Ein- und Ausbuchen sowie die Bestandsverwaltung der Medien (Bücher, DVDs, CDs, etc.) bedarf eines hohen Zeit- und Personalaufwands. Auch das Entwenden und Verstellen von Büchern erfordern zur Wiederherstellung der Ordnung viel Personaleinsatz und Zeit. Eine Beteiligung der Bibliotheksbenutzer an einzelnen Tätigkeiten sowie die RFID-Kennzeichnung von Medien könnten dazu beitragen, die Ordnung beizubehalten und Personalkosten zu sparen.

Seit Juli 2003 hat die Stadtbibliothek in Winterthur (Schweiz) RFID-Transponder erfolgreich im Einsatz. Ein Schweizer Unternehmen, dass sich auf RFID-Systeme in Bibliotheken spezialisiert hat, lieferte hierzu die nötigen Systeme, die auch in zahlreichen anderen Bibliotheken, wie z. B. in Siegburg, Stuttgart und Wien, zu finden sind [Bibl05-ol]. Als Grundlage werden RFID-Systeme verwendet, die mit einer Frequenz von 13,56 MHz arbeiten. Die Transponder werden als Klebeetikett an den Büchern, Zeitschriften, etc. befestigt. Für die metallisierten Medien wie DVD und CD müssen allerdings spezielle Etiketten zum Einsatz kommen, da die Transponder sonst nicht einwandfrei arbeiten bzw. eingeschränkte Lesereichweiten haben. Als Lesegeräte werden stationäre Durchgangsleser mit einer Lesereichweite von ca. 90 cm, eine flache Tischantenne mit ca. 30 cm Lesereichweite oder ein Handlesegerät mit ca. 10 cm Lesereichweite eingesetzt. [Kern04-ol]

Durch das Aufbringen von RFID-Transpondern auf Büchern, Zeitschriften und sonstigen Medien eröffnen sich neue Möglichkeiten für Bibliotheken. Neben der Verbuchung, Mediensicherung und Rücknahme kann auch die Inventur wesentlich vereinfacht werden.

Die Verbuchung der Medien erfolgt an einer Personalarbeitsstation, einem Selbstverbuchungsterminal oder einer Rücknahmestation. An der Personalarbeitsstation befindet sich eine etwa DIN A4 große Tischantenne, die flach auf dem Tisch liegt oder entsprechend in die Oberfläche eingearbeitet werden kann. Über ein Bibliotheks-Management-System, welches die Datenbank für die Transponderinformationen und die Bibliothekssoftware verbindet, können RFID-Etiketten programmiert sowie Benutzerkarten für die Bibliothek registriert und erstellt werden. Das Verbuchen von Medien im Stapel, also mehrerer Bücher gleichzeitig, ist ebenso möglich wie ein Erfassen per Barcode, falls einzelne Medien noch keinen Transponder besitzen. [Kern04-ol]

An der Selbstverbuchungsstation kann sich der Nutzer mit der Bibliothekskarte eigenhändig identifizieren und Medien entleihen. Legt er die Karte auf das Lesegerät resp. Verbuchungsfeld, öffnet sich am Bildschirm das Bibliotheksprogramm und das entsprechende Benutzerkonto. Der Benutzer wird über den Bildschirm aufgefordert, die ausgewählten Medien auf das Lesegerät zu legen. Die Medien müssen nun nicht mehr einzeln, sondern können im Stapel erfasst und ausgebucht werden. Innerhalb von Sekunden werden die Objekte gleichzeitig registriert und verbucht. Auf dem Bildschirm erscheinen Titel und Ausleihfrist oder evtl. eine Fehlermeldung bei z. B. Präsenzbeständen oder altersbezogenen Verleihobjekten wie etwa DVD-Filmen. Nach Abschluss des Ausleihvorganges kann auf Wunsch eine Quittung ausgedruckt werden, die neben dem Titel auch Rückgabedaten enthält. Gleichzeitig werden die ausgeliehenen Medien entsichert, d. h. die Diebstahlsicherung deaktiviert, so dass der Kunde den Ausgang und den Durchgangsleser ungehindert passieren kann [Weiss04].

Transponder als Mediensicherung ermöglichen es, nicht ausgebuchte Objekte beim Verlassen der Bibliothek zu erkennen. Wird ein nicht ausgebuchtes Objekt durch den am Ausgang befindlichen Durchgangsleser geführt, ertönt ein Alarmton. Magnetstreifen konnten bislang nur erkennen, dass ein Buch nicht erfasst wurde, der Transponder hingegen stellt nun zusätzliche Informationen über das entwendete Objekt zur Verfügung, was ein schnelleres Auffinden ermöglichen kann [Kern04-ol].

Die Rücknahme-Station ermöglicht eine Medienrückgabe rund um die Uhr. Um dies zu gewährleisten, werden in der Regel die Rücknahmeautomaten in einem Vorraum integriert, so dass auch außerhalb der Öffnungszeiten der Raum mit der Benutzerkarte geöffnet werden kann. Zusätzlich kann eine Sortieranlage hinter dem Rücknahmeautomaten platziert werden. Mit Hilfe der Sortieranlage und des Transponders können Bücher bereits hier nach Fachbereich, Fernleihe o. Ä. automatisch vorsortiert werden. Ein grünes Lämpchen an dem Rücknahmeautomaten signalisiert, wann ein Medium in das Eingabefach gelegt werden kann. Das Objekt wird eingezogen, anhand des Transpondersignals erfasst und bei erfolgreicher Prüfung angenommen, gesichert, in den Sortiercontainern abgelegt und als Rückgabe verbucht. Der Kunde erhält zu seiner Entlastung auf Wunsch eine Quittung. Nicht angenommene Objekte werden wieder ausgeworfen und müssen während der Öffnungszeiten zurückgebracht werden [Weiss04].

Auch bei der Bestandsverwaltung, insbesondere der Inventur, ergeben sich durch RFID weitere Vorteile. Personal- und zeitintensives Suchen und Erfassen der Bücher wird vermieden, indem mit Handlesegeräten (vgl. Abb. 8) alle im Regal befindlichen Bücher registriert und erfasst werden. Dazu wird das Lesegerät in einem geringen Abstand am Regal entlang geführt. Die erfassten Daten können mit einer Soll-Liste verglichen und so fehlende und verstellte Objekte angezeigt werden [Kern04-ol].

Zusammenfassend ergeben sich durch die Verwendung von RFID-Transpondern in Bibliotheken folgende Vorteile:

- Selbstverbuchung der Medien
- Automatisierte Rückgabe auch außerhalb der Öffnungszeiten
- Schnelle Einbuchung von Neuanschaffungen
- Stapelbuchungen für schnelleres Ein- und Ausbuchen
- Diebstahlschutz

- Schnellere Inventur
- Mehr Ordnung in den Regalen
- Auswertungs- und Kontrollmöglichkeiten
- Personalentlastung und mehr Zeit für Serviceleistungen

Erste Erfahrungen durch die Einführung der RFID-Technologie in verschiedenen Bibliotheken können zu praktischen Empfehlungen (siehe Tabelle 16) für eine bauliche Integration von RFID-Systemen zusammengefasst werden. Grundlage für diese Empfehlungen sind unter anderem: technische Vorgaben, Erfahrungen aus verschiedensten Installationen sowie Beobachtungen von Besucherströmen.

Station	Empfehlung
Personalarbeitsstation (Theke)	▪ Position der Bearbeitungstheke in der Nähe des Eingangs, mit Sichtverbindung zum Selbstverbuchungsterminal und Durchgangsleser ▪ Ausreichend Platz für Leseantenne, PC-Einheit und Medien ▪ Möglichst kein Metall in der Theke, um negative Beeinflussungen auf die Leseantenne der Personalverbuchungsstation zu vermeiden
Selbstverbucherstation	▪ Position in Sichtweite der Personalarbeitsstation ▪ Beachtung der Privatsphäre der Besucher durch sichtgeschützte Bildschirme ▪ Genügend Abstand zu anderen Selbstverbucherstationen (ca. 2 m) ▪ Ausreichender Abstand zum Durchgangsleser (ca. 4 m) ▪ Abstellmöglichkeiten für auszubuchende und ausgebuchte Medien ▪ Eventuell zusätzliche Selbstverbucherstationen in Fachbereichen ▪ Stromversorgung und Anschluss an das Netzwerk
Durchgangsleser für die Mediensicherung	▪ In der Nähe der Theke platzieren, für möglichst schnellen Zugriff ▪ Abstand zur Tür (> 0,5 m), zu Regalen (> 4 m) ▪ Abstand zu Selbstverbucherstationen (ca. 4m) ▪ Für gute Leseresultate und der Verwendung von Rollstühlen sind 90 cm Breite optimal, ggf. muss aber auch auf länderspezifische Brand- und Bauvorschriften (Fluchtwege, Brandschutz) geachtet werden ▪ Keine Fußbodenheizung im Antennenbereich, um eine problemlose Befestigung am Boden zu ermöglichen. Ebenfalls kein Metall im direkten Umfeld ▪ Platz für RFID-Lesemodul vorsehen sowie Strom und Datenleitung zur Theke für die Übertragung der Mediennummern und Daten
Rückgabestation	▪ Wandeinbau oder frei stehend

	■ Platz für Rollcontainer und mögliche Erweiterungen berücksichtigen ■ Brandschutztechnische und polizeirechtliche Bestimmungen sind zu beachten ■ Zugang zu Nicht-Öffnungszeiten ermöglichen: Position im Vorraum oder in der Außenfassade (höhere Anforderungen wegen Vandalismus und Brandschutz) ■ Position abseits der Bibliothek möglich – hier ebenfalls höhere Anforderungen für Brandschutz und Vandalismus sowie Logistik für Abholung beachten ■ Stromversorgung und Anschluss an das Netzwerk
Zugangskontrolle	■ Identifikation vorzugsweise mit RFID-Benutzerkarte (gültig für Selbstverbucher- und Rückgabestation sowie für Zugangskontrolle und Kassenautomat) ■ Antenne/Lesegerät seitlich von der Tür anbringen ■ Kein Metall in 25 cm Umkreis ■ Stromversorgung und Anschluss zum Netzwerk
Kassenautomat	■ Wandeinbau oder als Terminal – vorzugsweise im Vorraum für 24-Stunden-Betrieb oder im Bereich des Benutzungsdienstes ■ Identifikation vorzugsweise mit RFID-Benutzerkarte ■ Stromversorgung und Anschluss zum Netzwerk
Handlesegerät für Inventuren	■ Richtige Position der Etiketten am Buch (nahe am Buchrücken) ■ Möglichst keine Metallregale

Tabelle 16: *Empfehlungen für die bauliche Integration eines RFID-Systems in der Bibliothek.* [WeKe04-ol]

7.2.2 Zukunftsaussichten

In der Zukunft werden verschiedenste Routinearbeiten in der Bibliothek mit RFID automatisiert und vereinfacht. Beispiele sind das Auffinden von verstellten Büchern auf Knopfdruck und das benutzergerechte Zusammenstellen von Büchern und Zeitschriften.

Künftig werden alle Medien in der Bibliothek mit Transpondern versehen, somit bekommt jedes Buch automatisch einen speziellen Regalplatz, der sich aber auch schnell wieder über das System ändern lässt. Die Bücherregale sind wiederum mit Lesegeräten ausgestattet und können das richtig einsortierte Buch erkennen. Ist nun ein Buch nicht auffindbar, kann das Buch in Sekundenschnelle über das Bibliothekssystem gefunden werden. Listen über falsch einsortierte Bücher lassen sich automatisiert erstellen. Da aber zukünftig auch ein Signalton beim falschen Einsortieren ertönt, wird das Verstellen von Medien eher selten vorkommen und mehr Ordnung im Regal herrschen, als es heute der Fall ist.

Auch das Bereitstellen von Büchern und Zeitschriften für den Lesesaal könnte mit RFID verbessert werden. Bislang kann kaum festgestellt werden, wie häufig Medien im Saal genutzt resp. gelesen werden oder ob sie auszugsweise kopiert wurden. Es ist also schwer zu entscheiden, in welcher Anzahl welche Medien angeschafft werden sollen. Durch die RFID-Transponder kann die Bibliothek der Zukunft genau feststellen, welche Zeitschriften und Bücher wie lange benutzt werden. Dies ermöglicht es, ein entsprechendes Angebot auf die Benutzer abzustimmen und die Ausgaben durch verhältnismäßig angeschaffte Medien zu reduzieren. [Etim04-ol]

Durch eine voranschreitende Standardisierung können immer mehr Dienste und Anwendungen mit einer RFID-Karte wahrgenommen werden. Auch einfachste Anwendungen wie die Bezahlung von Fotokopien, Strafgebühren und die Verrechnung von Internetzeiten etc. bringen zusätzlichen Komfort für den Benutzer und mehr Entlastung für das Personal. Vor allem die zunehmende Nutzung der Selbstbedienungsautomaten ermöglicht dem Personal, mehr Zeit in Service und Beratung zu investieren. [WeKe04-ol]

Ein insgesamt für den Benutzer interessanteres und auf ihn zugeschnittenes Angebot könnte die Attraktivität der Bibliotheken steigern und ihre Auslastung verbessern. Die Prozesse werden vereinfacht und die Bürokratie innerhalb der Bibliothek weitgehend automatisiert.

7.3 Tierhaltung

7.3.1 Anwendung in der Tierzucht

Aufgrund von Forderungen des Gesetzgebers nach mehr Transparenz in der Nahrungsmittelproduktion sowie durch zunehmende Konkurrenz am Markt benötigen Landwirte eine Managementhilfe zur besseren Organisation der Tierbestände. Technische Verfahren wie RFID-Systeme machen es möglich, diesen Anforderungen nachzukommen. Bereits vor 20 Jahren wurden elektronische Kennzeichnungssysteme in der Rinderhaltung eingesetzt und sind inzwischen in Europa zum Standard geworden.

Für innerbetriebliche Anwendungen werden Zuchttieren RFID-Transponder als Ohrmarke eingesetzt und die Fütterungsanlagen entsprechend mit Lesegeräten ausgestattet. So können sich die Tiere frei bewegen und bei Bedarf zu den Fütterungsanlagen gehen. Anhand der RFID-Ohrmarke wird das Tier vom System erkannt und bekommt dort automatisch die vordefinierte Futtermenge und -mischung, die für die weitere Aufzucht optimal ist [Fink02, S.376ff]. Das Futter kann nach verschiedenen Kriterien wie Alter, Gewicht oder Milchleistung berechnet und automatisch zur Verfügung gestellt werden. Außerdem kann das Fressverhalten der Tiere mit Hilfe von RFID dokumentiert werden. Frisst ein Tier nicht, erfolgt eine Meldung, da dies evtl. auf Krankheiten oder Probleme innerhalb der Herde hindeuten kann. Des Weiteren können z. B. Kühe auch im Melkstand zur Leistungskontrolle automatisch identifiziert und die jeweilige Milchmenge erfasst werden. [Euro04, A]

Neben diesen innerbetrieblichen Anwendungen können auch betriebsübergreifende Anwendungen wie z. B. Herkunfts-, Seuchen- und Qualitätskontrollen durchgeführt werden. Dazu müssen allerdings Transponder eingesetzt werden, die das Tier ein Leben lang begleiten. Die Transponder dürfen also nicht einfach zu entfernen sein, um eine lückenlose Dokumentation des Tierlebens zu garantieren [Fink02, S.376]. Damit die Transponder auch in anderen Betrieben ausgelesen werden können, wurden 1996 die ISO-Normen 11784 und 11785 geschaffen. Diese regeln die Vereinheitlichung und Kompatibilität verschiedener Transpondersysteme. Neben technischen Spezifikationen enthalten die ISO-Normen einen einheitlichen Identifikationscode, der zum einen die eindeutige Identifizierung und zum anderen eine Länderzuordnung (3-stelliger Ländercode) ermöglicht, um z. B. internationale Tierbewegungen zu dokumentieren. [Fink02, S.233f]

Grundsätzlich werden Halsband- und Ohrmarkentransponder, injizierbare Transponder und sogenannte Boli[44] unterschieden. Halsbandtransponder sind sehr leicht auswechselbar und somit nur für innerbetriebliche Verwendungen wie z. B. automatische Fütterungen und Milchmengenmessungen geeignet. Für ähnliche Einsatzbereiche sind die Ohrmarkentransponder gedacht. Diese werden oft an Stelle von Barcode-Ohrmarken verwendet, da sie aufgrund der Auslesbarkeit für eine automatische Fütterung besser geeignet sind [Fink02, S.376ff]. Eine Ohrmarkenzange fixiert die Ohrmarkentransponder mit einem passenden Gegenstück am Tier. In der Regel begleiten die Transponder die Tiere von der Geburt bis zum Schlachthof und sind unter Umständen auch wieder verwertbar. [Texa04-ol, A]

Injizierbare Transponder und Boli eignen sich aufgrund der festen Verbindung zum Tier insbesondere als überbetriebliche Kennzeichnungsmittel, da diese als nahezu fälschungssicher gelten und das Tier über seine gesamte Lebensdauer begleiten. Die injizierbaren Transponder werden mit Hilfe eines Injektors, eine Art Pistole mit Injektionsnadel, unter die Haut des Tieres platziert und so fest mit dem Tier verbunden. Als Implantat werden reiskorngroße Glastransponder, sogenannte Injektate, mit 12, 23 oder 32 mm Länge verwendet.

Eine weitere Kennzeichnungsmöglichkeit ist der sogenannte Bolus. Dies ist ein Transponder, der in einem säurebeständigen Zylinder (Größe ab 42 x Ø 12 mm) untergebracht ist. Er wird mit einer Sonde in den Vormagen, genauer im Pansen, des Tieres abgelegt und verbleibt dort über die gesamte Lebensdauer des Tieres. Dies ist eine verletzungsfreie Art der Anbringung und ermöglicht auch nach Schlachtung ein einfaches Auffinden des Transponders.

Bolus und Injektat gelten als einzige fälschungssichere Kennzeichnungsmethode und können deshalb auch vor Diebstahl und Verlust der Tiere schützen. Des Weiteren können sie für Tiere

---

44 Boli (plural für Bolus): Der Bolus ist in diesem Zusammenhang ein spezieller Transponder, der im Vormagen des Tieres abgelegt wird.

verwendet werden, bei denen eine sichtbare Anbringung stören würde, wie z. B. bei Sportpferden. [Texa04-ol, A]

7.3.2 Anwendung im Haustierbereich

Jedes Jahr entlaufen tausende von Hunden und Katzen oder werden ausgesetzt. In den meisten Fällen werden herrenlos aufgefundene Tiere in ein Tierheim gebracht und finden nur selten den Weg zu ihrem Besitzer zurück. Eine Kennzeichnung der Tiere mit RFID-Transpondern kann hier eine Lösung sein.

Internationale Organisationen kooperieren über Internetplattformen wie z. B. www.animaldata.com oder www.globalanid.com und bilden mit 19 anderen Tierkennzeichnungs-Datenbanken verschiedener Länder das European Pet Network (EuroPetNet). Bislang wurden dort mehr als 7,5 Millionen „gechippte" Tiere verschiedener Länder registriert [EuPN04-ol]. Ein Tierarzt injiziert die bereits oben beschriebenen Injektate und übermittelt anschließend die ID-Nummer des Transponders und genaue Angaben über das Tier wie Rasse, Alter, Geschlecht, besondere Kennzeichen etc. sowie die Daten der Eigentümer an die Datenbank. Als Nachweis erhält der Halter einen Tierausweis mit den entsprechenden Daten. Bei Verlust des Tieres durch z. B. Entlaufen, Diebstahl oder Missbrauch können nun zu jeder Zeit diese Daten über die Internetplattformen mit Hilfe der ID-Nummer abgefragt werden, [VUWi04-ol]

Wird ein herrenloses Tier gefunden, kann der Besitzer anhand der ID-Nummer über das EuroPetNet sofort ermittelt werden. Durch die o. g. ISO Normen 11784 und 11785 ist gewährleistet, dass z. B. Tierheime oder -ärzte mit einem Lesegerät den Transponder am Tier auslesen können. Die gespeicherte ID-Nummer bietet schließlich die Möglichkeit, den Besitzer über eine Datenbank ausfindig zu machen. Die Daten werden berührungslos ausgelesen, im Notfall auch mit einer Teleskopstange, um auch das Erfassen der Daten aggressiver Tiere zu ermöglichen. Ein unnötig langer Tierheimaufenthalt, der nicht nur Stress für das Tier, sondern auch enorme Kosten verursacht, kann so vermieden werden.

Des Weiteren können bei Rassetieren Abstammungsnachweise, Prüfungs- und Leistungsdokumente sowie tierärztliche Befunde und Bescheinigungen einfach und unkompliziert über die Datenbank kontrolliert werden [Anim04-ol]. Abstammungsnachweise werden durch Implantate also fälschungssicherer, da sie einen zusätzlichen Nachweis über die Originalität erbringen. So können unseriöse Tierimporte, Zuchtfälschungen und dergleichen erschwert werden. [VUWi04-ol]

Auch Forderungen des Gesetzgebers zum Schutz vor aggressiven Tieren oder Seuchen kann mit dem injizierbaren Transponder nachgegangen werden. Bereits im § 11 des Landeshundegesetztes NRW wurde Ende 2002 festgehalten, dass ausgewachsene Hunde ab 40 cm Höhe oder 20 kg Gewicht einen Mikrochip implantiert bekommen müssen, um z. B. nachweisen zu können, dass Impfung und Haftpflichtversicherung für den Hund vorliegen [LHun02-ol]. Außerdem können kontrollierende Ordnungsbeamte, ausgerüstet mit einem

Handlesegerät, Hunde überprüfen und per Handy oder Funk über eine Datenbank abklären, ob z. B. Leinen- bzw. Maulkorbpflicht besteht oder der Halter eventuell noch die Hundesteuer zahlen muss [Buch04-ol]. Auch verlangen verschiedene Reiseländer wie z. B. Großbritannien oder Australien ebenfalls bereits heute die Kennzeichnung von Tieren mit Mikrochip, um bei der Einreise beispielsweise Informationen über Halter und Schutzimpfungen zu erhalten. [Meri04-ol]

7.3.3 Zukunftsaussichten

Einfache Kennzeichnung, Unverwechselbarkeit und Fälschungssicherheit sowie universelle Lesbarkeit sind nur einige Vorteile, die bereits heute zahlreiche Tierhalter dazu veranlassen, ihre Tiere kennzeichnen zu lassen. In naher Zukunft wird schließlich die Tierkennzeichnung mittels Mikrochip europäischer Standard sein. Die Verordnung (EG) Nr. 998/2003 des Europäischen Parlaments über die Veterinärbedingungen für die Verbringung von Heimtieren verlangt eine Kennzeichnung der Tiere mit elektronischen Transpondern gemäß ISO-Norm 11784 und 11785 ab dem 26. Mai 2011 [VEG03-ol]. Neben dieser Verordnung und denen zur Rückverfolgung von Fleischprodukten werden auch internationale Regelungen im Bereich der Impfung und Seuchenbekämpfung für eine weitere Verbreitung der transpondergestützten Tierkennzeichnung sorgen. Weiterentwicklungen der Transponder werden den Ärzten bei der Untersuchung von Tieren helfen. Getestet werden derzeit Transponder für Pferde, die gewisse Körperfunktionen des Tieres wie Blutdruck, Temperatur o. Ä. messen. So können Untersuchungen ermöglicht werden, ohne das Tier berühren zu müssen, um den Stress für die Tiere so gering wie möglich zu halten. [VUWi04-ol]

7.4 Sportveranstaltung

7.4.1 RFID in der Anwendung

Bei Massenveranstaltungen wie einem Marathon oder Radrennen werden die Teilnehmer aus den hinteren Startreihen benachteiligt, da ihre Zeit bereits ab dem Startschuss läuft. Mehrere Minuten können vergehen, bis die Startlinie überquert wird, obwohl der Teilnehmer noch keinen Meter der offiziellen Strecke bewältigt hat. Eine individuelle Zeitmessung mit RFID-Transponder kann diese Benachteiligung aufheben. [Fink02, S.393]

Weit verbreitet im Sportbereich sind Transpondersysteme des niederländischen Unternehmens ChampionChip. 1994 führten sie bereits ein automatisches Zeitsystem ein, welches nicht nur die Zielzeit erfasste, sondern auch die Startzeiten splitten konnte, um eine genauere und individuelle Zeitmessung zu ermöglichen. Neben den zehn größten Marathonveranstaltungen der Welt vertrauen außerdem verschiedenste Lauf-, Triathlon-,

Inlineskate-, Mountainbike-, Skilanglauf- und Radsportveranstaltungen auf diese Zeiterfassung.

Der ChampionChip besteht aus einem wasserdichten Glastransponder, der in ein speziell geformtes Plastikgehäuse eingelassen ist. Dieser kann relativ einfach z. B. am Schuh, Fuß oder Rad des Sportlers befestigt werden. Die Transponder arbeiten im Frequenzbereich 135 kHz und sollten aufgrund der geringen Lesereichweite von max. 1 m möglichst in Bodennähe befestigt sein. Überquert der Sportler mit dem Transponder die im Start und Ziel sowie zahlreichen Zwischenmessstationen befindlichen Tartanmatten, in denen die Leseantennen eingearbeitet sind, so wird der Transponder aktiviert und sendet Informationen an das Lesegerät. Jeder Chip, der diese Matten überquert, übermittelt seinen individuellen Identifikationscode an das Zeitmesssystem. Damit eventuelle Fehlmessungen vermieden werden, sind in der Regel ein Haupt- und ein Reservesystem in Form von präparierten Tartanmatten zur Messung ausgelegt. Der beim Überqueren übertragene Identifikationscode wird mit der aktuellen Wettkampfzeit erfasst und in der Messstation abgespeichert. Die Ergebnisdaten werden automatisch, mit dem in der Messstation integrierten GPRS[45]-Modem, an eine zentrale Registrierstation übermittelt und zeitnah ausgewertet. Da der übermittelte Identifikationscode mit dem Namen des Sportlers hinterlegt ist, kann keine Verwechslung stattfinden, weil jeder Sportler einen anderen Code auf dem Transponder mit sich trägt. [Cham04-ol]

Ein Transponder kann gegen eine Gebühr entliehen oder erworben werden. Bei Erwerb werden bereits die persönlichen Daten zur eindeutigen Identifikation mit dem Transponder aufgenommen. Bei allen Veranstaltungen, die dieses Zeitmesssystem verwenden, kann der Läufer nun über den Transponder erfasst werden. Ein Transponder kostet ca. 28 Euro und kann beliebig oft verwendet werden [Mika04-ol]. Die Vorteile der Zeiterfassung mit RFID sind:

- Automatische Erfassung und exakte Ergebnisse durch eine Chiperkennung von nahezu 100 %
- Erfassung der Nettoendzeit sowie möglicher Zwischenzeiten
- Freier Durchlauf an allen Zeitmesspunkten
- Schnelle Auswertung und Verfügbarkeit aller Zeiten und Platzierungen für Läufer, Betreuer und Statistiken [Cham04-ol]

7.4.2 Zukunftsaussichten

Es ist denkbar, dass aufgrund weiterer Entwicklungen in anderen Anwendungsgebieten sowie verschiedener Standardisierungen RFID-Transponder für Sportveranstaltungen noch kleiner und funktioneller werden. Es könnten beispielsweise Transponder mit Sensoren versehen

---

[45] GPRS: General Packet Radio Service: spezielles System für die Übertragung von Informationen.

werden, die Umweltparameter wie Temperatur oder auch Blutdruck sowie andere Körperfunktionen messen und überwachen können. Sportler und Betreuer in den Verpflegungsstationen erhalten somit nützliche Informationen über die aktuelle Fitness des Sportlers. Denkbar wären auch Multiapplikationen, d. h., nicht nur Zeitmessungen, sondern auch Abrechnungen von Teilnahmegebühren sowie Zutrittsfunktionen für spezielle Bereiche (Massage, Sauna, Verpflegung) könnten dann mit demselben Transponder innerhalb des Wettkampfbereiches durchgeführt werden.

7.5 Ticketing

Ein Ticket dient als Berechtigung, um z. B. an Veranstaltungen, Konzerten, Bus- oder Zugfahrten teil nehmen zu können. Ohne entsprechendes Ticket, welches in der Regel käuflich zu erwerben ist, wird der Einlass resp. die Mitfahrt nicht gewährt. Die bislang noch häufig verwendeten klassischen Eintrittskarten aus Papier oder Karton führen jedoch meist im Bereich des Eingangs zu Verzögerungen, da Kontroll- und Entwertungsvorgänge viel Zeit und Personal in Anspruch nehmen. Auch vor Fälschungen, Kopien und Schwarzmarkthandel ist das herkömmliche Papier-Ticket nicht geschützt. Um diese Probleme besser in den Griff zu bekommen, werden seit einiger Zeit von einzelnen Anbietern Tickets mit RFID-Transpondern versehen. [Fink02, S.368]

7.5.1 Anwendung Ski-Ticket

Der Zutritt zu Skigebieten und dessen Liftanlagen erfolgt durch einen gültigen Tages- oder Wochenskipasses. Früher wurde durch Aufdrucken oder Stempeln des Datums auf z. B. Kartonkarten der Zugang geregelt. Allerdings war eine Sichtkontrolle zum Überprüfen der Gültigkeit immer sehr personen- und zeitintensiv. Zwar konnte im Laufe der Zeit durch Nutzung von Tickets mit Barcode und entsprechende Leseautomaten die personenintensive Sichtkontrolle entfallen, jedoch bleibt es für den Skifahrer umständlich, das Ticket zu entwerten, da er immer noch vor jeder Liftfahrt nach seinem Ticket suchen muss.

Die RFID-Technologie bietet mit kontaktlosen Chipkarten, Disk- oder Uhrentranspondern für diese Problematik schon seit Jahren eine ideale Alternative. Bei Erwerb werden die Informationen zur Gültigkeit auf dem im Skipass integrierten Chip und in einer Datenbank hinterlegt. Nun ist der Skifahrer registriert und kann mit dem Skipass problemlos das Skigebiet nutzen. Durch das kontaktlose Auslesen der Skipässe ist ein schnelles und damit bequemes Passieren der Kontroll- und Liftanlagen im Skigebiet möglich. Die Eingänge der Lifte sind in der Regel mit Drehkreuzen abgesperrt und können nur mit einem gültigen Skiticket respektive Transponder freigeschaltet werden. Damit der Transponder an jeder

Position des Skifahrers kontaktlos ausgelesen werden kann, sind die Eingänge mit zwei gegenüberliegenden Leseantennen ausgestattet.

Um eine Wiederverwendung der Tickets zu ermöglichen, wird bei Erwerb ein kleiner Pfandbetrag erhoben, der bei Rückgabe erstattet wird. So können die Skipässe für neue Skigäste umprogrammiert oder aufgewertet werden und kommen somit immer wieder zum Einsatz. [Fink02, S.368f]

Skifahrer können einen Transponder auch in Form einer Uhr (Swatch Snowpass™) oder eines Handschuhs käuflich erwerben und diesen, aufgrund der angewendeten ISO 15693, in anderen Skigebieten ebenfalls als Skipass einsetzen. Die Uhren der Firma Swatch haben wie der von Gore-Tex neu entwickelte Handschuh einen Transponder integriert, der bei Bedarf wieder aufgewertet werden kann. Somit bieten diese Artikel gleichzeitig zusätzliche Umsatzmöglichkeiten für die Liftbetreiber und Skigeschäfte. [Skid04-ol, A]

7.5.2 Anwendung Event-Ticket

Beispiele für Events können Konzerte, Messen, Sportveranstaltungen und Feste verschiedener Art sein. Massenveranstaltungen und auch kleinere Events fordern einen hohen organisatorischen Aufwand, um z. B. Eintrittskarten abzurechnen, zu prüfen und vorhandene Plätze zu koordinieren. Dies alles mit einem Papierticket zu managen, erfordert viel Zeit und Personal. [Tagn04-ol, B]

Der Auto-ID-Anbieter Schreiner LogiData bietet z. B. hierzu eine Lösung, um Eintrittskarten auch kundenspezifisch zu gestalten. In Form einer Klappkarte befinden sich Eintrittskarte und Transponder auf einem Blankopapier und können je nach Veranstaltung und Empfänger bedruckt und personalisiert werden. In einem Druckvorgang kann aufgrund der Falttechnik das Ticket von beiden Seiten bedruckt werden. Gleichzeitig lässt sich der Transponderchip individuell programmieren.

Die persönlich gestalteten Karten können nun z. B. als Direktmarketing in Form einer Einladung und auch als Serienbrief an den Kunden verschickt werden. Nach Erhalt löst der Empfänger die Eintrittskarte von der Einladung. Diese ist einseitig selbstklebend und kann so nach dem Falten zusammengeklebt werden. Mit diesem persönlichen elektronischen Ticket kann der Kunde nun die Veranstaltung besuchen. Lesegeräte an den Eingängen registrieren kontaktlos das Erscheinen des Kunden und ermöglichen einen sicheren sowie schnellen Zutritt. Der Veranstalter kann wiederum den Erfolg des Events feststellen, indem er durch die RFID-Tickets einfach überprüfen kann, wer von den eingeladenen Gästen anwesend war und wie lange geblieben ist. [Schr04-ol, A]

Im Bereich von Messen zeigten die Tickets bereits weitere Vorteile. Die Besucher erhielten ein persönliches Ticket per Post. Die in dem Ticket enthaltene Seriennummer wurde mit Name und Anschrift des Besuchers verknüpft und auf einer zentralen Datenbank des Veranstalters hinterlegt. So kann das Ticket an den Messeständen als elektronische Visitenkarte genutzt werden. Will ein Besucher seine Adresse für weitere Kontakte oder

Informationen am Stand hinterlassen, lässt dieser sein Ticket schnell und bequem an einem Lesegerät auslesen. Im Anschluss der Messe können dem Aussteller die Adressen sämtlicher Messestandbesucher ausgehändigt werden, so dass eine nachträgliche Kontaktpflege ermöglicht wird. [Schr04-ol, B]

Die RFID-Tickets bieten viele Möglichkeiten, die mit gewöhnlichen Eintrittskarten nicht realisierbar wären. Folgende Vorzüge lassen sich im Bereich Event-Ticket zusammenfassen:

Vorteile für die Besucher:

- Schneller, bequemer Einlass durch kontaktloses Auslesen
- Kürzere Wartezeiten an den Eingängen
- Fälschungssichere Tickets durch einmalige ID-Nummer auf dem Ticket
- Einfacher Ersatz bei Verlust oder Diebstahl
- Mehr Sicherheit bei den Veranstaltungen

Vorteile für den Veranstalter:

- bessere Kontrolle am Eingang – Echtheit und Gültigkeit sind einfacher zu überprüfen
- Weniger Personalaufwand und somit Kostenersparnis durch automatisierte Kontrollen
- Weniger Schwarzmarkthandel durch fälschungssichere und personalisierte Tickets
- Höheres Sicherheitsniveau – nur mit Namen und Adresse registrierte Besucher betreten das Event
- Vorteile des Papiertickets bleiben erhalten (Fansouvenir, Werbefläche und visuelle Lesbarkeit)
- Automatische Zutrittsregelungen für unterschiedliche Bereiche
- Auswertungsmöglichkeit der Besucherströme für Verbesserungen in den Sicherheits- und Verkehrs(-wege)planungen

7.5.3 Anwendung ÖPNV-Ticket

Zu dem Öffentlichen Personennahverkehr (ÖPNV) gehören insbesondere Linienverkehre, d. h. alle öffentlich regelmäßigen Verkehrsangebote wie Busse, Straßen-, Stadt- und U-Bahnen der kommunalen Verkehrsunternehmen. Mehrere dieser Verkehrsunternehmen schließen sich zu einem Verkehrsverbund zusammen, um für größere Regionen (Verbundraum) gemeinsame Fahrscheine, abgestimmte Fahrpläne und einheitliche Tarife anbieten zu können [Nahv04-ol]. Allerdings entstehen in den meisten Verkehrsverbunden in Deutschland und anderen Ländern seit Jahren hohe Defizite, die von den jeweiligen Kommunen oder Ländern getragen werden müssen. Eine Option zur Kostenersparnis wäre der Fahrscheinersatz durch RFID-Chipkarten.

Im Zusammenhang mit Fahrausweisen entstehen verschiedene Kosten. Beispielsweise gehen beim Lösen von Tickets an Fahrscheinautomaten ca. 16% des Verkaufspreises nur durch die Bereitstellung, Instandhaltung und Wartung verloren. Darin enthalten sind die Aufwendungen für die Papierversorgung des Automaten sowie Reparaturen aufgrund von Verschleiß und Vandalismusschäden. Weitere Kosten entstehen für Fahrscheindrucker und Verkaufsautomaten in den Fahrzeugen sowie für die Herstellung fälschungssicherer Fahrausweise. Die Fahrgäste ohne Ticket verursachen ebenfalls Einnahmeausfälle. Aber auch die langen Halte- und Wartezeiten aufgrund der Fahrscheinausgabe und -kontrolle durch den Fahrer sind Argumente gegen ein herkömmliches Papierticket. [Fink02, S.355ff]

In vielen öffentlichen Verkehrsnetzen, wie z. B. in London, Peking, Seoul und Moskau werden bereits seit einigen Jahren kontaktlose Chipkarten erfolgreich eingesetzt. Verwendet wird die MIFARE-Technologie von Philips, welche auf der Basis des Industriestandards ISO 14443A für kontaktlose Smart Cards arbeitet [Semi04-ol, B]. Die kontaktlosen Chipkarten senden bei einer Frequenz von 13,56 MHz und haben eine Reichweite von ca. 10 cm. Die Chipkarte oder die gesamte Geldbörse inklusive Karte muss für einen kurzen Moment (< 2,5 Sekunden) an ein entsprechendes Lesegerät gehalten werden, um eine Kontrolle oder den Erwerb eines Tickets abzuschließen. [Fink02, S.356f]

Die Fahrpreisermittlung bei herkömmlichen Papierticketsystemen, für Fahrten mit verschiedenen Verkehrsmitteln über mehrere Tarifzonen, erweist sich vor allem für ortsfremde Kunden in der Regel als schwierige Aufgabe. Ein Fahrkartensystem auf elektronischer Basis mit RFID-Chipkarten ermöglicht hingegen eine einfache Fahrpreisabrechnung. Ein Beispiel hierfür ist das Anfang 1996 eingeführte kontaktlose Fahrausweissystem in Seoul (Korea), welches zunächst nur für Buslinien und später auch für U-Bahnen genutzt wurde. Die verwendete Chipkarte ist eine Prepaid-Karte (vorbezahlte Karte) und kann an gekennzeichneten Kiosken beliebig oft wieder aufgeladen werden. Bei Fahrtbeginn wird an einem Lesegerät ein einheitlicher Preis von der Karte abgebucht, unabhängig von der zurückgelegten Strecke. Tarifzonen werden nicht berücksichtigt, nur beim Umsteigen muss jeweils der einheitliche Preis abgebucht werden. [Fink02, S.360f]

Eine weitere Abrechnungsmöglichkeit ist die CICO-Variante (check-in-check-out). Durch An- und Abmelden ermittelt das Fahrkartensystem hierbei automatisch die exakt gefahrene Strecke und den dazu günstigsten Preis [Scha04a-ol]. Nach dem sogenannten Postpaid-Verfahren werden Informationen über die Reisewege des Kunden im Fahrzeugrechner gespeichert, an eine zentrale Abrechnungsstelle übermittelt und am Monatsende vom Konto abgebucht [FpNv04-ol, A]. Im Rhein-Main-Verkehrsverbund wird unter dem Namen „get»in" diese Variante in den Buslinien rund um Hanau und Bruchköbel seit Februar 2002 eingesetzt. Die Kunden melden sich über ein Anmeldeformular bei der Hanauer Straßenbahn AG an und hinterlassen ihre Kontaktdaten wie Name und Adresse sowie eine Einzugsermächtigung. So können die getätigten Fahrten nach „Best-Preis-Abrechnung" monatlich und somit bargeldlos vom Konto abgebucht werden. Die Daten werden gespeichert und die dazugehörige get»in-Karte mit der RFID-Technologie wird dem Kunden kostenlos ausgehändigt.

Betritt der Kunde den Bus, muss zunächst das Lesegerät aufgesucht werden. Ein kleiner Bildschirm zeigt Informationen über die Uhrzeit sowie die aktuelle Haltestelle an und fordert den Kunden auf, die Karte am Lesegerät vorbeizuführen. Dieser Check-in erfolgt kontaktlos und in wenigen Sekunden. Nach erfolgreicher Anmeldung erscheint auf dem Bildschirm „Gute Fahrt“. Am Ende der Fahrt muss der Kunde wieder die Karte am Lesegerät vorbeiführen, um den Check-out durchzuführen. Auf dem Bildschirm erscheint daraufhin „Auf Wiedersehen!“. Beim Umsteigen in andere Buslinien muss dieser Vorgang wiederholt werden, wobei für die gesamte Fahrt insgesamt nur ein Fahrpreis in Rechnung gestellt wird. Wird beim Umsteigen das „check-in-check-out“ vergessen, rekonstruiert das Fahrkartensystem für die Best-Preis-Abrechnung die möglichen Vorgänge. Allerdings gilt ein Vergessen als Fahren ohne Ticket und wird im Falle einer Fahrkartenkontrolle im Bus mit 40 Euro Bußgeld geahndet [RMV04-ol, A]. Die Fahrausweiskontrollen für kontaktlose Chipkarten erfolgen üblicherweise in Stichproben, indem die Prüfer, ausgestattet mit einem Lesegerät, die Chipkarten auf Gültigkeit kontrollieren. Hierbei werden ticketrelevante Daten wie Gültigkeit, Geltungsbereich und Name des Inhabers überprüft. [VRS04-ol]

Die angebotene Best-Preis-Abrechnung ermöglicht es dem Kunden, durch Nutzung der get»in-Karte, die bestmöglichen Tarife zu bekommen, ohne sich vorher ausführlich mit den komplizierten Tarifsystemen auseinander setzen zu müssen. Über die Karten und Lesegeräte werden alle Fahrten der Benutzer registriert, gesammelt und über ein Abrechnungssystem individuell abgerechnet. Am Monatsende vergleicht das Fahrkartensystem Einzel-, Tages-, Wochen- und Monatsticket mit dem Fahrverhalten des einzelnen Nutzers und ermittelt hierzu den entsprechend günstigsten Tarif, der schließlich von dem Konto des Kunden abgebucht wird. [RMV04-ol, B]

Obwohl die Kosten für die Anschaffung und Einführung eines kontaktlosen Chipkartensystems derzeit noch höher sind als die eines herkömmlichen Systems für Papierfahrscheine, dürften sich die Investitionen nach kurzer Zeit amortisieren. Diese Überlegenheit der kontaktlosen Chipkarten zeigt sich vor allem durch die Vielzahl an Vorteilen für alle Beteiligten.

Vorteile für die Fahrgäste:

- Keine Wartezeiten beim Fahrscheinerwerb
- Tarifkenntnisse sind nicht notwendig – das Fahrkartensystem bucht automatisch den richtigen Preis ab
- Bargeldloses Zahlen durch aufladbare Karten oder monatliche Abrechnungen
- Exaktes Abrechnen der Fahrstrecke
- Ermittlung des günstigsten Tarifes wird vom Fahrkartensystem unterstützt
- Vorbezahlte Karten behalten bei Tarifumstellungen die Gültigkeit
- Monatskarten beginnen erst mit der ersten Abbuchung
- Bei Verlust oder Diebstahl kann die Karte gesperrt werden

Vorteile für die Fahrer:

- Wegfall des Fahrscheinverkaufs und damit weniger Ablenkung
- Kein Bargeld im Fahrzeug
- Keine täglichen Einnahmeabrechnungen

Vorteile für die Verkehrsunternehmen:

- Reduktion der Betriebs- und Wartungskosten von Verkaufsautomaten und Fahrscheinentwertern
- Weniger Vandalismus aufgrund kontaktloser Lesegeräte
- Einfache Umstellung der Tarife
- Vermehrte Nutzung der Verkehrsmittel aufgrund gerechter und bequemer Abrechnung
- Senkung der Zugangshemmnisse für Neukunden
- Reduzierung von Schwarzfahrern

Vorteile für den Verkehrsverbund:

- Leistungsorientierte Verbundabrechnung der einzelnen Verbundpartner
- Gewinnung von statistischen Daten zur Optimierung und besseren Auslastung von Fahrstrecken
- Verbesserung der Managementinformation über Nutzerverhalten und Umsatzverteilungen

Vorteile für die Kommunen:

- Reduktion der Subventionen aufgrund von Kostensenkungen
- vermehrte Nutzung der öffentlichen Verkehrsmittel wirkt sich positiv auf Einnahmen und Umwelt aus [Fink02, S.367]

7.5.4 Zukunftsaussichten

Die Zukunft des Ticketings könnte in einer Kreditkarte mit integrierter Zutrittsfunktion liegen. Im November 2004 stellte die Cornèr Bank mit der „VIP ENGADINcard“ eine Weltneuheit vor. In Zusammenarbeit mit der renommierten Feriendestination St.Moritz/Engadin, den Kreditkarten-Organisationen MasterCard und VISA sowie dem Sicherheitstechnologiekonzern Kudelski ist eine Kreditkarte mit kontaktloser Zutrittsfunktion entstanden, die ab Dezember 2004 eingeführt wurde und bereits 2006 bei 10 Partnerbetrieben eingesetzt werden kann. [Eng06-ol] Diese Kreditkarte verfügt über einen zusätzlich integrierten Chip, der es ermöglicht, online Tickets zu reservieren, gleich zu bezahlen und somit kontaktlos den Zutritt zu Skianlagen, Bussen, Parkhäusern und Hotelzimmern zu erhalten. In Zukunft sollen auch Kinos, Hallenbäder, Konzerthallen und alle möglichen Events mit dieser Kreditkarte kontaktlos zugänglich gemacht werden. Anstehen an Kassen soll dann der Vergangenheit angehören. Über ein Internetportal oder Call Center können dann im Voraus Tickets gebucht und direkt mit der „VIP ENGADINcard“, als Visa oder MasterCard, bezahlt werden. Die Zutrittsberechtigung wird nach Bezahlung umgehend an den gewünschten Zutrittsort übermittelt und somit ein bequemer und kontaktloser Einlass mit der Kreditkarte ermöglicht. Ein weiteres Pilotprojekt Bezüglich dieser Kreditkartenform wird mit dem Schweizer Eishockey Meister HC Lugano durchgeführt, um den Erwerb des Eintrittsticket und den entsprechenden Zutrittsvorgang zum Sportstadion noch weiter zu testen. [Corn04-ol]

Zukunft des Ski-Tickets

Die Zukunft des Ski-Tickets liegt in der multifunktionalen Verwendung. Der Urlauber soll sich zukünftig mit einem Skipass berührungs- und bargeldlos vom Check-in im Hotel über die Skilifte bis hin zur Abreise in der Region bewegen können. Vorzeigeprojekt ist die Karnische Region Nassfeld (Österreich), bei der sämtliche Leistungsträger wie Hotels, Skihütten, Skiverleihstellen und Bergbahnen bei der Umsetzung dieser Vorstellung mitwirken. Das österreichische Unternehmen Skidata AG ist für die Umsetzung verantwortlich und liefert hierzu die entsprechenden Systeme und Geräte.

Dem Gast wird in Nassfeld bei Ankunft im Hotel eine Skikarte für Zimmer, Skidepot, Skiverleih und Skipass ausgestellt. Mit dieser einen Karte können alle Dienstleistungen bargeld- und kontaktlos genutzt werden. Durch die integrierte elektronische Geldbörse hat die Brieftasche im Urlaub ausgedient. Das Geld wird z. B. an der Hotelrezeption auf den Skipass oder Swatch-Snowpass geladen und kann in Restaurants und Skihütten bei anfallenden Geldbeträgen mit einem mobilen Handterminal kontaktlos abgebucht werden. Darüber hinaus kann der Urlauber mit dieser Skikarte sein Hotelzimmer sowie einen Skisafe im Skidepot und schließlich auch die Liftanlagen im Skigebiet kontaktlos öffnen und nutzen. Auch Leistungen der Skischulen und Skiverleihe sollen hiermit bargeldlos in Anspruch genommen werden können. [Skid04-ol, B]

Die persönlichen Daten der Urlauber werden mit der jeweiligen ID-Nummer des Transponders in einer Datenzentrale gespeichert und verwaltet. Über die angeschlossenen Terminals in den Hotels, Restaurants und Skiverleihstellen können mit entsprechenden Lesegeräten die Skipässe ausgestellt, aber auch geprüft werden. In dem zentralen Konfigurationsprogramm der Terminals können, mit entsprechender Berechtigung, kundenspezifische Parameter der Tickets eingestellt und geändert werden. Geht z. B. ein Pass verloren, kann die jeweilige ID-Nummer gesperrt werden. Die geänderten Daten werden über die Datenzentrale an die zahlreich angeschlossenen Endgeräte versendet, um so einen Missbrauch der verlorenen Karte auszuschließen. [Skid04-ol, C]

In Kitzbühel wird des Weiteren getestet, wie dem Urlauber der zeitraubende Erwerb des Skipasses am Ticketschalter in Zukunft erspart bleiben kann. Besitzt der Urlauber bereits einen Transponder z. B. in Form des Swatch-Snowpasses, kann der Kunde über Internet oder Mobiltelefon einen Skipass schnell und einfach buchen. Neben Angabe von ID-Nummer des Transponders und einigen persönlichen Daten kann schließlich der Gültigkeitszeitraum für den Skipass gewählt werden. Nach Bezahlung wird dann beim ersten Zutritt am Lesegerät der Liftanlage der gebuchte Skipass automatisch auf den Datenträger geladen [Skid04-ol, D]. In der Zukunft ist also zu erwarten, dass der Aufenthalt in allen Skiregionen noch einfacher und bequemer wird. Ganz nach der Devise der engagierten Tourismusdestination Nassfeld: „höchster Komfort für den Gast in allen Bereichen“. [Skid04-ol, B]

Zukunft des Event-Tickets

Zwar noch Zukunftsvision, aber bereits in der Planung ist der Eventzutritt per Handy. Dabei soll der Kunde an einem „Ticket Kiosk“ selbständig z. B. ein Konzert auswählen und bezahlen. Nach erfolgreicher Bezahlung werden die entsprechenden Daten für das Ticket mittels RFID übertragen und auf dem im Handy befindlichen Transponder gespeichert. Beim Betreten der Konzerthalle braucht der Besucher nun nur noch sein Handy in die Nähe des Lesegerätes am Eingang halten. Dieses liest die Daten kontaktlos vom Transponder, überprüft die Gültigkeit und ermöglicht bei erfolgreicher Registrierung den Zutritt. [Semi04-ol, A]

7.6 Zutritts- und Zufahrtskontrolle

7.6.1 RFID in der Zutrittskontrolle

Der Zutritt für Personen zu Geländen, Gebäuden, bestimmten Bereichen oder einzelnen Räumen kann durch elektronische Zutrittskontrollsysteme automatisch überprüft und geregelt werden. Seit einigen Jahren wird der Zutritt über kontaktbehaftete Ausweiskarten wie z. B. Karten mit Magnetstreifen oder Mikrochip ermöglicht. Allerdings haben diese Zutrittskarten den Nachteil der unkomfortablen Handhabung, d. h., sie müssen zur Kontrolle immer in der richtigen Lage in eine bestimmte Lesevorrichtung gesteckt werden. Zutrittskontrollen mit kontaktlosen Systemen bieten hingegen eine wesentlich flexiblere und bequemere Lösung. Die Ausweise sind in verschiedenen Bauformen wie Chipkarten, Schlüsselanhänger oder Armbanduhren erhältlich und müssen nur in einem Abstand von wenigen Zentimetern an dem Lesegerät vorbeigeführt werden. Gewissermaßen im „Vorbeigehen“ kann die Zutrittskontrolle erfolgen, so dass ein schneller und bequemer Einlass gewährt werden kann. Ein weiterer Vorteil liegt in der Wartungsfreiheit der Lesegeräte, die durch Staub, Schmutz oder Feuchtigkeit nicht beeinflusst werden, da die Antennen völlig unsichtbar und vor Vandalismus geschützt „unter Putz“ montiert werden können und keine Öffnungen zum Auslesen vorhanden sind. Grundsätzlich zu unterscheiden sind bei den kontaktlosen Zutrittssystemen Online- und Offline-Systeme.

Online-Systeme

Online Systeme werden vorwiegend eingesetzt, um Zutrittsberechtigungen für eine große Anzahl von Personen an nur wenigen Eingängen zu überprüfen, wie es beispielsweise an zentralen Eingängen zu Büro- oder Betriebsgebäuden der Fall ist. Die Leseterminals an den Eingängen sind über eine Leitungsverbindung an einen zentralen Rechner angeschlossen. Dieser führt eine Datenbank, in der für jedes Terminal die jeweiligen Zutrittsberechtigungen der Datenträger (ID-Nummer) zugeordnet sind und verwaltet werden. Die Datenträger müssen nur wenige Daten speichern können, wie z. B. eine eindeutige ID-Nummer, die für die Zutrittsberechtigung in der Datenbank hinterlegt wird. Bei der Zutrittskontrolle wird die ID-Nummer des Datenträgers kontaktlos ausgelesen, in wenigen Sekunden über die Datenbank geprüft und bei Gültigkeit der Zutritt gewährt. Geht ein Datenträger verloren kann dieser über die zentrale Datenbank schnell und einfach gesperrt werden, um die jeweiligen Bereiche vor unberechtigtem Zutritt zu schützen.

Offline-Systeme

Offline-Systeme werden vor allem dort eingesetzt, wo zu vielen einzelnen Räumen nur jeweils wenige Personen Zutritt haben sollen. Die einzelnen Leseterminals an den Eingängen speichern eine Liste von Schlüsselkennungen, wie z. B. Generalschlüssel-3 und Gästezimmer-517, die hier eine entsprechende Zutrittsberechtigung haben. Ein zentraler Rechner zur Koordinierung und Verwaltung der einzelnen Zutrittsterminals ist nicht vorhanden. Lediglich die Programmierung der einzelnen Datenträger erfolgt an einer speziellen Programmierstation. Auf dem Datenträger resp. dem Schlüssel können die entsprechenden Informationen wie z. B. Gästezimmer-517, Sauna und Fitnessraum sowie Gültigkeitszeiträume in einem Mikrochip gespeichert werden. Wird nun der Datenträger mit entsprechendem Abstand kurz an das Lesegerät gehalten, vergleicht dieses in Sekundenschnelle die gespeicherten Schlüsselkennungen und Daten mit den hinterlegten Informationen und gibt den Zutritt frei, wenn eine Übereinstimmung gefunden wurde. Bei Verlust von Datenträgern muss die Schlüsselkennung in den jeweiligen Leseterminals geändert oder gelöscht werden, um unberechtigten Zutritt zu verhindern [Fink02, S.369 ff].

Ein Anbieter für die o. g. Systeme ist das Unternehmen Häfele GmbH & Co. KG. Das Unternehmen bietet verschiedene Systeme in ähnlicher Form unter dem Namen Dialock-System an. Die elektronische Anlage ist ein berührungslos arbeitendes Identifikations- und Schließsystem. Es ersetzt vollständig die Kombination von mechanischem Schlüssel und Schloss und bietet darüber hinaus noch zusätzliche Funktionen. Neben den oben beschriebenen Zutrittskontrollen können auch Zeiterfassungen erfolgen, Geldbeträge abgebucht sowie Tresor- und Möbelschlösser kontaktlos betätigt werden. [Häfe04-ol, A]

Als kontaktloser Ausweis resp. Schlüssel werden sogenannte „Electronic-Keys“ (vgl. Abb. 17 und 18) verwendet. Alle Varianten enthalten einen Mikrochip und eine Antenne, um die kontaktlose Übertragung von Daten zu gewährleisten. Bei gleicher Funktionalität sind diese, je nach gewünschter Trageweise, in verschiedenen Bauweisen erhältlich. Auch Sonderformen sind je nach Bedarf möglich.

Vor allem bei Schließanlagen steht die Sicherheit im Vordergrund. Damit unberechtigtes Eintreten und Manipulation von außen erschwert werden, sind die Daten auf den Ausweisen mehrfach geschützt:

- In jedem Ausweis ist auf dem Chip ein eigener unveränderbarer Unikatcode fest gespeichert. Er besteht aus einer 32-stelligen Zahl und der Schlüsselnummer. Daraus ergeben sich insgesamt über 4,3 Milliarden unterschiedliche Kombinationen für Schlüsselnummern, die sicherstellen, dass jeder Transponder einzigartig ist.
- Zusätzlich wird ein projektspezifischer Schutzcode vergeben. Dieser soll verhindern, dass Schlüssel verschiedener Projekte mit gleichen Schließdaten (z. B. zwei verschiedene Hotels) vertauscht werden.
- Die vom Anwender vergebenen Zutritts- und Benutzerrechte werden verschlüsselt auf dem Chip gespeichert, um vor Manipulation durch Dritte zu schützen.
- Zusätzlich zur Verschlüsselung der Daten selbst ist auch die Übertragung verschlüsselt.
- Für den Zutritt werden beim Lesevorgang die Zutrittsrechte, der Unikatcode sowie der projektspezifische Schutzcode des Electronic-Keys vom Terminal gelesen, entschlüsselt und kontrolliert.
- Letztlich sind die Daten im Datenspeicher der Transponder auch vor äußeren Einflüssen geschützt. Die Ausweise sind unempfindlich gegen mechanische Einwirkungen, Nässe oder Temperaturschwankungen. Auch Magnetfelder haben kaum Einfluss auf die Daten, lediglich die Lese-Entfernung wird hierdurch verringert. [Häfe04-ol, B]

Das elektronische Identifikations- und Schließsystem Dialock kann durch die Wahl spezifischer Software an die jeweiligen Anforderungen z. B. eines Hotels oder Büros angepasst werden. Als Programmiergerät der Ausweise dient eine zentrale Programmierstation, die an einen PC angeschlossen und dort verwaltet werden kann. Verschiedene zu hinterlegende Funktionen sind hiermit möglich. Dies sind u. a.

Konfiguration der Leseterminals

- Zutrittsrechte, Raumnummern und Zeitzonen werden zentral am PC programmiert und über die Mobile Datentransfereinheit (MDU) an die Leseterminals übertragen.
- Individuelle Zutrittsrechte können direkt am Lesegerät durch Anlernen/Sperren vergeben werden.

Programmierung von Ausweisen/Electronic-Keys

- Verschiedene Ausweis-Typen (z. B. Gast-, Besucher-, Wartungs- oder Personalausweis) mit jeweils spezifischen Zutrittsrechten und Funktionen können definiert werden.

- Zutrittsrechte eines Electronic-Keys können auf bestimmte Zeiten beschränkt werden.
- Die Ausweise können um Zusatzinformationen und -berechtigungen erweitert werden. Es können z. B. Cash-Beträge gespeichert werden, um einen bargeldlosen Zahlungsverkehr zu ermöglichen. Auch die Nutzung bestimmter Serviceangebote (Pay-Tv, Tresor oder Sauna) kann über diese Option gesteuert werden.

Verwaltung von Ausweisen und Räumen

- Zutrittsprotokolle, die in den Leseterminals gespeichert werden, können über die MDU abgerufen und über Datenbankfunktionen verwaltet werden. Dies ermöglicht eine Kontrolle und die Auswertung des Nutzerverhaltens für evtl. Optimierungen.

Ein online-basiertes und vernetztes System ermöglicht zusätzlich die Konfiguration und Ansteuerung von Leseterminals direkt vom PC aus, eine laufende Kontrolle und Protokollierung aller Zutrittsversuche und Schließvorgänge sowie die Sperrung von Electronic-Keys ohne Zeitverzögerung. [Häfe04-ol, C]

Die verwendeten Funkfrequenzen für das kontaktlose Auslesen liegen je nach Ausführung und Anwendung bei 134 kHz oder 13,56 MHz. Bei der ISO 14443 liegt die Lesereichweite bei ca. 10 cm. Die Speicherkapazität reicht von 170 Byte für sehr einfache Zutrittssysteme bis zu 256 und 1024 Byte für komplexere Systeme mit Multiapplikationen. Bei diesen kommen dann Systeme mit zusätzlichen Anwendungen wie z. B. Zeiterfassung, Parken und einfache Bezahlvorgänge hinzu, die auf einem Ausweis integriert werden können. Um dies zu gewährleisten, wird ein spezieller Identifikationsstandard genutzt, der eine herstellerübergreifende Kompatibilität ermöglicht [Dial05-ol, A]. Mit dieser integrierten, durchgängigen Technologieplattform können Systemlösungen wie Zutrittskontrollen, Arbeitszeiterfassung, bargeldlose Bezahlung an Verpflegungsautomaten, Ticketing etc. nach individuellen Anforderungen und Bedürfnissen frei kombiniert und erweitert werden. Nach Angaben des Herstellers dieses Systems sind bis zu 127 unabhängige Applikationen auf einem Transponder resp. Ausweis implementierbar. Eine dynamische Multiapplikationsverwaltung in Form einer zentralen Datenbank ermöglicht es, die Anwendungen zu verwalten und zu integrieren. Der Betreiber muss also nicht mehr für jeden Berechtigten unterschiedliche Electronic-Keys ausstellen, sondern kann einen einzigen Ausweis an die jeweilige Person aushändigen, mit dem eine Vielzahl an Anwendungen nutzbar wird, sofern die benötigten Berechtigungen in der Datenbank hinterlegt sind. [Legi04-ol]

Einige Praxisbeispiele mit dem Identifikations- und Schließsystem sollen weitere Anwendungsmöglichkeiten und ihre Vorteile verdeutlichen.

Hotel, Berlin:

- Zutrittskontrolle für Mitarbeiterbereiche, Wandleser in Auf- und Unterputzmontage
- Sonderlösung: automatische Türsteuerung über Transponder in Uniformen und Wäschewagen, für einen schnelleren und komfortableren Ablauf der Tätigkeiten

- Sehr differenzierte und gleichzeitig flexible Vergabe von Zutrittsrechten: Zutrittshierarchien, Zeitfenster sowie „Dreimonatsschlüssel“ für Saisonkräfte etc. sind möglich
- Steuerung des Service-Fahrstuhls ist integrierter Bestandteil des Systems, um z. B. Vorrangschaltungen durchzuführen oder zutrittsbeschränkte Etagen für Mitarbeiter zu definieren
- Geringer Schulungsaufwand für neue Mitarbeiter aufgrund einfacher Handhabung.
- Kostengünstige Lösung bei Verlust eines elektronischen Schlüssels durch einfache Sperrung des alten Ausweises

Hochschule, Bremen:

- Dialock-Türterminals und online-überwachte Wandleser für Außentüren
- Variable Schließpläne und -hierarchien für die Hochschulverwaltung
- Studenten haben zu den jeweiligen Atelier-Räumen rund um die Uhr Zutritt
- Ein einziger Pförtner genügt zur Überwachung des gesamten Gebäudes
- Ein Saal lässt sich problemlos an externe Nutzer vermieten
- Kostengünstiger Ersatz des Schlüssels bei Verlust

Golfclub, Tangstedt:

- Sicherung der Caddy-Halle über Wandleser
- Elektronisch gesteuerte Schranke zum Parkplatz
- Hoher Bedienungskomfort für die Gäste: Parkplatz und Caddy-Halle lassen sich berührungslos und somit schnell und bequem öffnen.
- Multiapplikation durch Anbindung von bargeldlosen Ballausgabeautomaten
- Zentrale, effektive Verwaltung der Zutrittsrechte sowie einfaches Aufwerten der Ausweise mit Bargeld für den Ballautomat
- kostengünstiger Ersatz bei Verlust des elektronischen Schlüssels
- Möglichkeit der einfachen Erweiterung des Systems – zusätzliche Funktionen und Anwendungen wie z. B. Abrechnung der Mitglieder, bargeldloses Bezahlen im Club sowie Schließsysteme für Schränke etc. können auf dem elektronischen Schlüssel integriert und genutzt werden [Dial05-ol, D]

Auch andere Unternehmen bieten ähnliche Zutrittskontrollsysteme an. Beispielsweise hat ein niederländisches Unternehmen die aUS-merikanische Weltraumbehörde mit der kontaktlosen Smart Card-Chiptechnologie ausgestattet. Das System soll den Zugang zu verschiedenen Einrichtungen durch Smart Cards sichern und dabei den auch von anderen US-Regierungsbehörden verwendeten Sicherheitsstandard unterstützen. Die auf der ISO 14443 basierende Technologie verbessert die Dialogfähigkeit mit anderen Systemen verschiedener US-Behörden, so dass ihre jeweiligen Zutrittskarten wechselseitig auch für andere gesicherte Bereiche unterschiedlicher Behörden zugelassen werden können, um die zwischenbehördliche Zusammenarbeit weiter zu optimieren. [Mifa04-ol]

7.6.2 RFID in der Zufahrtskontrolle

Betriebsparkplätze an Flughäfen, Mietwagenzentren, Universitäten oder einfache Werkszufahrten sind mögliche Einsatzfelder der RFID-Technologie, um die Zufahrten zu regeln und zu kontrollieren. Es werden bereits verschiedene Zufahrten mit RFID-Karten geregelt, jedoch sind die bei der Zutrittskontrolle bewährten Systeme für Anwendungen im Bereich der Zufahrtskontrolle nur bedingt einsetzbar, da die Erkennungsreichweiten von ca. 10 cm für eine berührungslose Identifikation von Fahrzeugen nicht optimal sind. In der Regel müssen Fahrzeugführer ihren Pkw stoppen und sich ggf. anmelden, indem sie ihre RFID-Zutrittskarte vor ein Lesegerät halten. In einigen Fällen muss sogar das Fahrzeug verlassen werden. Ein RFID-Reichweitensystem kann diese Zufahrtskontrolle weiter verbessern. [IDSy05-ol, A]

Die Lebensdauer von Reichweitensystemen ist abhängig von der Systemart des Transponders. Bei aktiven Systemen wird Energie in Abhängigkeit zur Nutzungshäufigkeit verbraucht: Je häufiger das Objekt erkannt werden muss, desto schneller wird die im Transponder eingebaute Batterie entladen. Die semi-passiven Systeme senden hingegen das vom Lese- Schreibgerät empfangene Signal nicht aktiv zurück, sondern reflektieren es lediglich. Daher entspricht der Energieverbrauch in etwa dem Wert der Eigenentladung der verwendeten Batterie, wodurch eine Lebensdauer für den Transponder von sechs bis zehn Jahren realisiert werden kann. [IDSy05-ol, B]

Die RFID-Reichweitensysteme erkennen die mit RFID ausgerüsteten Fahrzeuge bereits auf einige Meter Entfernung und initiieren daraufhin entsprechende Identifikationsabläufe und schließlich die Zufahrt. Damit lassen sich die Durchfahrt und Abfertigung erheblich beschleunigen. Voraussetzung hierfür ist das Markieren der Fahrzeuge mit entsprechenden Transpondern und das Anbringen von Lesegeräten im Umfeld der Zufahrtsschranke. Durch diese Art der Kontrolle entfallen umständliche Leseprozeduren und zeitaufwendiges Anmelden. Es können alle Zu- und Ausfahrten für Lieferanten, Kunden und Mitarbeiter zentral gesteuert und kontrolliert werden. Ein lästiger „Stop and Go“-Verkehr kann durch die sekundenschnelle Legitimation vermieden werden, so dass lange Abfertigungszeiten und Rückstaus auf das Betriebsgelände und die Straße erst gar nicht entstehen. Des Weiteren kann immer festgestellt werden, welche Fahrzeuge wann das Unternehmensgelände verlassen haben und welche sich aktuell auf diesem befinden [IDSy05-ol, A]. Der Transponder in Kreditkartenformat kann z. B. mit einer Rahmenhalterung an der Innenseite der Frontscheibe befestigt werden. Die normale Erkennungsreichweite beträgt hier ca. 4 m. [IDSy05-ol, D]

Darüber hinaus lassen sich Lkw-Container mit Transpondern versehen, so dass auch nachvollzogen werden kann, welcher Lkw mit welchem Container wann das Unternehmensgelände verlässt. Eventuelle Beschädigungen der Container könnten so konkret einem Spediteur zugeordnet werden. [Mafl01-ol]

7.6.3 Zukunftsaussichten

Die US-Regierung plant, weitere Behörden mit der kontaktlosen Zutrittstechnologie auszustatten. In einem Feldversuch im Marshall-Raumfahrtzentrum in Alabama erproben seit Ende 2004 zunächst 2.000 Mitarbeiter die Technologie bezüglich der Kompatibilität mit bereits vorhandenen Sicherheitsstandards. Die Raumfahrtbehörde plant jedoch, nach erfolgreichem Abschluss des Versuchs und bei Zustimmung der Finanzbehörden ihre Lieferanten und Regierungsangestellten mit mehr als 100.000 Smart Cards auszustatten. Dies soll die Sicherheit und den Komfort in Zutrittsbereichen für Behörden und Regierungskunden verbessern [Mifa04-ol]. So lassen sich zahlreiche Beispiele finden, bei denen zunächst die Zutrittskontrolle im Mittelpunkt steht.

Ähnlich wie beim Ticketing sind Wirtschaftlichkeit, Sicherheit und vor allem Komfort die treibenden Argumente für die Verbreitung der kontaktlosen Identifikationstechnologie. Es ist zu erwarten, dass die unterschiedlichsten Anwendungen auf einer Karte kombiniert werden. Unterstützen werden diesen Trend auch die sogenannten Dual-Interface-Karten, insbesondere durch die Kombination und Integration von Bezahlfunktionen. Diese Karten bieten alle Vorteile aus dem kontaktbehafteten Datenverkehr, wie z. B. schnellere und abgesicherte Datenübertragung durch direkten Kontakt zum Chip bei Lese- und Schreibvorgängen. Gleichzeitig bieten die Dual-Interface-Karten aber auch für andere Anwendungen alle Vorteile der kontaktlosen Chipkartentechnologie. Das Scheckkartenformat bleibt dabei erhalten, nur die Funktionen werden erweitert, so dass neben einfachen Zutrittsfunktionen auch erweiterte und komplexere Multiapplikationsanwendungen ermöglicht werden. Alte Codiersysteme wie Magnetstreifen oder Barcode können zusätzlich mit auf der Karte weiterexistieren. [Stör02]

Für sicherheitsrelevante Bereiche werden biometrische Erkennungsverfahren eingesetzt. Je nach Verfahren werden z. B. optisch oder über Sensoren Abdruckdetails eines Fingerabdrucks als Parameter erfasst und mit einem Referenzmuster zur Identifikation verglichen. Bislang wurden die Referenzdatenmengen zentral in Datenbanken abgelegt, was jedoch bei hohen Nutzerzahlen sehr viel Speicherplatz beansprucht und zusätzlich zu verlängerten Suchzeiten führt. Durch die Kombination eines biometrischen Verfahrens mit einem Kartensystem lässt sich die Suchzeit jedoch verringern. An dieser Kombinationsmöglichkeit wird derzeit intensiv gearbeitet, um Sicherheit, Komfort und Schnelligkeit für biometrische Verfahren zu verbessern. [Stör02]

Als Funktionserweiterung für die Zutrittskontrolle in Unternehmen ist zukünftig eine Leistungs- und Verhaltenskontrolle denkbar. Hierzu müssen lediglich mehrere verteilte Lesestationen auf dem Gelände oder im Unternehmen installiert werden. Durch eine

Verstärkung der Lesereichweiten können Routen oder Verhaltensweisen einzelner Personen über den mitgeführten Transponder dokumentiert werden. Durch die Verbindung der Daten aus Zutritts- und Zufahrtskontrollen, der Zeiterfassung sowie bargeldlosem Zahlen in der Kantine können dann auch Rückschlüsse auf das Leistungsverhalten einzelner Mitarbeiter erfolgen und eventuell als Kündigungsgrund vorgebracht werden. Dies soll nur ein mögliches Szenario darstellen, bei dem rechtliche Grundlagen nicht berücksichtigt werden. Allerdings wäre diese Kontrollmöglichkeit bei entsprechender Zustimmung vom Betriebsrat vorstellbar.

Ähnlich wie im Unternehmen könnte die Beobachtung oder Verhaltenskontrolle einzelner Personen während einer Großveranstaltung verlaufen. Bereits bei der WM 2006 wurden Zutrittstickets eingesetzt, die mit Personaldaten verbunden wurden. Legitimiert wird diese Vorgehensweise über die Allgemeinen Geschäftsbedingungen, so dass eine Beobachtung über Lesegeräte am Eingang sowie in verschiedenen Durchgangsbereichen ermöglicht werden kann. Sicherheitsdienste oder die Polizei könnten bereits im Vorfeld auffällig gewordene Personen über eine Datenbank herausfiltern, innerhalb des Geländes lokalisieren und entsprechend kontrollieren. [ÖWH+04, S.103f]

7.7 Diebstahlsicherung

7.7.1 Anwendung als einfache Warensicherung

Bereits vor etwa 40 Jahren wurden erste 1-Bit-Systeme zur elektronischen Diebstahlsicherung bzw. Warensicherung verwendet. Mit diesem Transponder-Typ können nur zwei Zustände unterschieden werden: „0" und „1". Hierbei bezieht sich der Zustand „1" auf die Erkennung eines Tags und der Zustand „0" auf einen deaktivierten oder fehlenden Tag. Für den Einsatz der 1-Bit-Transponder, z. B. als Diebstahlschutz in Warenhäusern, gibt es mehrere technische Varianten, vom Aufbau jedoch sind die Systeme identisch. Sie bestehen aus einer Antenne (z. B. Durchgangsleser am Ausgang), dem Transponder am zu sichernden Objekt sowie einer Station zum Deaktivieren des Transponders nach dem rechtmäßigen Erwerb. Verbleibt der Transponder an der Ware, muss er nach dem Erwerb an der Kasse deaktiviert, also auf „0" gesetzt; werden. Hierzu muss dieser so verändert werden, dass die Diebstahlsicherung (z. B. ein Alarmsignal) beim Durchqueren des Durchgangslesers nicht aktiviert wird. Um dies zu erreichen; wird der Transponder an einem spezielleN Gerät (Deaktivator) einem starken Magnetfeld ausgesetzt, um mit der so induzierten Spannung den Folienkondensator im Transponder zu zerstören. Die Kondensatoren besitzen dazu eigens eingebaute Sollkurzschlussstellen, sogenannte Dimples. Moderne Kassensysteme können diesen Vorgang bereits bei der Registrierung des Preiscodes ausführen. [Fink02, S.30ff]

7.7.2 Zukunftsaussichten

Zukünftige RFID-Lösungen in Warenhäusern gehen über die einfache Diebstahlsicherung mit 1-Bit-Transpondern hinaus. Viele Produkte werden dann nicht erst im Warenhaus mit einem Transponder versehen, sondern bereits bei der Herstellung versteckt integriert. Diese Transponder enthalten dann neben der Diebstahlsicherung zusätzlich im Mikrochip gespeicherte Informationen über das Produkt, um beispielsweise Inventuraufgaben im Einzelhandel zu optimieren. Vor allem hochwertige und fälschungsgefährdete Produkte werden mit einem Transponder zusätzlich gesichert. Auch die Produktpiraterie kann hiermit eingedämmt werden: Werden in Originalprodukte schon bei der Herstellung spezielle Transponder integriert, kann dieser dann zur Echtheitszertifizierung herangezogen werden, um Plagiate vom Markt zu verdrängen. [Rent04-ol]

Die nächste Generation von Wegfahrsperren wird zusätzlich ein kryptologisches Zutrittssystem beinhalten. Lesegeräte in den Türen werden bereits hier erste Authentizitätsverfahren durchführen, um den Einlass ins Fahrzeug zu sichern [Fink02, S.388]. Neben dem reinen Öffnen und Schließen der Türen sowie der Funktion als Zugangsberechtigung für Zündschloss und Wegfahrsperre werden Zündschlüssel der Zukunft auch andere Aufgaben übernehmen. Beispielsweise können Komforteinstellungen des Autos personalisiert werden, d. h., bevorzugte Radiosender, Sitzeinstellungen oder favorisierte Temperaturwerte der Klimaautomatik können dann auf dem Schlüssel gespeichert und beim Zusteigen des Fahrzeugs abgerufen werden. So kann jeder Fahrer seinen ganz individuellen Komfort jederzeit beim Einsteigen in das Fahrzeug automatisch wiederherstellen. Neben der Wegfahrsperre für den Schutz vor Diebstahl ganzer Fahrzeuge sollen Transponder auch den Diebstahl von einzelnen Bauteilen erschweren. Versteckt und nicht entfernbar an Fahrzeugteilen untergebrachte RFID-Transponder werden die Identifikation und Rückverfolgbarkeit von gestohlenen Einzelteilen zukünftig erleichtern. [Muks04-ol]

Teil 8

Ausgewählte Praxisbeispiele und -projekte

Ausgewählte Praxisbeispiele und -projekte

8. Ausgewählte Praxisbeispiele und -projekte

In den letzten Jahren wurde eine Reihe von Projekten initialisiert, um die Technologie und den betriebswirtschaftlichen Nutzen zu erforschen oder sie konkret in bestimmten Bereichen einzusetzen. Die Diskussion und Betrachtung dieser Projekte beschäftigt besonders seit 2002 Kongresse und Autoren. Veröffentlichungen beleuchten immer wieder Technologie und Anwendungsszenarien. Bei der Mehrzahl der Projekte handelte es sich, obwohl teilweise schon mehrjährig im Betrieb, lediglich um Insellösungen oder Pilotprojekte, die nur den einen oder anderen Teil des Wertschöpfungsprozesses durch die Nutzung elektronischer Etiketten unterstützen. Visionen ergänzen diese Projekte und es werden Entwicklungsszenarien beschrieben. Insbesondere hohe Kosten oder die Problematik der Standardisierung haben oft jedoch vor einer über Unternehmensgrenzen hinaus funktionierenden Einführung abschrecken lassen. Hinzu kommen gewisse Unsicherheiten, die neue Technologien mit sich bringen. Im Fall von RFID können Datenschutz, Integrationsproblematik, ungenügende Standardisierung oder zu hohe Kosten genannt werden.

Im Folgenden sollen einige Praxisbeispiele und Projekte vorgestellt werden, die repräsentativ für eine Vielzahl bereits existierender Projekte stehen. Inwieweit diese erste Wege zu einer Einführung über Unternehmensgrenzen hinaus aufzeigen, Lücken in der Supply Chain schließen oder Produkte intelligenter machen, kann am Beispiel von Metro betrachtet werden. Dort arbeiten Hersteller, Lieferanten, Händler mit Logistikern und IT-Unternehmen zusammen, um zu einer marktfähigen Lösung zu kommen. Es wird damit ein möglicher Weg zur Massenanwendung aufgezeigt. Alle Projekte sollten aber immer kritisch betrachtet werden. Insbesondere Hinweise zu Machbarkeit und Problemen müssen berücksichtigt werden, damit nicht der Eindruck einer „Alles ist machbar"-Betrachtung entsteht.

8.1 Supply Chain für Warenhaus und Supermarkt (Metro Group)

Bereits im Jahr 1996 wurden erste Veröffentlichungen zum künftigen Einsatz elektronischer Etiketten im Einzelhandel publiziert. Die Idee, Transponder auf Produkten anzubringen, die an der Supermarktkasse automatisch ausgewertet werden, um so den oft lange dauernden Prozess des Bezahlens an der Kasse abzukürzen, wurde schon damals entwickelt. Pilotanwendungen ließen jedoch bisher auf sich warten [Pfla01, S. 57]. Das spanische Einzelhandelsunternehmen Informática El Corte Inglés dürfte einer der ersten Anwender von RFID sein. Schon im Jahr 1998 startete das Unternehmen ein Pilotprojekt und führte 1999 das System in einem Geschäft in der Innenstadt von Madrid ein.

Erst drei Jahre später kündigte dann WalMart den großflächigen Einsatz an, zog aber schnell wieder die Notbremse. Metro hingegen versuchte es zuerst an zwei Pilotprojekten, um schließlich auf den großflächigen Einsatz überzugehen. Aufgrund der mittlerweile vorliegenden umfangreichen Informationen sind die Metro-Projekte damit auch die am ausführlichsten diskutierten Projekte weltweit. Sie untersuchen nicht nur den theoretischen Nutzen, sondern bieten auch handfeste Informationen zur Einführung und beinhalten Daten zu den Ergebnissen oder behandeln bestimmte Problematiken. Im Folgenden sollen die Metro-Projekte deshalb ausführlicher betrachtet werden. Schließlich ist der Handelsriese eines der ersten Unternehmen, das seit November 2004 anhand eines Stufenplanes mit dem großflächigen Einsatz begonnen hat.

8.1.1 Vom Hersteller zum Kunden (Kaufhof, Gerry Weber)

Kaufhof Warenhaus AG (Metro Group)	
Tätigkeitsbereich:	Handelsunternehmen
Wichtige Daten:	Gegründet: 1879, 27.000 Mitarbeiter, 3,8 Mrd. Euro Umsatz, 134 Filialen in Deutschland und Belgien, täglich 2 Mio. Kunden auf 1,5 Mio. m² Verkaufsfläche (2003)
Kunden:	Endkunden/Verbraucher
Gerry Weber International AG	
Tätigkeitsbereich:	Bekleidungshersteller
Wichtige Daten:	Gegründet: 1973, 1.637 Mitarbeiter, 350,1 Mio. Euro Umsatz, 70 Stores und „Houses of Gerry Weber", 630 weitere Shops z. B. in Galeria Kaufhof Filialen (2003)
Kunden:	eigene Filialen/Shops
RFID-Projektdaten	
Transponder:	13,56 MHz (ISO 15693)
Ausgerüstete Einheiten:	Bekleidungsstücke
Einsatzbereich:	Distributionsweg, d. h. entlang der Supply Chain vom Hersteller bis zum Kunden
Projektzeitraum:	5 Monate (Planung: ab 05/03, Durchführung: 07-11/03)
Projektdaten:	ca. 1,5 Mann-Jahre an Zeitaufwand (Projektleitung) ca. 0,30 Euro je Transponderetikett (Beschaffungskosten) RFID-Ausstattung: Gerry Weber, Meyer & Meyer: Gates f. Warenausgang, Drucker (Artikeletiketten) Kaufhof-Verteillager Neuss-Norf: Gates f. Warenein-/-ausgang, Drucker (NVE-Etiketten) Kaufhof-Filialen in Wesel/Münster: 2 Warensicherungsschleusen, 3 Kassen, 2 mobile Reader, 1

	intelligenter Kleiderständer, 1 Regalantenne, 2 Drucker
Projektpartner:	Kaufhof (Projektkoordination u. Partnermanagement), Siemens Business Service (Systemintegration), EuroHandelsInstitut (Wissenschaftliche Begleitung), Tricon, Meyer & Meyer, Fraunhofer Institut für Materialfluss und Logistik (IML), Fraunhofer Institut für Mikroelektronische Schaltungen und Systeme (IMS)

Tabelle 17: *Unternehmens- und Projektinformationen: Kaufhof und Gerry Weber [Metr04d, S. 7] [Metr05-ol]*

Die Kaufhof Warenhaus AG, eine Tochter der Metro Gruppe, hat zusammen mit dem Bekleidungshersteller Gerry Weber und dem Logistikdienstleister Meyer & Meyer in einem fünfmonatigen Pilotprojekt RFID zur Abbildung des gesamten Distributionsweges vom Hersteller bis zum Kunden in der Filiale eingesetzt.

Projektziele:

Maßgeschneiderte Produktangebote, persönlicher Service und die Verfügbarkeit regelmäßig wechselnder Kollektionen, die zeitnah in den Filialen zur Verfügung stehen und zu einem entsprechenden Preis-Leistungs-Verhältnis verfügbar sind, gewinnen im Bekleidungshandel zunehmend an Bedeutung. Diese Ziele lassen sich nur durch eine kontinuierliche Prozessoptimierung erreichen.

Die Transparenz in der Logistik erhöhen, das Reduzieren von Sendungsverlusten und die Prozessgeschwindigkeit und -qualität zu steigern sind wesentliche Ziele von Handelsunternehmen. Das Pilotprojekt sollte am Beispiel der Textilkette darüber Auskunft geben, inwieweit sich diese Ziele durch den Einsatz von Transpondern erreichen lassen.

Erkenntnisse über Nutzung, technischen Möglichkeiten, Grenzen, die Wirtschaftlichkeit und Möglichkeiten der Weiterentwicklung und Forcierung der Modernisierungsprozesse sollten gewonnen werden, um damit Prozessabläufe innerhalb der Logistikkette zu beschleunigen und das Warenmanagement effizienter zu gestalten [Siem]. Die Aufstellung einer Wirtschaftlichkeitsberechnung stand ebenfalls im Mittelpunkt des Projektes.

Die gewonnenen Informationen sollen nach dem erfolgreichen Abschluss zur Erfassung weiterer erzielbarer Potentiale und zur Ableitung eines Anforderungsprofils für eine branchenweite Umsetzung in der Textil-Logistikkette genutzt werden.

Die Untersuchung richtete sich auf den Einsatz von Transpondern auf Versandeinheiten und auf Artikeln.

Eingesetzte Technik:

Da zu Beginn des Projektes nur ein Standard existierte, wurden Einwegtransponder in Etikettenform eingesetzt, die einen passiven 13,56 MHz-Transponder beinhalteten (Fa. Philips Semiconductors und für die Auszeichnung der Mehrweg-Behälter, der Liegend- und Hängeware verwendet wurden. Der Aufwand für den Aufbau der Projektinfrastruktur sollte möglichst gering gehalten werden, weshalb die RFID-Technologie in die normalen Abläufe integriert wurde [Metr04d, S. 16]. Aus diesem Grund kam auch nur ein Frequenzbereich zum Einsatz. Während des Projektes konnten Reichweiten zwischen ca. 70- max. 140 cm in Abhängigkeit vom eingesetzten Lesegerät und der Ausrichtung bzw. Antennengeometrie erzielt werden. Die Speicherkapazität der verwendeten Transponder lag im Pilotprojekt bei 1024 Bit. Jedoch hätte sie bis zu 10.000 Bit gesteigert werden können, um weitere Informationen wie z. B. zum Produkt, zur Herstellung und zur Logistik speichern zu können.

Der EPC konnte im Rahmen dieses Projektes nicht verwendet werden, da er zu Beginn noch nicht verabschiedet worden war. Auf dem Transponder wurden deshalb die Art des Transponders (Artikel oder Versandeinheit), die Europäische Artikelnummer (EAN), die interne Gerry Weber-Identnummer und eine Warensicherungskennzeichnung gespeichert. [Metr04d, S. 16]

Aufgrund der unterschiedlichen Transporteinheiten, Handlings- und Kommissioniervorgänge wurden an den Kontrollpunkten aufgaben- und warengruppenspezifisch (Hänge-/Liegeware) verwendbare Schreib- und Lesegeräte verschiedener Hersteller (Siemens A&D, Omron, und Nedap Systems) eingesetzt, in Abhängigkeit, insbesondere von Größe der Ware/Transporteinheiten, der Position und Entfernung zwischen Lesegeräten und Transpondern. Andere Lesegeräte waren für einige Vorgänge in ihrer Leistung zu schwach, oder trotz der vorhandenen Standardisierung konnten nicht alle Testgeräte die Transponder auslesen.

Abbildung 36: *Smartlabel (13,56 MHz)*

Um die unterschiedlichen Aufgaben zu erfüllen, mussten für einige Bereiche Spezialgeräte gebaut werden. Dazu gehörten aus Holz gefertigte Gates der Firma Omron, die über Rollbahnen für Liegeware im Wareneingang des Verteilzentrums in Neuss eingesetzt wurden. Auch Anpassung der von Siemens hergestellten Moby-Gates waren notwendig, denn die rauen Lager- und Einsatzbedingungen haben gezeigt, dass die üblichen Gates in Leichtbauweise für den Lagereinsatz nicht geeignet sind. Ein Tisch zur Erfassung der Inhalte der Transportbehälter wurde ebenfalls konzipiert. Unter diesem Tisch befindet sich eine Leseeinheit, die die Inhalte der fertig gepackten Transportbehälter gelesen und überprüft hat.

In den Kaufhof-Filialen wurden zusätzlich Regale (s. Abbildung 24) oder Kleiderständer mit entsprechenden Lesegeräten ausgestattet. Problematisch hierbei war der Einfluss des Metalls der Warenpräsenter auf die Leseversuche, weil z. B. eine unter der Leseeinheit angebrachte Metallstange ein Großteil der Energie absorbierte. Ein laufender Bestandsabgleich war in den Filialen dadurch nur bedingt möglich.

Für den Verkauf wurde eine spezielle Kasse mit einer Lese-/Schreibeinheit ausgerüstet, damit die Ware gesammelt gebucht werden konnte.

Alle innerhalb des Pilotprojektes zur Datenerfassung verwendeten Rechner sowie der zentrale PC in der Hauptverwaltung waren miteinander vernetzt. Zusätzlich wurden an den Teststandorten eigene Datenbanken aufgebaut, die die gesammelten Daten dem Hauptrechner (Fujitsu-Siemens mit Intel Xeon Prozessoren) in der Kaufhof-Hauptverwaltung zur Verfügung stellten.

Einsatzbereich der Transponder & Weg der Etiketten durch die Supply Chain:

Im Rahmen des Pilotprojektes wurden die Transponderetiketten durch die Kaufhof Warenhaus AG beschafft und an den Bekleidungshersteller Gerry Weber übergeben, der das Bedrucken und die Datenspeicherung auf den Transponderetiketten vorgenommen hat. Die Etiketten und die Ware wurden zusammen an den Logistikdienstleister Meyer & Meyer, der für die Umetikettierung und die Vorkommissionierung der Ware, die für den Verkauf in den zwei Testfilialen Münster und Wesel vorgesehen war, weitergeleitet.

Dann wurde die Ware, die bei der Vorkommissionierung teilweise in Kartons als Liegeware (T-Shirts und Pullover) verpackt worden war oder als Hängeware (Kleider und Anzüge), an das Verteilzentrum in Neuss-Norf weitergeleitet.

Abbildung37: *Erfassen der Ware am Warenausgang* [FS05-ol]

Im Warenausgang der Firma Meyer & Meyer wurde die Ware vor der Verladung das erste Mal erfasst.

Im Wareneingang des regionalen Verteillagers in Neuss-Norf erfolgte erneut die Mengenkontrolle der Liege- und der Hängeware. Das aufwändige Zählen entfiel. Durch die Belieferung mittels des Crossdocking-Verfahrens (Ware muss nicht mehr vorkommissioniert werden, weil sie bereits entsprechend der Bestellungen der Filialen gepackt waren) wurde die Ware nach Anbringung des NVE-Etiketts (entspricht dem von der CCG standardisierten Transportbeleg), so wie sie ankam, an den Warenausgang weitergeleitet. Anhand der EAN wurde ein NVE-Transponder erstellt und dieser an dem NVE-Etikett befestigt. Eine Zwischenlagerung der Ware entfiel. Am Warenausgang erfolgte nun ein RFID-Scannvorgang aller Transponder, also auch des NVE-Transponders, um gleichzeitig die Sendungskontrolle (Menge/Bestimmungsort) sicherzustellen. Anschließend wurde die Ware an den entsprechenden Gerry Weber-Shop in den Kaufhoffilialen Münster und Wesel weitergeleitet.

Dort erfolgten am Wareneingang das Erfassen der Ware und der Abgleich der Daten mit den Werten in der Datenbank des Warenwirtschaftssystems. [Metr04d, S. 16f]

Zur Erfassung der Ware, also zum Bestandsmanagement und zur Überprüfung des Kundenverhaltens (Entnahme, Zurücklegen der Ware, Anprobe oder kein Interesse), wurden die Regale und Kleiderständer in den Verkaufsräumen mit RFID-Antennen ausgestattet. Der Bestandsabgleich erfolgte alle fünf Sekunden.

Wenn ein Kunde einen Artikel zur Bezahlung mit an die Kasse nahm, wurde der Transponder an der Kasse erfasst und entfernt. Durch die Ausrüstung der Filialen mit Lesegeräten war eine Inventur per Knopfdruck möglich. Die Artikel ließen sich jederzeit lokalisieren. [Metr04d, S.18]

Durch die Ausstattung der Kassen mit dem System, deren Anbindung an das Warenwirtschaftssystem und die dadurch schnellere Erfassung der gesamten Ware konnten die Bezahlvorgänge schneller vorgenommen werden. Dazu musste die Ware lediglich auf den Kassentisch gelegt werden. Die Etiketten wurden zeitgleich entfernt. An den Rolltreppen befanden sich zwei Warensicherungsschleusen, die eine unberechtigte Entnahme der Ware verhindern sollten. Hätten diese den Status „nicht verkauft" signalisiert, wäre ein Alarmsignal ausgelöst worden.

Qualitative Ergebnisse und Probleme:

Bei den Leseergebnissen lag der Anteil an erfolgreich ausgelesenen Transpondern bei der Liegeware bei ca. 99%. Zu einer Beeinträchtigung der Leseergebnisse kam es hingegen bei der Hängeware. Gründe hierfür waren eine Ausrichtung der Transponderantennen zu den Antennen der Lesegeräte von etwa neunzig Grad und die dicht beieinander hängenden Transponder bei Bekleidungsstücken aus dünnem Gewebe. Die Schutzfolie und das Zusammenfassen der Ware verstärkten diesen Effekt noch.

Neben dem laufenden Betrieb wurden an den Installationen auch sogenannte Stresstests durchgeführt. Dabei wurde festgestellt, dass die Transponder mindestens einen Abstand von 0,5 cm voneinander haben sollten. Im Fall einer 100-%igen Überdeckung der Transponder, also wenn sie das Gate auf gleicher Höhe passieren, muss ein Mindestabstand von 1,5-3 cm eingehalten werden, damit es nicht zu einer Beeinträchtigung der Leseergebnisse kommt.

Bei Tests mit verschiedenen Materialien wurde festgestellt, dass Wasser keinen Einfluss auf den Lesevorgang hat. Metall bereitet Schwierigkeiten, weil es die Energie des vom Lesegerät ausgestrahlten Feldes teilweise absorbiert. Hierbei gilt: Je größer die Metallfläche, desto schlechter ist die Lesequalität. 2-Cent-Münzen sowie auch Knöpfe und Reißverschlüsse bereiten keine Schwierigkeiten. Bei Metallflächen in Größe einer Streichholzschachtel sollte ein Abstand von mindestens 0,5 cm eingehalten werden. Auf Gürtelschnallen angebracht, können Transponder nicht ausgelesen werden. Bei einem flächendeckenden Einsatz muss deshalb in den Fillialen auch der Einsatz alternativer Materialien überlegt werden oder es müssen Transponder entwickelt werden, die weniger empfindlich auf Metall reagieren.

Bei der Anzahl der erfassten Objekte konnten bei Hängeware bis zu 180 Transponder gleichzeitig erfasst werden, wobei die Ware 20 Sekunden im Lesebereich der Schleuse verweilen musste. Kartons mit Liegeware und einer Anzahl von 60 Transpondern konnten ohne Probleme innerhalb von etwa drei Sekunden ausgelesen werden (größere Stückzahlen wurden nicht getestet).

Das Projekt hat aber auch weitere Schwachstellen der RFID-Technologie aufgezeigt, wobei die meisten durch einen geringen Reorganisationsaufwand oder durch eine Optimierung der Logistikprozesse beseitigt werden konnten. Leistungsgrenzen, wie die Lesereichweite, müssen zu einem akzeptablen Preis erhöht werden.

Natürlich können auch Fehler auftreten, wenn z. B. das Etikett eines Produktes fehlt und dieses bei der Inventur „als nicht vorhanden" erfasst wird bzw. ohne eine Warensicherung „mitgenommen" werden kann. Auch ein produktloses Etikett könnte ins Lesefeld einer Antenne geraten und somit zu einer gefälschten Inventurabgabe führen. Eine Inventur per Knopfdruck lässt sich für alle Bereiche in der Filiale nicht realisieren, da im Ladenbau zum Großteil noch Metall verarbeitet wird (auch zu Designzwecken). [Kran04b, S. 20]

Trotzdem haben die Erfahrungen aus dem Projekt gezeigt, dass die Smartlabel mit einer Arbeitsfrequenz von 13,56 MHz die für den Handel definierten Anforderungen (mit der Ausnahme der Warensicherungsfunktion, Erläuterung im nächsten Absatz) erfüllen, wenn mit mobilen Erfassungsgeräten auch unter realen Bedingungen eine Mindestreichweite von ca. 60-80 cm erreicht werden kann. Des Weiteren wäre für die Datenübertragung ein flächendeckender Ausbau des WLan erforderlich, dessen Stromversorgung allerdings in den Warenhäusern erhebliche Installationsarbeiten mit sich bringen würde. Eine 100 %-Warensicherung auf der Frequenz von 13,56 MHz ist in Deutschlands Warenhäusern zurzeit technologisch noch nicht möglich, da für Ausgänge und Fluchtwege[46] eine Mindestbreite von 2 m vorgeschrieben ist. Dies ist mit 13,56 MHz und einer Stärke von 0,5 Watt derzeit nicht realisierbar, da die Lesereichweite max. 1,5 m beträgt. [QuNL04, S. 144] [Inte04c]

Datenschutz:

Die Fa. Siemens Business Service, die das Projekt begleitet hat, sieht die Verantwortung für die Einhaltung des Datenschutzes bei den Handelsunternehmen. Das funktioniert in diesem Projekt so, dass sich nach dem Kauf die an den Etiketten angebrachten Transponder problemlos mit der Schere entfernen ließen. Die Interessen von Handel und Endkunden werden dabei berücksichtigt [Schw04a].

Akzeptanz bei den Mitarbeitern:

„Die Mitarbeiter in der Logistik hatten -aufgrund des geringen Wareneingangs – nur wenig Berührungspunkte mit der Technologie. Die Akzeptanz dort ließ sich deshalb nicht ausreichend messen."

Hingegen sammelten die Mitarbeiter in der Filiale bei der Bestandszählung und den Kassiervorgängen reichlich Erfahrungen. Insgesamt wurde die Technik als positiv bewertet, weil die Vorgänge in der Filiale beschleunigt wurden.

---

46 vgl. auch § 8-12 Verkaufsstättenverordung (VkVO) NRW [BGE04-ol]

Prozessergebnisse:

Vor der RFID-Einführung wurde im Wareneingang in Neuss-Norf die Hängeware üblicherweise auf Trolleys angeliefert und jedes Teil (diese sind im Normalfall mit einem Barcode-Etikett und mit einer dünnen Kunststoffschutzfolie versehen) gescannt. Im Wareneingang erfolgte eine manuelle 100-%ige Mengenkontrolle (Zählen der Bügel) und stichprobenartig in 10% der Fälle ein direkter Auftragsabgleich durch das Scannen der Etiketten.

Durch den Einsatz von RFID erfolgte im Pilotprojekt eine 100-%ige vollautomatische Mengen- und Auftragskontrolle. Im Einzellfall hat die Schutzfolie über der Kleidung den Scanvorgang behindert.

Normalerweise wurden während einer zweistufigen Kommissionierung die Waren zusätzlich mit einem Warensicherungsetikett versehen. Nach der Anbringung des Lieferscheines erfolgte ein manueller Auftragsabgleich per Einzelscann oder mittels Vollkontrolle am Warenausgang.

Während des Pilotprojektes wurde die Warenausgangskontrolle mittels eines RFID-Gates durchgeführt. Die Effizienzsteigerungen (nach REFA), die erzielt werden konnten, beliefen sich bei der Datenerfassung auf den Faktor 9. Die kontrollierten Auslieferungen von 10% konnten auf 100 % gesteigert werden. Neben dem automatischen Auftragsabgleich wurde im gleichen Prozessschritt der Lieferschein erstellt.

Die Liegeware wurde bisher in Kartons verpackt auf einer Palette beim Dienstleister angeliefert. Dann wurden die Barcode-Etiketten an den Textilien einzeln für die Wareneingangskontrolle und als Lieferscheinabgleich gescannt und sortenrein in die Mehrweg-Behälter gelegt. Danach erfolgte eine auftragsbezogene Sammlung der Ware in Kommissionierbehältern. Für den erneuten Auftragsabgleich war eine erneute Einzelscannung auf dem Packtisch erforderlich, d. h. bevor die Ware in Kartons verpackt wurde. Auf den Kartons wurde wiederum ein Transportetikett angebracht, das Daten über den Kartoninhalt und die Kundeninformationen enthielt. Zur Versendung wurden die zugeklebten Kartons auf Paletten gepackt, wobei die Etiketten nach außen hin lesbar sein mussten.

Für das Pilotprojekt wurde auf dem Packtisch eine Leseeinheit aufgebaut, die eine Pulkerfassung kommissionierter und verpackter Waren ermöglichte. Je nach Anzahl der im Karton befindlichen Produkte ließ sich bei den Identifikationsvorgängen eine sieben- bis zehnfache Bearbeitungsgeschwindigkeit realisieren. Beim Logistikdienstleister wurden Zeitaufnahmen für die einzelnen Identifikationsprozesse durchgeführt, die Aussagen über die Effizienz der Technik lieferten.

Durch die Erfassung an den verschiedenen Stationen war es außerdem möglich, den Weg der Kleidungsstücke vom Hersteller bis zum Verkauf lückenlos zu dokumentieren.

Die zweimal jährlich durchzuführende Inventur ließ sich durch RFID viermal schneller durchführen, da die Ware nicht mehr einzeln, sondern im Vorbeigehen gescannt wurde.

Mobile Lesegeräte mit einer Reichweite von 40-60 cm wurden hierzu eingesetzt. Durch die Anbringung in den Regalen war außerdem jederzeit eine Inventur in Echtzeit möglich und die Mitarbeiter fanden die Ware leichter im Verkaufsraum. [Metr04d, S. 37]

Projektergebnis und Zukunftsaussichten:

Die Teilergebnisse des RFID-Pilotprojektes zeigen, dass viele logistische Prozesse beschleunigt und vereinfacht werden können. Hierbei ist von einem besonders großen Nutzen durch den Einsatz der RFID-Technologie bei Logistikdienstleistern und deren Verteilzentren auszugehen, die die Waren beim Handling und bei der Kommissionierung -bis dato ohne Transponder – mehrfach einzeln erfassen müssen. So konnte u. a. durch die Pulkerfassung der Hänge- und Liegeware eine sieben- bis neunfache Effizienzsteigerung erreicht werden.

Der Einsatz von Transpondern auf Produktebene bietet weitere Nutzungsmöglichkeiten für Logistik und den POS. Noch verhindern eine nicht ausreichende Leistung und die hohen Anschaffungs- und Installationskosten für die Hardware die flächendeckende Nutzung bei Metro auf Artikelebene. [Metr04d, S. 35]

Wirtschaftlichkeitsprognose für den zukünftigen Einsatz:

Bei der Bewertung des Pilotprojektes nach der Wirtschaftlichkeit wurden von Kaufhof und Gerry Weber Kosten und Nutzen an allen Stationen entlang der SC gegenübergestellt und Rahmenbedingungen definiert (s. Tabelle 18). Daraus wurden zwei Zukunftsszenarien entwickelt, die zum einen die Anwendung von Mehrwegetiketten und zum anderen die Anwendung von Einwegetiketten untersuchten.

Rahmenbedingungen	Berücksichtigte Elemente (Kalkulation)
– 100 % Vorauszeichnung beim Hersteller – Transponder auf jedem Produkt und jeder Versandeinheit – keine Transponderintegration in der Ware – Transponderkosten trägt Gerry Weber – Umlaufkosten für wiederverwendbare Transponder trägt Kaufhof – betrachtet werden 6 Kaufhof-Lager, 4 regionale Verteilläger und 2 Zentralläger – Fokus auf 13,56 MHz, bei Versandeinheiten 868 MHz	– Hardware inklusive Etiketten – Software für die Einführung von RFID – Schulungsmaßnahmen – Neuinvestitionen nach 3 und 6 Jahren – wiederverwendbare Transponder mit 2 Frequenzen (1 Euro/Stück) und 15x beschreibbar – Einweg-Transponder auf Artikelebene mit 2 Frequenzen (60 Cent/Stück) – Einweg-Transponder auf Versandeinheiten (50 Cent/Stück) – etwa 95 Mio. Verkaufeinheiten in 116

– gesamtes Gerry Weber-Sortiment wird betrachtet – bei Kaufhof werden die Warengruppen Damenoberbekleidung, Herrenkonfektion, Alles für's Kind, Wäsche betrachtet	Kaufhof-Filialen und 6 Kaufhof-Lagern – 1,2 Mio. Units in 6 Kaufhof-Lagern – 12 Mio. Verkaufseinheiten (VKE) bei Gerry Weber

Tabelle 18: *Rahmenbedingungen, Wirtschaftlichkeit (Kaufhof, Gerry Weber)* [Metr04d, S. 25]

- Szenario I (Mehrwegetiketten):

  Durch den Einsatz von Mehrwegetiketten und deren Abrechung auf Miet- und Transportkostenbasis würde sich die Investition für Gerry Weber nach ca. 1,5 Jahren rechnen (ROI). Dabei wird von einer einmaligen Investition in die Hardware (Lesegeräte und Drucker) und von der Ausrüstung des kompletten Sortimentes (90 Mio. Stück) ausgegangen (s. Tabelle 18). Der Kaufhof trägt die Kosten für den Etikettenumlauf und Transport.

- Szenario II (Einwegetiketten):

  Der Einsatz von Einwegetiketten hätte sich aufgrund der hohen Transponderpreise für Gerry Weber nicht gerechnet. Die Gewinnzone hätte das Unternehmen auf absehbare Zeit nicht erreicht.

Annahmen
– Einsatz von Mehrwegetiketten – Mietkosten für Etiketten übernimmt Gerry Weber, Kaufhof die Kosten für den Umlauf (Kosten für jeden 5 Cent) – Auszeichnung durch Gerry Weber – keine Ausstattung von Regalen oder Warenständern – Integration der Warensicherung

Tabelle 19: *Annahmen für den Einsatz (Kaufhof)* [Metr04d, S. 30]

Aufgrund der gewonnenen Erfahrungen wurde unter bestimmten Annahmen die Kosten und der Nutzen entlang der gesamten Prozesskette für die Kaufhof Warenhaus AG ermittelt. [Buch04a, S. 40] [QuNL04, S. 144] [Metr04d, S. 15ff]

Ähnliche Beispiele:

- Bereits im September 1998 hat das spanische Unternehmen Informática El Corte Inglés (http://www.ieci.es) den möglichen Einsatz elektronischer Etiketten getestet. Nach dem erfolgreichen Abschluss der Tests kam das System in der Einzelhandelsfiliale „El Corte Inglés Princesa" in einer der Madrider Einkaufsstraßen zum Einsatz. Während der Produktion oder im Geschäft wird die Ware mit Smartlabels ausgerüstet, die dann bis zum Verlassen des Geschäfts an der Ware bleiben. Im Geschäft wird durch Scannern an den

Regalen die Inventur vereinfacht. Hochwertige Ware wie Schmuck oder elektronische Artikel werden kontinuierlich gescannt und lösen einen Alarm aus, wenn sie unberechtigt aus den Regalen entnommen werden [Pfla01, S. 58]. Die Transponder werden zur Sicherheit auch in den Verpackungen eingesetzt, damit der Diebstahlschutz nicht ausgetrickst werden kann. Durch einen Scanner mit großer Reichweite werden an der Kasse alle Artikel gleichzeitig erfasst, der Kassenbeleg gedruckt und die Diebstahlsicherung deaktiviert. Der Transponder wird dort für die Garantie oder zu Wartungszwecken am Gerät mit dem Verkaufsdatum der Ware überschrieben, um ein unerwünschtes Lesen und eine Neuberechnung der Produkte zu verhindern, wenn der Kunde erneut das Geschäft mit dem Produkt betritt. Eingesetzt wird das System I-Code von Philips Semiconductors. [Phil99, S. 5]

- Die Deutsche Kleiderspedition (DKS) hat bereits 1997 über den Einsatz von Transpondern in Versorgungsketten der Bekleidungswirtschaft nachgedacht, d. h. zur Steuerung des Materialflusses in automatischen Förderanlagen, zur Sendungsverfolgung auf Basis von Einzelteilen, Griffeinheiten und Sendungen sowie zur Schnittstellenoptimierung entlang der kompletten überbetrieblichen Versorgungskette. Der Transponder soll bereits während des Fertigungsprozesses in die Kleidung eingenäht und während des gesamten Produktlebenszyklus dort belassen werden. Barcodes sind wegen der unterschiedlichen Umwelteinflüsse wie Waschen, Trocknen, Bügeln und Pressen nicht geeignet, außerdem wegen des notwendigen Sichtkontaktes zu handlingsintensiv. [Pfla01, S. 58]

Insgesamt gehen die Visionen der Textilindustrie aber weiter. Transponder an Materialien, Halbfertig- und Fertigprodukten sollen zusätzlich Stoffe- und Vorratswirtschaft in der Vormaterialbewirtschaftung unterstützen und den Zuschnitt in der Produktion steuern. Während der Nutzungsphase der Kleidung könnten Waschmaschinen und Bügeleisen automatisch programmiert werden. In chemischen Reinigungen dient das Etikett als Identifikationsmerkmal und Pflegeanleitung. Während des Recyclings kann mit Hilfe des Etiketts eine Sortierung nach unterschiedlichen Fraktionen (Stoffen) erfolgen. [Pfla01, S. 58f]

8.1.2 Supermarkt der Zukunft, Konsumartikel (Extra)

Extra (Metro Group)	
Tätigkeitsbereich:	Supermarktkette
Wichtige Daten:	Gegründet: 1970, 443 Märkte (2004), 2,8 Mrd. Euro Umsatz (2003), 90% Nahrungsmittel im Sortiment
Kunden:	Endkunden/Verbraucher
RFID-Projektdaten „Future Extra Store“ in Rheinberg	
Transponder:	13,56 MHz, passiv
Ausgerüstete Einheiten:	Produkte, Versandeinheiten

Einsatzbereich:	Verfolgung von Gütern, Verbesserung des Kundenservice
Projektzeitraum:	seit 28.04.2003
Projektdaten:	Transponder an Produkten verschiedener Hersteller, um Technologie im Artikelbereich zu testen (OOS-Problematik/Schwund/Kundenservice)
Projektpartner:	s. Kapitel 7.1.3
Internet:	http://www.future-store.org

Tabelle 20: *Unternehmens- und Projektinformationen: Extra [Metr05-ol]*

Metro hat in der Stadt Rheinberg einen Extra-Supermarkt eröffnet, der als Modell für den Einsatz modernster Technologien im Einzelhandel dient. In der Prozesskette und im Lagermanagement setzt Metro dabei auf RFID.

Weg der Ware & Einsatz der Transponder:

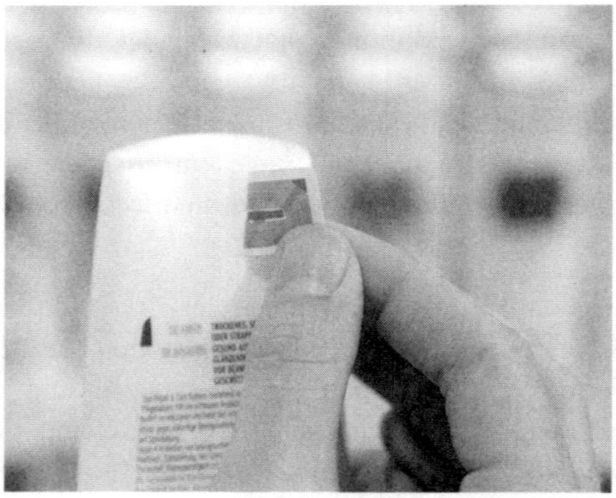

Abbildung 38: *Artikel mit Transponder* [FS05-ol]

Im Distributionslager in Essen werden Paletten und Kartons für den Future Extra Store mit Transpondern ausgestattet. Die im Transponder hinterlegten Daten werden zusätzlich in jedem Schritt der Prozesskette mit einem Zeitstempel versehen und im Warenwirtschaftssystem der Metro gespeichert. Es ist immer bekannt, welche Ware sich an welchem Punkt des Transportweges befindet. Am Warenausgang des Distributionslagers passieren die Paletten ein RFID-Lesegerät. Die ausgelesenen Waren werden dann mit dem Status „unterwegs im Lkw zum Future Store" gebucht. Die Smart Tags werden im Pulk gelesen (40-100 Transponder je Sekunde). Der Filialleiter kann so jede Lieferung mit Hilfe des Lagerinformationssystems bereits vor dem Eintreffen in der Filiale einsehen und weiß somit, welche Produkte auf dem Weg sind. Bei der Anlieferung der Paletten wird durch nochmaliges Lesen der Smart Tags überprüft, ob die Lieferung vollständig ist (korrekte Bestandsführung), und diese als „im Marktlager eingegangen" registriert. Es müssen nicht mehr jede Umverpackung einzeln geprüft und die gelieferten Waren manuell gescannt werden. Die Lagerbewirtschaftung aller Produkte im Store erfolgt auf der Basis der Daten, die nach Überführung in den Verkaufsraum diesem durch ein erneutes Scannen zugebucht werden, als „in den Markt verräumt". Im Verkaufsraum sind einige sogenannte intelligente Regale installiert. Ein in die Regale integriertes RFID-Lesegerät sendet eine Nachricht an das Back-Office-System des Supermarkts, sobald der Bestand zur Neige geht, sich Produkte am falschen Platz befinden oder das Mindesthaltbarkeitsdatum abläuft [SaIn03, S. 5f]. So können die Regale bedarfsgenau wieder aufgefüllt werden, und Umsatzeinbußen lassen sich vermeiden. An Informationsstationen können mit Transpondern ausgerüstete Artikel gescannt und Daten zu den Produkten abgerufen werden. An der Kasse werden die mit Tags versehenen Artikel zum letzten Mal gescannt und beschrieben, um den Bezahlvorgang zu beschleunigen, den Filialbestand zu aktualisieren und die Warensicherungsfunktionen zu deaktivieren. [TsPi03, S. 8]

Im Bereich Einzelartikel werden u. a. die Produkte von Gillette, Procter & Gamble und Kraft mit Tags geliefert. Die Artikel und Kartons mit Transpondern müssen nach Angaben des Dualen Systems Deutschland (DSD) nicht extra entsorgt werden. Nicht verwendbare Teile werden von den Kartons mechanisch entfernt. [Metr04b, S. 9]

Projektziele:

In dem Extra-Supermarkt soll erprobt werden, was das Geschäft in der Zukunft vorantreiben kann.

Problemstellung, Datenschutz und Kunden:

Negative Schlagzeilen blieben bei diesem Projekt nicht aus. Grund dafür war, dass Metro auch Kundenkarten mit RFID-Transpondern ausgestattet hatte. Zwischenzeitlich hatte der Datenschutzverein Foebud e. V. auf diese Verwendung aufmerksam gemacht und nachgewiesen, dass die Chips weder schreib- noch lesegeschützt sind. Moniert wurde auch die mangelnde Transparenz gegenüber den Kunden. Dafür erhielt im November 2003 Metro den „Big Brother Award 2003“ in der Kategorie Verbraucherschutz. Nach einem Dementi, dass an keinem Punkt der Prozesskette RFID zur Verknüpfung von Produkt- und Kundendaten benutzt würde [Barc04, S. 34], hat Metro zwischenzeitlich die RFID-Kundenkarten umgetauscht und versprochen, auf die Verwendung von RFID-Transpondern in Kundenkarten zu verzichten [IX04c]. Die von RSA Security auf der nachfolgenden CeBit veranstaltete Diskussion, geführt mit Befürwortern und Gegnern der Technik, traf deshalb auch auf sehr reges Interesse. [Schw04a]

Im Zuge der Kritik hat Metro als erstes Unternehmen zusätzlich eine Vorrichtung angebracht (De-Activator), womit der Kunde die Daten auf dem Transponder nach dem Kauf löschen kann, d. h. er wird am Gerät mit Nullen überschrieben [Buch04a, S. 39]. Eine Anfang 2004 von der Boston Consulting Group durchgeführte Umfrage ergab, dass der Supermarkt mit seinen technischen Innovationen offenbar gut bei den Kunden ankommt [Barc04, S. 34]. Die im Markt mit RFID-Tags versehenen Produkte sind eindeutig gekennzeichnet, so dass der Kunde sie erkennen kann.

Dass die Zukunftsaussichten nicht ganz so düster dargestellt werden sollten, zeigt auch ein Interview mit dem Moderator Ranga Yogeshwar, der dazu meinte: *„Häufig ist der technologische Fortschritt gleichbedeutend mit einem Verlust an Menschlichkeit. Ich glaube, dass der Supermarkt der Zukunft uns in diesem Aspekt überraschen wird. Er wird die Emotionalität eines Tante-Emma-Ladens haben und zugleich enorm effizient sein“.* [Metr04a, S. 5]

Projektergebnisse:

Der Warenschwund konnte in den verschiedenen Produktkategorien um 11 % bis 18 % verringert und der Leerstand (OOS) um 9°% bis 14 % reduziert werden [Metr04a, S. 2]. Durch die RFID-Technologie ist Metro jederzeit in der Lage die Warenbestände zu kontrollieren und besser zu steuern. Gleichzeitig muss weniger Ware abgeschrieben werden, da das Mindesthaltbarkeitsdatum laufend überprüft wird.

8.1.3 Unternehmensweite Einführung, Transporteinheiten (Metro)

Metro Group	
Tätigkeitsbereich:	Handelsunternehmen
Wichtige Daten:	Gegründet: 1964, 2.370 Filialen in 28 Ländern, 53,6 Mrd. Euro Umsatz (2003), viertgrößtes Handelsunternehmen weltweit, Unternehmen innerhalb der Metro Group: Metro Cash & Carry, Real, Extra, Media Markt, Saturn, Praktiker, Kaufhof
Kunden:	Endkunden/Verbraucher
Procter & Gamble (Beispiel)	
Tätigkeitsbereich:	Markenhersteller (Cincinnati, Ohio/USA)
Wichtige Daten:	Gegründet: 1837, 98.000 Mitarbeiter in 80 Länder, 300 Marken wie Pampers/Ariel/Always/Lenor/Oil of Olaz, 43,4 Mrd. US-Dollar Umsatz (2003)
Kunden:	Handel
RFID-Projektdaten „Future Store Initiative" und Roll-Out ab November 2004	
Transponder:	865 bis 868 MHz UHF, EPC Class 1/Version 2 sobald verfügbar, vorher stattdessen ISO 18000/6b, eingesetzter Standard: EPC-SSCC-96 (NVE), EPC-SGTIN-96
Ausgerüstete Einheiten:	Paletten und Kartons
Einsatzbereich:	Paletten, Kartons (Test mit Metro Cash & Carry)
Projektzeitraum:	ab November 2004
Projektdaten:	Verfolgung von Gütern innerhalb der Supply Chain, Verbesserung der Logistikleistung
Projektpartner:	aus IT-, Konsumgüter-, Dienstleistungsindustrie, u. a. Siemens Business Service, IBM, Intel, SAP, Microsoft, Metro Cash & Carry, Procter & Gamble, u. a. (mehr als 40 Partner)
Internet:	http://www.future-store.org

Tabelle 21: *Unternehmens- und Projektinformationen: Metro*
[Inte04d] [Metr05-ol] [Buch04a] [Barc04] [Kran04c] [Metr04a, S. 9]

Um die eigene Warenversorgung erheblich zu verbessern und Logistikprozesse künftig kostengünstiger zu gestalten, will der Metro-Konzern in Zukunft die gesamte Lieferkette vom Hersteller bis zu den einzelnen Märkten mit Hilfe von RFID-Transpondern und EPC überwachen. In der ersten Phase, die im November 2004 anlief und Ende 2005 abgeschlossen wurde, haben im ersten Schritt 20 (2004) und im zweiten Schritt weitere 80 Lieferanten (2005) ihre logistischen Einheiten (Paletten, Pakete und Hängewarensendungen) mit Transpondern ausgestattet. Sie stehen für rund 65 % des Metro-Einkaufsvolumens und versorgen zehn deutsche Metro-Zentrallager, die rund 269 Märkte der Vertriebslinien Metro Cash & Carry, Real SB-Warenhäuser, Extra Verbrauchermärkte und Galeria Kaufhof Warenhäuser innerhalb Deutschlands betreuen.

Eingesetzte Technik:

Anders als beim Kaufhof-Projekt nutzt die Kaufhof Warenhaus AG und die anderen beteiligten Vertriebslinien und Querschnittsgesellschaften der Metro Group im Rahmen der flächendeckenden Einführung den Frequenzbereich 865 bis 868 MHz. Dabei werden nur die Versandeinheiten mit Transpondern versehen. Die Transponder müssen dem Standard EPC Class 1/Version 2 entsprechen. Da dieser Standard zu Projektbeginn noch nicht verfügbar war, werden Transponder der Kategorie ISO 18000/6b (EPC 1.19) eingesetzt.

Von den beteiligten Projektpartnern werden für die Lieferanten spezielle Startersets angeboten. SAP/Intel/Siemens Business Service bieten gemeinsam Startersets an. IBM stellt ebenfalls Startersets zur Verfügung. Andere Projektpartner arbeiten mit DHL Solutions zusammen, die die Auszeichnung der Ware übernehmen.

Weg der Ware (z. B. Procter & Gamble, Pampers):

Die Ware wird direkt beim Hersteller gekennzeichnet. Es werden täglich ungefähr fünf Lieferungen an die Metro geschickt. Dazu werden Paletten mit Pampers aus dem normalen Produktionsprozess herausgenommen und manuell mit einem RFID-Transponder ausgestattet. Die EPC-Daten werden dabei mit der NVE verheiratet. Beim Verladevorgang fährt am Warenausgang ein Gabelstapler mit der Palette durch ein Lesegerät. Dem Staplerfahrer wird durch ein optisches Signal der einwandfreie Lesevorgang angezeigt. Mittels EDI werden die Lieferdaten (NVE) als DESADV[47]-Nachricht an Metro gesendet. Metro liest im Wareneingang der Lager und Märkte wiederum die Daten aus und vergleicht sie mit den Daten der Liefermeldung.

Die Versorgung der Regale in den Verkaufsräumen mit Waren aus dem Lagerbereich der Märkte wird zusätzlich erfasst, so dass Metro immer weiß, welche Waren im Lager und welche im Verkaufsraum sind.

Problemstellung:

Da derzeit nur ein Transponder je Palette, die beispielsweise mit Windeln bestückt ist, eingesetzt wird, liegt die Lesegenauigkeit bei 99,9 %. Leseprobleme treten deshalb so gut wie nicht auf, weil die Windeln lediglich aus Papier bestehen. Spätestens dann, wenn die Handelseinheiten mit Transpondern ausgerüstet werden, wird mit ersten Problemen

---

47 Despatch Advice (DESADV) ist ein EDI-Nachrichtenformat [Metr04a, S.9].

gerechnet, z. B. wenn sich Transponder in der Mitte einer Palette mit Flüssigkeiten (z. B. Getränke, Spülmittel) befinden. Um den verschiedenen neuen Anforderungen gerecht zu werden, wurden bei Metro verschiedene Teams gebildet, die sich aus Experten für bestimmte Bereiche zusammensetzen. Die Teams kümmern sich zum einen um die Standardisierung der Hardwareanforderungen und zum anderen um die Integration der Hardware und der veränderten Geschäftsprozesse in die Metro-eigenen Warenwirtschafts- und Lagermanagementsysteme. Dazu gehören auch die notwendigen Anpassungen an den am Roll-Out beteiligten Standorten. Ein weiteres Team kümmert sich um die Schulung der Mitarbeiter.

Was Procter & Gamble betrifft, müssen noch genauere Erfahrungen gesammelt werden, was RFID wirtschaftlich bringt. Voraussetzungen, sind allerdings auch das Erkennen und Beseitigen technischer Probleme (Lesegenauigkeit unter Einfluss von Flüssigkeiten oder Metall) und wirtschaftlicher Probleme (heutige Preise). [Kran04c, S. 28f]

Datenschutz:

Metro hat zum Thema RFID eine Hotline eingerichtet, bei der sich jeder über RFID informieren kann. Auch gibt es ein umfangreiches Sortiment an Publikationen, das Informationen zur Technik, zu Projektergebnissen oder zum Roll-Out enthält.

Zukunftsaussichten:

Seit 2006 setzen in der 2. Phase die rund 300 wichtigsten Lieferanten die Technik flächendeckend ein. Dann sollen auch Handelseinheiten (Kartons) mit den Transpondern ausgestattet werden (Procter & Gamble = 50-60 Kartons je Palette). Ende 2007 sollen rund 800 Märkte des Konzerns mit der Technik ausgestattet sein. Dann soll auch mit der Kennzeichnung von Konsumenteneinheiten begonnen werden, d. h. mit dem Einsatz auf Artikelebene (3. Phase). Die Kosten für die Transponder tragen die Hersteller. Den Return-on-Investment für den RFID-Einsatz beziffert Metro mit 4-6 Jahren.

Metro Group Future Store Initiative:

Zukünftig will Metro aber auch weitere Felder für den Einsatz der Technologie betrachten und bewerten. Unter dem Namen „Metro Group Future Store Initiative“ wurden die beiden in Kapitel 7.1.1 und 7.1.2 genannten Projekte durchgeführt und in Neuss mit Beteiligung von Hardwareherstellern ein TestLab und Competence Center zur weiteren Erforschung der Technologie und Unterstützung der Industriepartner aufgebaut. Geplant ist die Entwicklung eines Roll-Out-Szenarios, also einer Vision für die Zukunft. Auch auf Artikelebene soll damit die Übertragung und Erfassung von Produktdaten wie Bestand, Haltbarkeitsdatum, Preis und Hersteller vorangetrieben werden [IX04a] [Metr04d, S. 35]. Das Innovation Center steht darüber hinaus allen Partnern zur Verfügung, die die Technologie und die Praxisbedingungen testen möchten. Es dient als Schulungs- und Kommunikationszentrum.

Neben dem Einsparpotential steht für die Metro-Gruppe insbesondere der Kundenservice im Vordergrund. So stellt man sich vor, dass in der Zukunft der Kunde mit seinem Handy abfragen kann, wo Produkte in der Kaufhof-Filiale zu finden sind. Er könnte dann dorthin gelotst werden.

Mittlerweile arbeitet Metro auch in Richtung multipler Frequenzen, d. h. Lese- und Schreibgeräte, die 868 (EU) und 915 (USA) MHz unterstützen und sogar die gebräuchlichen 13,56 MHz lesen. [ML05-ol]

Im Rahmen der Mitarbeit in der CCG wurde ein weiteres Pilotprojekt mit der Zielsetzung „Entwicklung eines Mehrwegpools für RFID-Transponder für die Bekleidungswirtschaft" initialisiert, das bis 2005 abgeschlossen sein soll.

Einsparungen & erwartete Ergebnisse:

Metro rechnet damit, dass sich beim Erfassen der Ware, die ein Lastwagen anliefert, Einsparungen von bis zu zehn Minuten realisieren lassen. Beim Verlassen des Lastwagens wird die Ware automatisch gescannt, und die Leseeinheit am Tor kann bis zu 40 Transponder gleichzeitig auslesen [Metr04c, S. 14f] [Kran04c, S. 28] [Metr04a, S. 8f] [Metr04b, S. 2f] [Metr04d, S.16].

Ähnliche Projekte:

- Der Handelskonzern WalMart will ab 2005 mit der Einführung von RFID beginnen. Zunächst sollen Paletten der 100 größten Lieferanten mit Transpondern versehen werden, später auch Produkte damit ausgerüstet werden. Weitere 200 Lieferanten sollen im Januar 2006 folgen. Darüber hinaus wird geplant, bis zu 13 Zentrallager sowie insgesamt 600 Märkte der Vertriebslinien WalMart und Sam's Club mit der Technik auszurüsten. Das in 2003 zusammen mit dem Körperpflegemittelhersteller Gillette geplante Testprojekt zur Bestands- und Diebstahlkontrolle wurde wieder aufgegeben. WalMart begründete dies damit, dass der Einsatz von RFID zum damaligen Zeitpunkt noch zu früh gewesen sei. [Metr04a, S. 7]
- Tesco verlangt seit Ende 2004 von seinen Nonfood-Lieferanten, dass sie sämtliche Transportverpackungen mit Transpondern ausstatten. Dazu wurde im Rahmen der „Secure Supply Chain"-Initiative bis Ende 2004 ein RFID-Netzwerk aufgebaut, um Warenlieferungen vom Zentrallager in Milton Keynes (UK) bis in die 98 Märkte zu verfolgen. Die Transponder werden an Rollcontainer und Kisten angebracht, um hochwertige Ware zu verfolgen und Bestandslücken bei Artikeln wie Fotoapparaten, Rasierklingen und Computerzubehör zu vermeiden. Der Einsatz über die gesamte Prozesskette soll bei Tesco bis 2006 erfolgen, also bei mehr als 2.000 Märkten und Lagern. [Metr04a, S. 2] [Metr04b, S.7]
- Target und Albertsons planen in 2005 die Einführung von RFID. [Metr04a, S. 2]
- Mittlerweile haben auch Rewe und Markant angekündigt, die Technologie zu testen. Daran werden eine Reihe von Lieferanten, die schon in den Projekten bei Metro integriert sind, beteiligt. Damit hätte die Einführung bei Metro im Handel eine Art Domino-Effekt ausgeübt. [Buch04a]

8.2 Motorenproduktion (Deutz AG)

In dem Montagewerk in Köln-Porz werden pro Jahr bis zu 150.000 Motoren hergestellt. Dabei werden die meisten Motoren nach speziellen Kundenspezifikationen gefertigt [SAD03-ol]. Es gibt 14 Motorgrundvarianten, aus denen 4.000 Einzelvarianten gefertigt werden können. Die Motoren werden überwiegend in der Losgröße 1 gefertigt, es ist also fast jeder Motor, der den Produktionsprozess durchläuft, unterschiedlich. Seit der Errichtung des Werks im Jahr 1992 wird das RFID-System MOBY von Siemens eingesetzt.

Der Produktionsbereich in dem Werk kann grob in vier Bereiche gegliedert werden, Wareneingang/Warenausgang, Fließmontage, Standmontage und der Prüfbereich. In der Produktion bei Deutz werden die meisten Komponenten für die Motoren auf dem Weltmarkt eingekauft, in dem Werk werden die Motoren dann montiert.

Das Werk in Köln-Porz hat kein eigenes Lager für die Komponenten der Motoren und die fertigen Produkte. Die Lagerung der Komponenten und Produkte übernimmt ein Logistikdienstleister. Bei dem Logistikdienstleister kommen die für die Produktion benötigten Waren an, werden einer Qualitätskontrolle unterzogen und anschließend nach Bedarf an Deutz geliefert. Es gibt sechs Lkws, die den Transport zwischen dem Logistikdienstleister und dem Montagewerk in Köln-Porz übernehmen. Die Auflieger der Lkws sind Spezialanfertigungen, die ein automatisches Be- und Entladen ermöglichen. Zusätzlich sind an den Enden der Auflieger Transponder installiert, auf denen der Lieferschein abgespeichert wird. An den Laderampen bei Deutz sind Lesegeräte angebracht, die die Transponderdaten der Lkws auslesen. So konnte der Wareneingang (und auch der Ausgang für die fertigen Motoren) vollständig automatisiert werden. Der Lkw dockt an die Rampe an und über spezielle Förderbänder wird die Ware entladen. Dabei werden im Werk die Verpackungseinheiten, die alle mit Barcodeetiketten ausgezeichnet sind, automatisch gescannt und mit dem von dem Transponder gelesenen Lieferschein überprüft.

Nach der Entladung werden die angelieferten Waren unmittelbar über fahrerlose Transportfahrzeuge (FTFs) an die Produktionslinien gebracht. Die Orientierung der FTFs funktioniert über Induktionsdrähte, die im Betonboden der Produktionshalle eingelassen sind. Zusätzlich gibt es noch in den Boden eingelassene Transponder, die als Identifikationspunkte dienen. Auf den Transpondern ist eine Identifikationsnummer zur Orientierung der FTFs gespeichert. An den Identifikationspunkten können z. B. die FTFs wieder eingeschleust werden, da hier genau die Position ermittelt werden kann.

Abbildung 39: *Lesegerät (MOBY I) an der Laderampe*

In den Produktionslinien wird an den Bearbeitungsstationen das 2-Kistenprinzip angewandt, d. h., aus einer Kiste wird Ware entnommen und eine Kiste dient als Puffer. Ist die Kiste leer, geht direkt eine Bestellung an den Logistikdienstleister, der innerhalb von vier Stunden die benötigten Waren liefert.

Für die Fließmontage werden die Motoren auf Werkstückträgern montiert, die ebenfalls mit einem Transponder versehen sind. Auf dem Transponder sind die genaue Typbezeichnung und die für die entsprechenden Varianten benötigten Identifikationsnummern der Produktions-programme gespeichert. In der Produktion werden einige Arbeitsschritte von Werkern ausgeführt und einige von Robotern. Jeder Werker hat an seinem Stand einen Werker-PC, an dem ihm die erforderlichen Arbeitsschritte angezeigt werden. Mit Hilfe der auf dem Transponder abgespeicherten Programmnummern werden von dem Werker-PC die entsprechenden Bearbeitungsprogramme aufgerufen. Die Roboter rufen ebenfalls mit den auf den Transpondern abgespeicherten Programmnummern die entsprechenden Bearbeitungsprogramme auf. Sind die Arbeitsschritte ausgeführt worden, werden diese auf dem Transponder protokolliert. An jeder Arbeitsstation wird also auch überprüft, ob alle erforderlichen vorangegangenen Arbeitsschritte durchgeführt wurden. Ist dies nicht der Fall oder treten Fehler bei der Montage auf, wird das ebenfalls auf den Transponder gespeichert und der Motor auf ein Reparaturband ausgeschleust. Mit Hilfe der Transponderdaten wird dann ermittelt, welchen Produktionsschritt der Motor noch einmal durchlaufen muss.

Während der Produktion werden auch Messdaten ermittelt, wie z. B. Anzugsdrehmomente bei Verschraubungen oder die Ergebnisse bei der Dichtigkeitsprüfung, die ebenfalls auf dem Transponder gespeichert werden. Diese Daten werden später als Produktionshistorie in einer Datenbank gespeichert. Treten einmal Reklamationen auf, kann so z. B. genau ermittelt werden, welche Schraube an welcher Station mit welchem Drehmoment angezogen wurde.

Zum Schluss der Fließmontage wird das Typenschild graviert, auf dem ebenfalls teilweise Messergebnisse stehen, und am Motor angebracht. Die Daten für das Typenschild, wie etwa Typnummer und die ermittelten Werte bei der Kompressionsprüfung, werden von dem Transponder ausgelesen. Ist die Fließmontage beendet, wird der Motor von dem Werkstückträger entfernt und auf Transportfüßen befestigt. Die Identifikation der Motoren funktioniert jetzt über Barcodes, die auf dem Typenschild eingraviert sind.

Abbildung 40: *Motor auf FTF mit Aggregaten für den Prüfstand auf Werkstückträger mit Anschlüssen für Medien.*

Von der Fließmontage gelangen die Motoren mit FTFs oder mit einer Elektrohängebahn (EHB) in ein Pufferlager, von wo aus sie dann in den Prüfbereich transportiert werden. Die Transportwagen der Hängebahn sind ebenfalls mit Transpondern ausgestattet. Auf diesen Transpondern ist aber nur der Motortyp zur Identifikation abgespeichert.

Für die Prüfung werden die Motoren wieder auf Werkstückträgern angebracht, die mit Transpondern ausgestattet sind. Auf den Transpondern sind die Identifikationsdaten gespeichert sowie die Identifikationsnummern der entsprechenden Prüfprogramme, die für die Motorvarianten durchgeführt werden müssen. Diese Werkstückträger verfügen zusätzlich über Kupplungen für die Medien, mit denen die Motoren für die Probeläufe befüllt werden müssen (Öle, Kraftstoff). Die Motoren werden für die Prüfungen mit den erforderlichen Anbauteilen aufgerüstet (Abgasrohre, Luftzufuhr) und von FTFs zu den einzelnen Prüfständen gebracht, wo die Motoren vollautomatisch angedockt werden. Mit Hilfe der auf den Transpondern abgespeicherten Identifikationsnummern für die Prüfprogramme wird der Prüfprozess gestartet. Ein Prüfstand wird von einem Werker versorgt, und es können pro Stand zwei Motoren gleichzeitig getestet werden. Die Mess- und Prüfergebnisse der Tests werden auf dem Transponder gespeichert. Waren die Tests erfolgreich, wird der Motor wieder abgerüstet, vom Werkstückträger entfernt und gelangt danach in das Pufferlager. Waren die Testläufe nicht erfolgreich, wird dies auf dem Transponder mit den Fehlern abgespeichert und der Motor, falls möglich, nachbearbeitet. Anschließend wird der nachbearbeitete Motor wieder in den Prüfbereich eingeschleust.

Vom Pufferlager kommt der Motor in die Standmontage, wo noch die benötigten Aggregate, wie z. B. Ölkühler oder Kühlsystem, angebracht werden. Die Motoren befinden sich jetzt nur noch auf Transportfüßen und ab hier werden in der Produktion keine Transponder mehr verwendet. Von der Standmontage gelangen die Motoren in die Lackierung und werden dann auf Transportpaletten für den Warenausgang befestigt. Die fertigen Motoren werden wieder vollautomatisch auf die Lkws von dem Logistikdienstleister befördert, wo wieder ein Lieferschein auf dem am Lkw angebrachten Transponder gespeichert wird.

8.2.1 Eingesetzte Technologie

In dem Werk von Deutz in Köln-Porz werden zwei unterschiedliche MOBY-Systeme von Siemens eingesetzt, das MOBY I- und MOBY E-System.

Abbildung 41: *Position des Transponders im Werkstückträger (weißer Pfeil) und Lesegerät im Boden (schwarzer Pfeil)*

Das MOBY E-System wird nur zur Identifikation der Motoren auf der Elektrohängebahn benutzt. Hierbei handelt es sich um passive 13,56 MHz-Transponder, auf denen nur die Motoridentifikationsnummer gespeichert wird.

Bei dem Warenein- und Ausgang, der Fließmontage und im Prüfbereich des Werks wird das MOBY I-System eingesetzt. Genauere technische Einzelheiten zu dem System können in Kapitel 2.6.4 nachgelesen werden. Es werden für jeden Produktionsbereich eigene Transponder eingesetzt. Ein Transponder durchläuft also nicht die gesamte Produktion.

In der Fließmontage sind die Lesegeräte auf den Förderbändern in regelmäßigen Abständen (ca. alle drei bis vier Meter) in den Boden der Förderbänder eingelassen und die Transponderdaten können so kontinuierlich gelesen und aktualisiert werden. An den Werkstückträgern sind die Transponder in einer Klappe, mit einer Öffnung nach unten, eingebaut. Durch die geringen Abstände von nur ein paar Zentimetern ist die metallische Umgebung in der Produktion für das RFID-System kein Problem. Seit der Inbetriebnahme im Jahr 1992 arbeitet das System ohne größere Probleme. Bei der Einführung des Systems wurden noch aktive Transponder verwendet, wegen des geringeren Wartungsaufwands wurden die aktiven Transponder aber nach und nach durch passive Transponder ersetzt. Nach Aussage der Instandhaltungsabteilung treten mit den Transpondern keine Probleme auf, das Einzige, mitunter zerstört wird, sind die Lesegeräte oder die Anschaltungen, was aber auch sehr selten vorkommt. Mit dem RFID-System ist man bei Deutz sehr zufrieden.

8.2.2 Vorteile durch den Einsatz von RFID in der Motorenproduktion

Durch den großen Speicher der Transponder (32 Kbyte) steht eine Vielzahl von Daten direkt an den Objekten zur Verfügung. So können neben den Identifikationsdaten der Motoren auch noch durchzuführende oder schon durchgeführte Arbeitsschritte sowie Mess- und Prüfergebnisse abgespeichert werden. In einem Datensatz sind u. a. Verwaltungsdaten (z. B. Einsatzdatum), Motorstatus (z. B. Prüfstatus), Stammdaten (z. B. Auftragsnummer) usw. abgelegt. Mittels des Transponders sind die Daten an jeder Station im Produktionsprozess unmittelbar verfügbar. So ist man bei Deutz in der Lage, 4.000 verschiedene Motorvarianten mit der Losgröße 1 herzustellen. Über den Datenfunk lassen sich kurzfristig Prioritäten beeinflussen und somit sehr eilige Aufträge bevorzugt bearbeiten.

Durch die schnelle Datenverfügbarkeit konnte eine Taktzeit von drei bis vier Minuten pro Arbeitsstation erreicht werden. Außerdem konnten durch das automatische und fehlerfreie Auslesen der Transponderdaten viele Prozesse automatisiert werden, wie z. B. der Transport im Werk durch die FTFs.

8.3 Lagerung und Produktionsanbindung (Sahm)

Sahm	
Tätigkeitsbereich:	Hersteller von Getränkegläsern für Markengetränke
Wichtige Daten:	Gegründet: 1900, Daten zum Lager: 5.000 m² Fläche, 20m hoch, 3.800 m² Lagerfläche, max. 100 Paletten/Std. Durchsatz, Lagerkapazität von 15 Mio. Getränkegläsen,
Kunden:	Getränkeindustrie, Brauereien, Handel
RFID-Projektdaten	
Transponder:	aktive
Ausgerüstete Einheiten:	Paletten (an der Ware bzw. Schrumpffolie der Paletten mit Spezialhalterungen)
Einsatzbereich:	innerbetrieblich (Lager und Anbindung an die Produktion)
Projektzeitraum:	Einsatz seit mehreren Jahren
Projektdaten:	Kosten: Zweistelliger Millionenbereich
Projektpartner:	Euro I.D. (Systemlieferant/Transponder-System), Galler GmbH (Lager- und Regaltechnik), Horstmann Fördertechnik (Fördertechnik), Adoma (Kunststofftechnik, Spezialhalterung)

Tabelle 22: *Unternehmens- und Projektinformationen: Sahm*
[Fran04, S. 146ff] [Sahm05-ol]

Das Familienunternehmen Sahm liefert seit über 100 Jahren Gläser für Markengetränke. Im Laufe dieser Zeit hat das Westerwälder Unternehmen sein Leistungsspektrum in Glas-, Dekordesign und Dekortechnik kontinuierlich ausgebaut und eine Reihe von Auszeichnungen erhalten. Internationale Kunden gehören zum Kundenstamm von Sahm.

Das Hochregallager & Projektziele:

Um heutigen Kundenwünschen, aktuellen Marktentwicklungen und Trends der Getränkebranche nachzukommen, muss das Sortiment ständig überprüft werden. Eine leistungsfähige Logistiklösung war notwendig, die in Form eines neuen Hochregallagers, in Höhr-Grenzhausen geschaffen wurde. Ziel war die Unterbringung des gesamten Sortimentes in einem Zentrallager und die Erhöhung der Lagerqualität, um durch eine direkte Anbindung an die Produktion die Durchlaufzeiten zu verkürzen. Zusätzlich sollte durch den RFID-Einsatz die Systemsicherheit erhöht werden.

Eingesetzte Technik & Software:

Das neue Hochregallager besteht aus einem 20 m hohen Regalsystem. Über 8 Gassen können die 8 Etagen hohen 16 Regalreihen bedient werden. 3 unterschiedliche Palettenhöhen können in doppelter Einlagerung (2 Paletten hintereinander) eingestapelt werden. Auf Weichen fahrende Regalbediengeräte lagern die Ware ein und aus. Insgesamt können auf 3800 m^2 Grundfläche fast 15.000 Europaletten mit bis zu 15 Mio. Gläser untergebracht werden. In der Sommerzeit können monatlich bis zu 4 Mio. Gläser ausgeliefert werden. Die Kommissionierungs-, Wareneingangs- und Warenausgangszonen sind ebenfalls im Gebäude integriert.

Die unterschiedlichen Materialflüsse im Wareneingang, in der Vorzone des Hochregallagers und im Versand werden über eine komplexe Paletten-Förderanlage realisiert. Bis zu 100 Paletten können pro Stunde mittels eines Doppel-Verfahrwagens mit zwei aufgebauten Kettenförderern in die Vorzone des Hochregallagers ausgelagert werden.

Im Logistikzentrum ist das Lagerverwaltungssystem CSMS im Einsatz, worüber sämtliche Ein-/Auslagerungsaktivitäten mit der entsprechenden Datenhaltung abgewickelt werden und die Steuerung der Regalbediengeräte und der Fördertechnik nach dem FIFO-Prinzip vorgenommen wird. Es werden wiederverwendbare Transponder eingesetzt, die mehrere Jahre genutzt werden können. Das Auslesen erfolgt durch stationäre Antennen an den Förderanlagen.

Weg der Ware durch das Lager:

Bei der Einlagerung in das Lager müssen die unterschiedlichen Parameter und Prioritäten für die Menge, den Artikel und die entsprechende Produktionsnummer vom Anwender eingegeben werden. Die einzulagernden Paletten (Rohware), die in Schrumpffolie geliefert werden, werden dafür zum Lagerleitstand (I-Punkt) befördert, dort überprüft und manuell erfasst. Der Spezial-Transponder wird dort mittels einer Halterung an der Schrumpffolie befestigt, und die Daten, d. h. Transpondercode, Menge und Produktionsnummer werden in einer Datenbank abgelegt (verheiratet).

Als Transponderhalterung wurde speziell für Sahm eine Halteklammer entwickelt, die einfach und schnell angebracht und gewechselt werden kann. Verschiedene Farben ermöglichen eine optische Grobsortierung. Das Auslesen der aktiven Transponder erfolgt über stationär angebrachte Lesegeräte.

In der Längs- sowie Querförderung der Förderlinie ist es durch die schnittstellenkompatiblen Antennensysteme möglich, mit nur einem Transponder pro Palette zu arbeiten. Bei der Kommissionierung wird der Transponder wieder entfernt und an den Wareneingang zur erneuten Verwendung zurückgegeben.

Vorteile durch den RFID-Einsatz:

Neben dem bereits realisierten hohen Einsparpotential wird sich die Investition in einem überschaubaren Rahmen amortisieren. Durch die neue Lagerführungssoftware ist es jederzeit möglich, den Status aller Produkte abzufragen. Neben der JIT-Belieferung von Produktion und Kunden bietet Sahm den Kunden für die Zukunft eine hohe Qualität und Versorgungssicherheit. Durch die lange Nutzungsdauer der Transponder ist eine hohe Systemsicherheit erreichbar (z. B. weil kein Sichtkontakt mehr nötig ist). Es ergibt sich eine lückenlose Transparenz. Der Status aller Produkte ist jederzeit auf Wunsch abrufbar und bekannt. JIT-Belieferungen der eigenen Fertigung und der Kunden sind möglich. [Fran04, S. 146ff] [Euro04]

8.4 Kommissionierung (Sanacorp)

Sanacorp Pharmahandel AG	
Tätigkeitsbereich:	pharmazeutischer Großhandel
Wichtige Daten:	2,4 Mrd. Euro Umsatz, 2.915 Mitarbeiter (2003), Tochter der Sanacorp eG mit 6.939 Genossenschaftsmitgliedern, Anfang der 90er Jahre aus der Fusion der Wiveda eG mit der EGWA Apothekergenossenschaft eG entstanden, Firmengeschichte geht bis 1871 zurück
Kunden:	Apotheken
RFID-Projektdaten	
Transponder:	134 kHz, passive (Texas Instruments)
Ausgerüstete Einheiten:	ca. 500.000 Wannen/Mehrwegbehälter, davon ca. 220.000 für Warenausgang, ca. 280.000 für die Befüllung der Kommissionierstationen
Einsatzbereich:	automatische Förderanlagen und Kommissionierstationen
Projektzeitraum:	seit 1992 im Realeinsatz

Projektdaten:	80.000 Produkte, 2.000 Zulieferer
Projektpartner:	eigene Anbringung/Montage, Belieferung direkt durch Texas Instruments

Tabelle 23: *Unternehmens- und Projektinformationen: Sanacorp* [Sana05-ol]

Die Sanacorp Pharmahandels AG ist ein Dienstleister für Apotheken. Die Mehrheit am Unternehmen gehört der Sanacorp eG, die derzeit 6.939 Genossenschaftsmitglieder zählt. Zu den Mitgliedern der Genossenschaft gehören die Apotheken. Ein kleiner Teil der Aktien wird frei an der Börse gehandelt.

Aufgabe von Sanacorp ist die Belieferung der Apotheken mit pharmazeutischen Produkten und weiterem Apothekenbedarf.

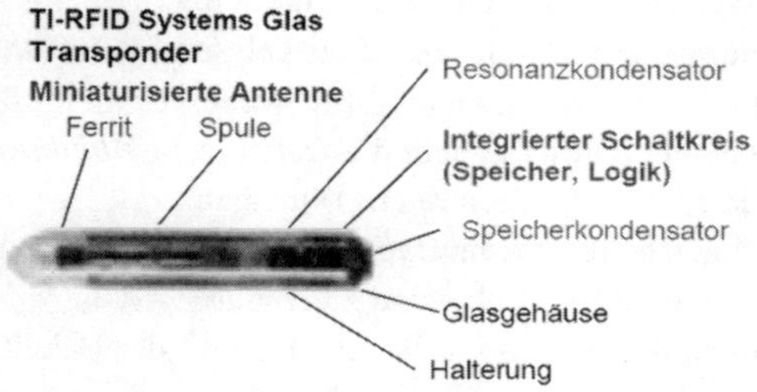

Abbildung42: *Glastransponde* [Trau02, S. 6] Instruments

Problemstellung:

Die im Lager vorhandenen 80.000 Produkte von etwa 2.000 Zulieferern und die steigenden Kundenanforderungen an Durchlaufzeit pro Auftrag sowie die Kommissionierqualität machten eine optimale Gestaltung der Kommissionierprozesse notwendig. Die angeschlossenen Apotheken müssen zwei- bis sechsmal pro Tag beliefert und Waren zwischen den 14 Niederlassungen in der Bundesrepublik ausgetauscht werden.

Eingesetzte Technik und ausgerüstete Einheiten:

Um die Anforderungen erfüllen zu können und die Vertriebslogistik zu optimieren, wurden die von Sanacorp eingesetzten unterschiedlich großen konischen Mehrwegbehälter aus Kunststoff, die auch zum Versand bestimmt sind, mit elektronischen batterielosen Transpondern ausgestattet (s. Abbildung 42, ca. 2-3 cm lang). Sie beinhalten eine feste Identifikationsnummer und haben eine Reichweite von max. 2 Metern. Insgesamt wurden 14 Lager mit Lesegeräten ausgestattet. Es sind etwa 500.000 Transponder an Wannen und etwa 700 Lesegeräte an den Förderbändern für die Weichensteuerung in Betrieb. In der Halle in Planegg befinden sich beispielsweise derzeit 50 Lesegeräte im Einsatz.

Weg der Transponder und Waren:

Die Transponder, die in den Wareneingangs- und blauen Ausgangsbehältern sind (2 unterschiedliche Größen), werden bei der Montage der Transponder einmalig mit der Wanne verheiratet. Gleichzeitig wird jedem Behälter noch ein fester Barcode aufgeklebt, der die

Seriennummer des Transponders enthält. Notwendig ist dieser lediglich für die Kommissionierung an den manuell bedienten Kommissionierstationen.

Abbildung 43: *Kombi-Kommissionierstation bei Sanacorp* [Bito05-ol, S. 5]

Die Behälter werden über Rollbahnen und Steiggurte durch die Kommissionierzentren befördert. Je nach Größe des Zentrums befinden sich dort 30 bis 70 Weichen, über die die Behälter den unterschiedlichen Kommissionierbahnhöfen zugeordnet werden können. Vor Passieren dieser Weichen wird die Identifikationsnummer eines Behälters ausgelesen und an einen Lagerrechner weitergeleitet. Dieser gleicht die Daten mit dem in einer zentralen Datenbank abgelegten zugehörigen Kommissionierauftrag ab und veranlasst dann das Stellen der Weichen, damit der Behälter auf das richtige Band gelenkt wird. Da der Lagerrechner die Positionen aller Lesegeräte und alle Aufträge kennt, weiß er zu jedem Zeitpunkt, wo sich die einzelnen Behälter gerade befinden und zu welchem Regal sie gelotst werden müssen. Die automatischen und manuellen Kommissionierstationen erkennen, welche Medikamente in die Behälter gelegt werden sollen. Durch eine Prioritätensteuerung wird außerdem den Packern an den manuellen Kommissionierstationen angezeigt, welche Wannen besonders eilig mit Medikamenten gefüllt werden müssen. Dazu sind die Kommissionierplätze an den Kommissionierstationen zusätzlich mit LEDs ausgerüstet, die denjenigen Behälter visualisiert, der zuerst befüllt werden soll. Da die Standplätze (12-25 Behälter) auf den Schiebebahnen nicht fest sind, werden die Wannenpositionen lückenlos durch weitere Transponderlesegeräte erfasst, um bei Bedarf die zugehörige LED aufleuchten zu lassen. Hierbei sind jeweils 4 Antennen via Multiplexer an einem Lesegerät angeschlossen. Für den Betrieb der Prioritätensteuerung sind deshalb weitere 600-700 Lesegeräte in den Lagern im Einsatz. Bei der Kommissionierung werden zur Behälter- und Artikelerfassung Barcode-Handy-Terminals verwendet. Nach der Befüllung werden die Behälter zurück auf das Band geschoben.

Die Lesegeräte werden durch Accesspoints an der Decke angesteuert und können innerhalb von einer Sekunde alle Wannen in ihrem Bereich erfassen.

Am Standort Planegg drängeln sich so bis zu 10.000 blaue Plastikwannen auf den 2-3 Kilometer langen Transportbändern durch das Labyrinth an Regalen in der Lagerhalle. Jede hat einen eigenen Auftrag, um ein spezielles Medikamentensortiment aufzunehmen. Am Ausgang der Halle warten Kuriere in Lieferfahrzeugen darauf, die Medikamente schnellstmöglichst an ihren Bestimmungsort zu bringen.

Die Durchlaufzeit einer Wanne liegt bei ca. 20-25 Minuten von der Bestellung bis zur Übergabe an den Auslieferungsfahrer. Die Auslieferung erfolgt durch Fremdfirmen.

Problematik:

Vor dem Einsatz von Transpondern arbeitete Sanacorp ausschließlich mit an Wannen angebrachten Barcodes und an Transportbändern wurden Laserscanner eingesetzt.

Eine Prioritätensteuerung (s. nachfolgender Abschnitt) war jedoch nicht möglich. Früher gab es auch Wartungstrupps, die nur für die Reinigung der Scanner und deren Erneuerung zuständig waren. Außerdem stellte eine Verschmutzung der Barcodes an den Mehrwegbehältern auch ein großes Problem dar. Bei einer ungenügenden Reinigung waren die Barcodes bei der Einschleusung in das System teilweise nicht lesbar. Sanacorp beziffert diese Menge auf ca. 1 % bis 2 %.

Verschmutzungen und Verschleiß spielen jedoch bei RFID keine Rolle, deshalb hat sich Sanacorp im Jahre 1990 für den Einsatz der RFID-Technologie entschieden. Diese unterstützt seit 1991/1992 die Kommissionierung des Pharmaunternehmens.

Jährlich müssen von den etwa 220.000 eingesetzten Warenausgangswannen ca. 50.000 ersetzt werden. Bei täglich ca. 70.000 Behälterauslieferungen wird die Abnutzung auf ca. 30.000 Behälter geschätzt, ca. 20.000 Behälter werden anderweitig dem Kreislauf entzogen. Das geht soweit, dass die Wannen zweckentfremdet werden, indem daraus Blumenkästen gemacht werden oder Zement darin angemischt wird. Ein zentrales Behältermanagement zur Rücklieferung gibt es bei Sanacorp bisher wegen des hohen Aufwandes nicht. Die verlorenen Wannen kosten Sanacorp jährlich etwa 150.000 Euro bei einem Transponderpreis von ca. 2 Euro.

Ergebnis:

Sanacorp bewertet den Wartungsaufwand gleich Null. Die Fehlerrate sank auf 0,01%. Aufgrund der Fehlerreduzierung bei den Scannvorgängen und dem geringen Wartungsaufwand wird das eingesetzte System positiver gesehen als der Einsatz reiner Barcodetechnologie. Dazu trägt auch die von RFID unterstützte Prioritätensteuerung bei, die durch den Barcode nicht unterstützt wird. Die Umstellung hat sich für das Unternehmen gerechnet. [Pfla01, S. 53f] [Geom02]

8.5 Behältermanagement (Trenstar)

Trenstar	
Tätigkeitsbereich:	Behälter- und Transporthilfsmittelmanagement (Mobile Asset Management)
Wichtige Daten:	2001 gegründet, bestehend aus 3 Firmen (Microstar, Agility, Jettainer)

Kunden:	Lufttransportbranche, Brauereien, chemische Industrie, Nahrungsmittelindustrie, Gesundheitswesen, Gummihersteller
RFID-Projektdaten	
Transponder:	beschreibbar (Hitag-Chip, Philips)
Ausgerüstete Einheiten:	Fässer (Kegs)
Einsatzbereich:	Befüllung der Fässer, Nachverfolgung
Projektzeitraum:	seit 1999/2001
Projektdaten:	-
Projektpartner:	-

Tabelle 24: *Unternehmens- und Projektinformationen: Trenstar* [Tren05a-ol]

Die britische Brauindustrie zeigt ein besonders gutes Beispiel für gelungene RFID-Nutzung. In der britischen Brauwirtschaft verschwinden pro Jahr etwa 300.000 Bierfässer aus Aluminium im Wert von schätzungsweise 15 Millionen Pfund. Pro Brauerei sind das 5-6%.

Projektziele bei Scottish Courage:

Um die Verlustrate soweit wie möglich zu reduzieren und den Abfüllvorgang zu beschleunigen, wurde von dem schottischen Unternehmen Scottish Courage Anfang 1999 RFID eingeführt.

Technik & ausgerüstete Einheiten:

Die beschreibbaren Transponder (Hitag-Chip, Philips) mit größerer Speicherkapazität und etwa 150 mm Reichweite wurden an den brauereieigenen Behältern/Fässern, auch Kegs genannt, angebracht. Die Datenträger beinhalten neben einer eindeutigen Identifikationsnummer Daten zum Leergewicht des jeweiligen Fasses.

Das System wurde zuerst in einer Brauerei und 6 regionalen Depots erfolgreich eingesetzt. Bis Ende 1999 sollten weitere 6 Brauereien und zusätzliche 30 Depots ausgestattet werden. Das Reporting und Tracking der Fässer erfolgt internetbasiert und stellt konzernweit die Daten zur Verfügung.

Einsatzbereich & Weg durch die Supply Chain:

Während der physischen Auftragsabwicklung werden nach erfolgtem Reinigungsprozess entsprechende Statusinformationen automatisch dem Transponder hinzugefügt. Um ein Unter- oder Überfüllen der aufgrund von Fertigungstoleranzen unterschiedlich schweren Fässer zu verhindern, wird vor dem Abfüllvorgang das Leergewicht des Fasses ausgelesen und an die automatische Abfüllanlage weitergeleitet. Gleichzeitig speichert das System Daten zum Produkttyp, das Abfülldatum und die abgefüllte Menge. Mit Hilfe von sowohl stationären als auch tragbaren Terminals, die nicht nur im eigentlichen Braubetrieb, sondern auch in regionalen Depots im Sendungseingang und -ausgang eingesetzt werden, können

Statusmeldungen an wichtigen Schnittstellen in der logistischen Kette zwischen Brauerei und Kunden erzeugt werden. Diese geben darüber Auskunft, wann sich welches Fass in welchem Zustand in welchem Unternehmen befindet.

Der Distributionsprozess lässt sich dadurch lückenlos dokumentieren und nachvollziehen. Zum einen können die Transponder so den Abfüllvorgang und das Behältermanagement unterstützen, zum anderen ermöglichen sie die Verfolgung einzelner Fässer. Die Kosten fallen pro Nutzung je Fass an.

Erweiterung des Systems & Übernahme der Kegs durch Trenstar:

Ende Mai 2004 hat Trenstar (s. Tabelle 24) mit Coors UK einen Vertrag abgeschlossen, aus dem sich Partnerschaften mit den drei größten Brauereien des Landes ergeben (darunter auch Scottish Courage). Trenstar soll sich künftig um die Logistik bei der Fassauslieferung kümmern. Zuvor haben alle Brauereien ihre eigenen Fässer besessen und kümmerten sich selbst um Versand und Rücknahme: ein teurer und mühsamer Prozess. Die Fässer hat Trenstar den Firmen abgekauft und alle mit RFID-Tags ausgerüstet. Die Brauereien haben die Koordination des Fassversandes komplett an Trenstar ausgelagert und bedienen sich des neutralen Kegpools. Trenstar erstellt genaue Buchungslisten, wo die Fässer sind und wann sie zurückkommen sollen.

Projektergebnisse:

Durch den Einsatz von RFID konnte die Verlustrate halbiert werden. Die Kegs können optimaler genutzt werden und ihre Umlaufgeschwindigkeit hat sich um 25 % erhöht. Durch das Outsourcing werden Arbeitskosten eingespart. Die Brauereien haben einen besseren Bestandsüberblick. Außerdem profitieren sie von einem unvorhergesehenen Nebeneffekt. Dadurch, dass die Technologie klar ermittelt und speichert, wo sich jedes einzelne Fass befindet und befunden hat, können die Brauereien Steuerrückzahlungen auf die Bier-Restmenge in dem jeweiligen Fass geltend machen. Die Brauereien bezahlen im Normalfall ihre Steuern auf der Grundlage des ausgelieferten Bieres. Durch die genaue RFID-Buchungskontrolle wiegen die Brauereien nun die Fässer, wenn sie zurückkommen. Falls noch etwas Bier übrig ist oder ein Fass defekt war, bekommen sie die Steuern zurück. Pro Fass beträgt die Einsparung zwischen 1-12 US-Dollar. Allein die Steuerrückzahlungen tragen die Kosten der Erstimplementierung des Systems. [Hell04-ol] [Pfla01, S. 53f] [Tren05b-ol]

Ähnliche Projekte:

- Die Produktion von „Flens" in Flensburg wird ebenfalls durch Transponder unterstützt, d. h. Reinigung, Befüllen, Behältermanagement. [Pank04, S. 158ff]
- In einem einjährigen Praxistest soll herausgefunden werden, welche Vorteile die Technologie bei der Kennzeichnung von Bierkästen ergibt. Das vom Bundesministerium für Wirtschaft und Arbeit (BMWA) im Zeitraum von Juli 2003 bis Juni 2005 geförderte Projekt, dass im April 2004 angelaufen ist, wurde mit der Gaffel-Brauerei und 3 ausgewählten Rewe-Supermärkten durchgeführt. Insgesamt werden für diesen Test 15.000 Bierkästen mit Transpondern ausgerüstet. Begleitet wird das Projekt von dem Institut für

Handelsforschung an der Universität Köln (IfH) und der Versuchs- und Lehranstalt für Brauerei in Berlin (VLB). Als problematisch stellte sich die Umrüstung der Rewe-Märkte heraus, da diese unterschiedliche Gegebenheiten aufweisen und die Technik angepasst werden muss. [Buch04a, S. 40]

In der deutschen Brauereiwirtschaft werden derzeit noch die Fässer durch eine 7-Segmentschrift oder mittels Barcode codiert. Um eine Umlaufstatistik zu erfassen, werden bei einigen Brauereien zum Erkennen der Schrift oder des Codes Kameras oder optische Lesegeräte zur Erfassung eingesetzt. Jedoch kann es passieren, dass durch die notwendige Kennzeichnung mittels Einweg-Klebeetikett mit Abfüll- und Mindeshaltbarkeitsdatum (Loskennzeichenverordnung) die Schrift überklebt wird. Einige wenige Brauereien setzen bereits auf Transponder im 13 kHz-Bereich (read only/Trovan, AEG ID). Es sind jedoch noch keine standardisierten Frequenzen bzw. der EPC im Einsatz. Eine steigende Nachfrage des bestehenden Systems ist aber insbesondere bei kleineren und mittleren Unternehmen zu erkennen. [Pank04, S. 158ff]

8.6 Yard Management und Warenausgang (Tchibo, BLG)

BLG Logistics	
Tätigkeitsbereich:	Logistikdienstleistungen
Wichtige Daten:	Unternehmenszweige sind Logistics Automobile/Logistics Contract/Logistics Container Logistikdienstleister für u. a. Tchibo, Ikea, Siemens, Bosch, Konica, Minolta Lager Bremen: ausschließlich für Tchibo-Artikel, 2 Hochregalsilos mit je 11 Gassen und 15 Ebenen, 131.840 Palettenstellplätze mit 28.800 Paletten im Einzelzugriff, täglicher Umschlag von 6.000 Paletten, Parkflächen: 178 Lkws oder 356 Wechselbrücken
Kunden:	Handel
RFID-Projektdaten	
Transponder:	2,4 GHz, aktive (Wheretag)
Ausgerüstete Einheiten:	mobil zur Anbringung an Lkws (Haken/Magnetisch), an Gabelstaplern
Einsatzbereich:	Management des Hofverkehres (Positionsortung), zum Andocken der Container/Lkw an die Tore, zur fehlerfreien Beladung/Stapler
Projektzeitraum:	seit 2002
Projektdaten:	Whereports/Lesegeräte angebraucht an Hofeinfahrt, 86 Wareneingangs-/ausgangstoren, 22 Warenausgangsförderbänder/Im Außenbereich werden 420 Transponder eingesetzt/Kontakt über 12 Wherenet Accesspoints

	(WLan-/RFID-fähig)
Projektpartner:	Inconso (Lagerverwaltungssystem)

Tabelle 25: *Unternehmens- und Projektinformationen: Tchibo* [Buch04b] [BLG04b]

Mittlerweile setzt auch Tchibo auf die RFID-Technologie. Im vom Logistikdienstleister BLG in Bremen geführten Zentrallager wird die Technologie zur Unterstützung der Verwaltung ein- und ausgehender Verkehr, der Parkflächen sowie für den Hofdienst verwendet. Auch bei der Beladung im Warenausgang wird RFID eingesetzt.

Eingesetzte Technik/ausgerüstete Einheiten:

Das bei BLG eingesetzte Lagerverwaltungssystem wurde um ein zusätzliches Modul für das Yard Management erweitert. Dieses basiert auf RFID und Datenfunk. Es verwaltet alle ein- und ausgehenden Verkehre. Daneben wird der Hofdienst, der die Transporte abgestellter Container zwischen Toren und Parkflächen datenfunkgesteuert durchführt, ebenfalls über RFID gesteuert. An allen 86 Toren für Wareneingangs-, Warenausgangslieferung und an den Schranken der Hofeinfahrten sind Scanner angebracht. Für die Warenausgangskontrolle befinden sich an 22 Warenausgangsförderbändern zusätzliche Lesegeräte. Die im Warenausgang genutzten Gabelstapler sind mit Transpondern ausgerüstet. 12 Wherenet-Accesspoints, die RFID- und WLan-tauglich sind, halten den Kontakt zu den Lesegeräten, die sich an den Quellen und Senken befinden. Sie geben die Lokalisierungsinformationen an das Lagerverwaltungssystem weiter. Nicht bestandene Plausibilitätsprüfungen im Lagerverwaltungssystem werden als Warnhinweis weitergeleitet. Außerdem ermöglicht eine Nachrüstbarkeit einer 3-Punkt-Peilung des Systems eine Lokalisierung von Objekten. Zu Anfang auf +/-3 m genau, ist dies jetzt bis auf +/-40 cm genau möglich.

Abbildung 44: *Transponder an einem Container*

Einsatzbereich der Transponder:

Alle ein- und ausgehenden Lkw-, Wechselbrücken und Containerverkehre werden an der Hofeinfahrt mit einem Transponder und einem Datenfunkterminal (Pocket-PC) ausgestattet. Der Transponder wird am hinteren Teil der Fahrzeuge mittels Haken oder Magnet befestigt. Will ein Fahrzeug auf den Hof, wird der Transponder automatisch an der Hofeinfahrt gelesen. Dem Fahrer wird auf dem Funkterminal angezeigt, wohin er fahren muss. Entweder wird er direkt zum Andocken an ein Tor des Wareneinganges, -ausganges oder auf einen

Warteplatz gelotst. Dort quittiert er die Ankunft. Wenn er richtig steht, wird dies vom System bestätigt. Falls nicht, wird der Falschparker auf den richtigen Platz geschickt. Mittels eines eingebauten Readers erfolgt diese Plausibilitäts-kontrolle in gleicher Form an den Toren.

Der Lkw bekommt erst einen Auftrag, ein bestimmtes Tor anzufahren, wenn die Waren auf den Warenausgangsbahnen zur Verfügung stehen. Erfasst das Lesegerät am Tor den Transponder am Lkw, sobald dieser sich zur Laderampe bewegt, wird der Transportauftrag an den Stapler gemeldet.

Abbildung 45: *Lesegerät an einer Warenausgangsbahn*

Durch weitere, an den Gabelstaplern angebrachte Transponder, und weitere an den Warenausgangsbahnen angebrachte Lesegeräte wird erkannt, ob der Stapler die richtige Ware aufnimmt und durch das richtige Tor transportiert, wenn er dieses passiert. Handelt es sich um die falsche Ware, wird dies dem Staplerfahrer über einen Monitor am Stapler angezeigt. Mittels Auslesen der Transponder am Förderband und vor dem Verladen in den Containern wird so sichergestellt, dass auch wirklich die richtige Ware im richtigen Container verladen wird. Fehlbeladungen werden damit vermieden.

Noch nicht beladene oder entladende Container, die auf dem Hof abgestellt wurden, werden darüber hinaus mittels eigener Fahrzeuge bewegt. Die Lokalisierung der entsprechenden Anhänger erfolgt durch die angebrachten Transponder. So weiß der jeweilige Fahrzeugführer jederzeit, welchen Container er wohin bewegen muss.

Problematiken:

Bei der Ausrüstung mit Lesegeräten und Transpondern musste zu metallischen Gegenständen eine Entfernung von ca. 10 cm eingehalten werden. Eine produktionssichere Anbringung an den Staplern ist dadurch nicht möglich. Der notwendige Abstand an Warenausgangsbahnen und Toren konnte deshalb auch nur durch Anbringung komplizierter Halterungen erreicht werden. Durch diese Halterungen sind aber wiederum die Antennen schlecht zu schützen.

Projektergebnisse:

Durch den Einsatz des Systems ergibt sich die gewünschte Transparenz und Steuerbarkeit der Prozesse. Fehlbelieferungen sind vermeidbar, und in Verbindung mit dem Yard Management ergibt sich eine bessere Planung der Prozesse. Eine Prioritätensteuerung ist möglich, die

Container können durchgehend be- und entladen, die Tore besser bewirtschaftet und verwaltet werden. Es vergeht keine Zeit für Scannvorgänge und die Hofflächen werden leichter verwaltet. [Buch04b] [BLG04b] [Scha04-ol]

8.7 Transport- und Rollbehälter im Handel (Spar)

Spar Österreich	
Tätigkeitsbereich:	Handel
Wichtige Daten:	Gegründet: 1954, Umsatz 3,85 Mrd. Euro, 25.016 Mitarbeiter, 1.588 Filialen/Geschäfte, 3 Produktionsstätten (Wein/Kaffee/Fleisch u. Wurstwaren), 6 Lager, weitere Tätigkeit in Slowenien/Tschechien/Italien/Ungarn (2003)
Kunden:	Verbraucher
RFID-Projektdaten	
Transponder:	passive UHF (Philips)
Ausgerüstete Einheiten:	Rollwagen
Einsatzbereich:	Erstellen elektronischer Lieferscheine, Rollwagenmanagement, Kundengutschriften
Projektzeitraum:	Einsatz seit Anfang 2002
Projektdaten:	Einsatz in einem Lager, Ausrüstung von 15.000 Rollwagen (zur Weitergabe von Waren an Kunden)
Projektpartner:	Salomon Automation, Tricon, TU Graz und Bundesministerium für Verkehr, Innovation und Technologie

Tabelle 26: *Unternehmens- und Projektinformationen: SPAR* [Glei04, S. 154ff] [SPAR05-ol]

Der Einzelhandelsdiscounter SPAR Österreich ist ein Unternehmen, das 6 Regionallager und ein Zentrallager für C-Artikel im Bereich Trockensortiment betreibt. Bereits seit Anfang 2002 arbeitet SPAR Österreich an der Umsetzung einer medienbruchfreien Lösung zur Verfolgung von Gütern über die gesamte Logistikkette. Dies ist durch die Einbindung von RFID und WLan, von der Kundenbestellung über die Prozesse im Lager bis hin zur Auslieferung an den Kunden realisiert worden

Projektziele:

Neben der Effizienzsteigerung der Logistikprozesse liegt ein weiterer Hauptschwerpunkt des Projektes auch in der Umsetzung der EU-VO 178/2002. Ein Unterprojekt mit Namen „Smart

Warehouse" wurde deshalb als Gemeinschaftsprojekt gestartet, das erforschen soll, inwieweit die RFID-Technologie dieses unterstützen kann.

Eingesetzte Technik und Software:

Um die notwendige Reichweite zu realisieren, wurden passive UHF-Transponder gewählt. Diese wurden zum größtmöglichen Schutz mittels einer eingearbeiteten Nut in die Kunstoffunterteile der Rollbehälter auf einem stoßabsorbierenden Band eingeklebt. Dabei wurde darauf geachtet, dass sie für den Fahrer leicht auffindbar sind.

Da derzeit auf dem Markt noch kein entsprechendes mobiles (Hand-)Lesegerät im Steckkartenformat für die eingesetzte Frequenz zur Verfügung steht, musste noch mit separaten Geräten gearbeitet werden.

Einsatzbereich der Transponder:

Im Rahmen des Projektes sind im Regionallager Marchtrenk alle Rollbehälter für den internen Warenkreislauf mit einem RFID-Transponder ausgestattet worden. Die Kommissionierung erfolgt konventionell mittels Funkterminals, wobei am Ende ein sogenannter Rollbehälter-Begleitschein gedruckt wird. Dieser umfasst die Daten des zu beliefernden Kunden und den kompletten Inhalt des Rollbehälters. Nach der Warenausgangskontrolle erhält der zuständige Lkw-Fahrer über einen weiteren Funkterminal seinen Lkw-Verladeauftrag mit der exakten Position der Rollbehälter an den Auslieferungstoren. Während des Verladeprozesses wird der Rollbehälterbegleitschein gescannt und die Daten in einem Arbeitsschritt in den Transponder des Rollbehälters übertragen (verheiratet). Gleichzeitig bekommt das System eine Verladebestätigung. Während des Entladevorgangs beim Kunden hat der Fahrer die Möglichkeit, die Begleitscheine oder die Transponder als Abladebestätigung zu lesen. Die leeren Rollbehälter, die der Fahrer wieder zurücknimmt, werden ebenfalls gescannt und entlasten dadurch bestandsmäßig das zentral geführte Kundenkonto. Ein weiterer Scannvorgang beim Abladen der zurückgeführten Rollbehälter ist nicht mehr notwendig. Bei der Durchfahrt durch die Wareneingangstore werden die Transponder im Pulk ausgelesen und damit automatisch wieder in den verfügbaren Bestand des Regionallagers gebucht. Die mit Verpackungen versehenen Rollbehälter werden an Förderbänder gebracht. Dort werden nochmals über eine Andockstation die Transponder ausgelesen. Die Behälter werden auf die Förderbänder gestellt und dort automatisiert erkannt. Dem Kunden werden dann auf seinem Konto die Verpackungen mit Bezug auf den Rollbehälter gutgeschrieben.

Den Weg der Rollbehälter zwischen Distributionscenter und Filialen dokumentieren seit 21. Oktober 2004 vorläufig 2 Fahrer.

Prozess- und Projektergebnisse:

Derzeit wird noch jeder Rollwagen mit einem Kunden-SSCC[48] ausgestattet, obwohl dieser aufgrund des Transpondereinsatzes nicht mehr nötig wäre. Verschwindet ein solcher SSCC,

---

[48] Serial Shipping Container Code (SSCC) ist ein Standard der EAN Organisation, nach dem eine logistische Einheit eindeutig bezeichnet werden kann [LaRu04, S. 15].

wäre ohne Transponder eine Zuordnung zum Kunden kaum noch möglich. Durch den Transpondereinsatz kann jetzt der Kunde herausgefunden werden, bei dem der Rollbehälter zuletzt war. Insgesamt wurden folgende Vorteile gegenüber dem alten System erzielt:

- Jederzeit abrufbare, automatische Inventur der Rollbehälter
- Rückverfolgbarkeit der Rollbehälter
- Reduzierung der Anzahl an Rollbehältern im Umfang von bis zu 10%

Die Leserate beträgt sowohl bei den mobilen Lesegeräten wie auch bei den fest installierten Gates 99 %.

Projektstatus & Zukunftsaussichten

Die entsprechenden Massentests sind absolviert. Im Oktober 2004 wurde das System in den Echtbetrieb überführt. Der einzige Hinderungsgrund sind noch die separaten Geräte. Sobald die derzeit in Entwicklung befindlichen Reader, die als Module in die Handhelds eingesetzt werden, verfügbar sind, soll das System ausgebaut werden. Zuerst werden die Reader-Module die externen Prototypen ersetzen. Im Laufe des Jahres 2005 werden dann alle Fahrer des Lagers Marchtrenk mit RFID-Readern arbeiten. 2006 sollen dann alle 150.000 Rollbehälter mit Transpondern ausgerüstet sein. [Glei04, S. 154ff] [Salo04-ol]

8.8 Entsorgung und Recycling (RWE Umwelt)

RWE Umwelt	
Tätigkeitsbereich:	Entsorgung
Wichtige Daten:	Entsorgung von 20 Mio. Tonnen Abfällen jährlich (größter Dienstleister in Deutschland im Bereich Entsorgung)/ in Baden-Württemberg und Bayern ca. 10.000 Container im Einsatz
Kunden:	Industrie, Handel, Gewerbe
RFID-Projektdaten	
Transponder:	-
Ausgerüstete Einheiten:	Container
Einsatzbereich:	Containeridentifizierung
Projektzeitraum:	seit Juni 2000

Projektdaten:	Ausrüstung von 100 Standorten mit etwa 1.000 Geräten
Projektpartner:	Nufatron (Projektleitung, Software), PTV (Consulting und Softwareentwicklung), WAROK (RFID-Hardware)

Tabelle 27: *Unternehmens- und Projektinformationen: RWE Umwelt [EUC03]*

Der Dienstleister RWE Umwelt, der im Bereich Entsorgung und Recycling tätig ist, setzt bei den täglichen Abfalltransporten auf RFID in Kombination mit anderen technischen Lösungen.

Den Verteilverkehr wickeln die selbständigen RWE Umwelt-Betriebsstätten mit ihren gemischt ausgestatteten Fuhrparks von fünf bis fünfzig Fahrzeugen selbst ab. Noch bis vor kurzem wurde die Entsorgungsarbeit manuell erledigt. Die Fahrer der Lkws fuhren mit einem Bündel von Lieferscheinen los und füllten Berichte aus. Die Daten wurden dann in der jeweiligen Zentrale in den Rechner getippt.

Zielsetzung & Einsatzbereich:

Um die Serviceleistung zu verbessern und effizienter zu gestalten, brauchte das Unternehmen eine Lösung, die gleich mehrere Anforderungen erfüllt. Für die Verwaltung der Behälter ist es wichtig zu erfassen, welches Fahrzeug wann, wo, welchen Container abgestellt hat, wann die Container abzuholen sind, geleert werden oder zum TÜV müssen. Zusätzlich kommen auch noch technische Daten wie das Gewicht, das eine integrierte Waage erfasst und automatisch an das System übergibt, und die Identifikation der Behälter per Transponder hinzu. Außerdem galt es, die Fahrer an dieses Verwaltungs- und Dispositionssystem anzuschließen, damit sie ihre Auftrags- und Tourdaten direkt ins Fahrzeug gesendet bekommen und die Auftragspapiere druckfertig machen können. Die Transporte sollten durch das System effizienter gestaltet werden, hin zu einem TQM. Da Barcodes aufgrund der rauen Umgebungsbedingungen wie Schmutz, mechanische Zerstörung und große Hitze im Entsorgungsbereich sehr fehleranfällig sind und an Grenzen stoßen, hat sich RWE Umwelt für den Test von Transpondern entschieden, die eine schnellere und problemlosere Identifizierung ermöglichen. Ziel war neben der sicheren und einfachen Identifizierung auch die Voraussetzung einer leichten Integration in die vorhandenen Systeme.

Eingesetzte Systeme:

Das Gesamtsystem besteht aus verschiedenen Teilsystemen, die über angepasste Schnittstellen miteinander kommunizieren. Für die Verwaltung und Planung der Fahrzeuge, Aufträge und Container wird das System TIS3+, das Informationssystem für das Bordcomputersystem für TRANSPO-Drive 2000 von Nufatron, eingesetzt. Mit dem Bordcomputersystem können die Fahrer alle relevanten Daten für die effiziente Einsatzplanung und Auftragsabrechnung lückenlos erfassen. Auf den Fahrzeugen werden industrielle Handheld-Computer vom Typ Psion Teklogix Workabout inklusive Transponderkopf und Fahrzeughalterung benutzt. Mit Beginn des RFID-Projektes wurden zuerst etwa 100 Workabout-Systeme flächendeckend in zwei Regionen eingesetzt. TIS3+ ist die Schaltsoftware zwischen dem Erfassungssystem im Fahrzeug und der Zentrale, die die Daten auswertet. Die Kommunikation für Sprache, SMS und Daten übernimmt die Telefonanlage vom Typ Nokia 6090. Die Flottensteuerung läuft mit dem System „ptv fleet". Sie ermöglicht die Online-Kommunikation zwischen den Fahrzeugen einer Niederlassung und der jeweiligen Zentrale. In den Zentralen wird eine projektspezifische Variante von ptv fleet professionell verwendet. Ein Fleet Protocol Server sorgt für die Kommunikation über ein geeignetes Protokoll und entsprechende Schnittstellen zu den Fahrzeugendgeräten. Die Ortung der Container und Fahrzeuge erfolgt mittels GPS.

Einsatzbereich der Transponder & Anwendung:

Jeder Container, ob Groß-Container für Bauschutt oder Transportbehälter für die private Kellerentrümpelung, ist mit einem Transponder ausgestattet. Der Fahrer liest mittels eines Handheld-Computers die Transponder aus. Dadurch erfolgt die Zuordnung der Kundenaufträge zu den Containern. Durch das System hat der Entsorgungsdienstleister einen aktuellen Überblick über den jeweiligen Standort seiner Container, die Standzeit beim Kunden und die Umlaufgeschwindigkeit.

Die Fahrer erhalten neu eintreffende Auftrags- und Tourdaten direkt ins Fahrzeug. Während sie Container verteilen oder einsammeln, telefonieren sie mit der Zentrale oder senden Statusmeldungen als SMS. Durch die Flottensteuerung mit integrierter Positionserkennung weiß die Zentrale jederzeit, wo sich Fahrzeuge und Container befinden und wie sie am effektivsten eingesetzt werden können. Die Zentrale kann bei unerwarteten Ereignissen sofort reagieren und ggf. umdisponieren. Das System könnte auch noch um ein Navigationssystem erweitert werden, das den optimalen Weg zum Kunden zeigt.

Die Ortung der Fahrzeuge erfolgt per GPS und die Positionen der Fahrzeuge und Container wird auf einer digitalen Karte in der Zentrale dargestellt. Der jeweilige Disponent weiß dadurch immer, wo seine Fahrzeuge sind. Jeder Container wird bei der Abholung identifiziert (Transponder) und gewogen. Die Daten werden an das Verwaltungssystem übermittelt und die Standorte der Container auf der Karte eingetragen.

Qualitative Ergebnisse:

Durch das System und die Vermeidung von Medienbrüchen konnten die Abläufe beschleunigt und die Datenqualität sowie das Reporting deutlich verbessert werden. Die jährliche Überprüfung der Container wird unterstützt. Eine detaillierte Kosten- und Leistungsabrechnung ist möglich.

Zukunftsplanung:

Aufgrund der gemachten Erfahrungen sollen alle 100 Standorte in Deutschland mit insgesamt etwa 1.000 RFID-Erfassungsgeräten ausgestattet werden. [Waro04-ol] [EUC03, S. 28]

Ähnliche Projekte:

- Industriegase durchlaufen einen komplexen logistischen Prozess, um zeit-, orts- und bestimmungsgenau beim Kunden zum Einsatz zu kommen. Eine Optimierung und Automatisierung technischer und logistischer Prozesse (Abfüllung, Bedarfsplanung, Vertrieb, Bestandsführung, Leergutrücknahme) wird deshalb angestrebt. Auch die ungenügende Transparenz über den Verbleib der Flaschen spielt eine Rolle. ID Systems bietet eine Lösung an, die die automatische Identifikation der Flaschen ermöglicht. Die Reduzierung von Fehllieferungen, die beleglose Liefer- und Rechnungserstellung, der Wegfall von Reklamationen und verbesserte Dienstleistungen für Kunden werden dadurch möglich. Zum Einsatz kommen aktive 2,45 GHz-Transponder mit einer Lebensdauer von ca. 10 Jahren. Die Lesegeräte sind z. B. oberhalb von Toren angebracht, um die Ladung auf Ladeflächen zu erfassen. [IDS05-ol]
- In der Transportlogistik findet dieses System schon länger Anwendung. Wechselbrücken und Container in überbetrieblichen Transportketten werden mit Hilfe von Transpondern identifiziert. Bisherige manuelle Identifikationsverfahren und Eingaben in die EDV führten oft zu fehlerhaften Ergebnissen. Um eine fehlerfreie und automatische Identifikation zu gewährleisten, wurde deshalb ein internationaler Standard entwickelt, der die Identifikation von Containern mittels Transpondern ermöglicht. Dieser muss auch bei extrem widrigen Umgebungsbedingungen wie Regen, Schnee, extreme Kälte und Hitze, Schmutz etc. das Lesen ermöglichen. Die 2,4 GHz-Transponder, mit denen Container und Wechselbrücken ausgestattet werden, beinhalten neben einer weltweit eindeutig definierten Identifikationsnummer weitere behälterspezifische Daten: Länge, Höhe, Breite, Containerbauart und Leergewicht. Zusätzlich kann das Gesamtgewicht des Behälters in das Etikett geschrieben werden. Abgesehen von diesen Informationen werden weitere Daten in einer zentralen Datenbank in Form eines Stammdatenblattes hinterlegt: Tag der Inbetriebnahme, TÜV-Termine, letzter Benutzer, Zustand, Information zur Ladung. [Pfla01, S. 53f]

Teil 9

Datenschutz

Datenschutz

9. Datenschutz

Neben der Technik und ihrer Einsetzbarkeit in den verschiedenen Gebieten stehen derzeit besonders Datenschutzaspekte im Fokus der Diskussion. Spezielle Themen wie die Zuordnung von ausgelesenen Objektdaten zu Personen oder die Möglichkeit der Manipulation werden dabei besonders kontrovers in der Öffentlichkeit diskutiert. Es zeigt sich aber auch die Gefahr, dass Teile dieser Diskussionen in falsche Richtungen abgleiten, weil entweder die Berichterstattung zu einseitig ist oder bestimmte Szenarien einfach überbewertet werden. Trotzdem sollte man auch bestimmte Möglichkeiten, die diese Technik bietet, nicht unterbewerten. Realität und Fiktion müssen voneinander abgegrenzt und die entwickelten Zukunftsszenarien mit Vorsicht behandelt werden, da auch hier die Möglichkeiten der Technik für den Kunden unklar sind und die Grenzen verschwimmen. Frustration beim Kunden stellt sich ein, obwohl Aufklärung viel wichtiger wäre. Hierbei sind Wirtschaft und Politik in der Verantwortung, neben der Anpassung und Beachtung gesetzlicher Grundlagen auch für eine klare Informationspolitik und Berichterstattung zu sorgen. Neben den Vorteilen muss auch über Risiken aufgeklärt werden. Nur so kann die Akzeptanz in der Bevölkerung gesteigert werden.

Um den Datenschutz überhaupt diskutieren zu können, ist es deshalb erst einmal wichtig, verschiedene Fragestellungen zu erläutern und etwas Klarheit zu schaffen. Es stellen sich Fragen, wie u. a.: „Welche Gründe gibt es überhaupt, um Datenschutz im Bereich RFID zu berücksichtigen?“, „Welche Gesetze regeln bereits den Schutz von Daten und der Privatsphäre und wie stehen Politik, Wirtschaft und Öffentlichkeit dazu?“, oder: „Welche Verfahren für einen effizienten Datenschutz gibt es bereits?“

9.1 Warum Datenschutz?

Die Grundfunktionalität der RFID-Systeme basiert darauf, dass Transponder eine eindeutige Kennung enthalten (EPC, ID-Nummer etc.), mit der sie identifiziert, einem Trägerobjekt zugeordnet und somit unter Umständen auch verfolgt werden können. Unbestritten und in den oben beschriebenen Anwendungsbeispielen erkennbar sind die zahlreichen Vorteile, die durch den Einsatz dieser Technologie entstehen. Trotz des vielfachen Nutzens wird die RFID-Technik weltweit von Verbraucher- und Datenschützern kritisch diskutiert. Es wird befürchtet, dass durch den massenhaften Einsatz von RFID-Transpondern die Anonymität und damit die Privatsphäre des Kunden nicht ausreichend geschützt sind. [HMM04-ol]

Der Vorteil der sicht- und kontaktlosen Kommunikation zwischen Transponder und Lesegeräten bedeutet gleichzeitig, dass auch aus einer kleineren Distanz Daten unbemerkt ausgelesen werden können. Also kann eine Person, die einen Transponder mit sich trägt, auf das Auslesen von Daten nicht reagieren und einschreiten. Es fehlt zudem das Wissen, ob und auf welche Weise in einem bestimmten, zurückliegenden Zeitraum Zugriffe auf einen mitgeführten Transponder erfolgten. Durch das Anbringen von RFID-Etiketten an Gegenständen werden diese in das mit dem Gegenstand verbundene Handeln des Menschen integriert. So können überall dort, wo Lesegeräte installiert sind, auch die Personen über den Gegenstand identifiziert werden. Dies wird bedingt durch die Möglichkeit, dass der Transponder über ein RFID-System wiedererkannt, Gegenständen und Personen zugeordnet und zu anderen ebenfalls markierten Gegenständen in Beziehung gesetzt werden kann. Darüber hinaus lassen sich durch die Kombination verschiedener Daten bestimmte Verhaltensmuster erkennen. Durch die Verknüpfung von Datenbanken können weiterführende Informationen zum Transponder und damit über den markierten Gegenstand abgefragt sowie zusätzliche Datenspuren, insbesondere Bewegungsprofile, ermittelt werden. Des Weiteren sind die Daten auf den Transpondern und die Funkkommunikation zum Lesegerät in der Regel ungeschützt zugänglich, so dass ein unbefugtes Auslesen und Abhören der gespeicherten bzw. übermittelten Daten nicht vermieden werden kann. Durch diese nicht autorisierte Zugriffsmöglichkeit entsteht zusätzlich die Gefahr der Manipulation der auf dem Transponder gespeicherten Daten. Insgesamt kann somit die Technologie auch zum Nachteil des Betroffenen eingesetzt werden, da dieser, aufgrund fehlender Transparenz und Beeinflussbarkeit der datenverarbeitenden Vorgänge, die Kontrolle über die RFID-Technik verliert. [MüHa04]

Die Befürchtungen der Datenschützer reichen so weit, dass die RFID-Technologie durch vermehrte Anwendungen, insbesondere auf Produktebene, in Verbindung mit einer steigenden Zahl an Lesegeräten und deren Vernetzung über Datenbanken, eine Grundlage für eine vollkommene Überwachung des Kunden bieten könne. Durch das Mitführen von Produkten wäre somit die Privatsphäre des Kunden nicht mehr geschützt und dieser mit Hilfe der Transponder jederzeit lokalisierbar. [McCu03-ol]

9.2 Die Privatsphäre

Der Begriff Privatsphäre bzw. Privatheit ist sehr facettenreich. Beate Rössler, Professorin für Philosophie an der Universität Amsterdam, definiert Privatheit folgendermaßen: Als *„privat gilt etwas dann, wenn man selbst den Zugang zu diesem ‚etwas' kontrollieren kann. Umgekehrt bedeutet der Schutz von Privatheit dann einen Schutz vor unerwünschtem Zutritt anderer. ‚Zugang' oder ‚Zutritt' kann hier sowohl die direkte, konkret-physische Bedeutung haben […]; es kann aber auch metaphorisch gemeint sein: in dem Sinn, dass ich Kontrolle darüber habe, wer welchen „Wissenszugang" zu mir hat, also wer welche (relevanten) Daten über mich weiß […]"*. [Röss01, S.23]

Grundsätzlich können die Privatheit der Kommunikation (z. B. Brief- und Fernmeldegeheimnis), die territoriale bzw. physische Privatheit (z. B. die eigenen vier

Wände, Auto, Arbeitsplatz) sowie die körperliche bzw. lokale Privatheit (Körper des Menschen) unterschieden werden [Röss02]. Des Weiteren werden mit der dezisionalen Privatheit die Entscheidungsfreiheit bzw. Eigenbestimmung und mit der informationellen Privatheit die Kontrolle über persönliche Daten angesprochen [Röss01, S.201]. Die informationelle Privatheit kann auch als informationelle Selbstbestimmung bezeichnet werden und bedeutet: *„Jeder hat das Recht zu wissen, wer was wann über ihn weiß."* [ViDa05-ol]

9.3 Datenschutzgesetze

Bis heute existieren in den USA keine umfassenden Gesetzgebungen zum Datenschutz, die Staat und Privatpersonen gleichermaßen betreffen. Stattdessen wird es der Industrie überlassen, durch freiwillige Selbstbeschränkung die Privatsphäre zu wahren. In Europa begann man dagegen schon früh, europaweit Gesetzgebungen für alle Formen der Datensammlungen anzuwenden. Bereits 1973 und 1974 erließ der Europarat Richtlinien für die nationale Gesetzgebung in Bezug auf private bzw. öffentliche Datenbanken. 1995 wurde schließlich mit der verabschiedeten Europäischen Datenschutz-Direktive 95/46/EC[49] eine über die Grenzen Europas hinaus wirkende internationale Verordnung zum Schutz der Privatsphäre geschaffen. Diese Direktive dient als Grundlage zur Angleichung nationaler Datenschutzgesetze für alle Mitgliedsstaaten. Ein Transfer von personenbezogenen Informationen in nicht sichere Länder ist verboten, d. h. in Länder, deren Datenschutzgesetzte nicht dem Mindestschutz der Direktive entsprechen. Die Mindeststandards dieser Direktive sind eine Weiterentwicklung der *Fair Information Practices,* welche Anfang 1980 von der OECD[50] in der „Empfehlung des Rates über Leitlinien für den Schutz des Persönlichkeitsbereichs und den grenzüberschreitenden Verkehr personenbezogener Daten"[51] beschrieben und in acht Grundprinzipien festgehalten wurden:

1. Beschränkung der Datenbeschaffung: Daten sollten in rechtmäßiger Weise und wenn immer möglich mit der Einwilligung des Datensubjekts erhoben werden.

2. Qualität der Daten: Die erhobenen Daten sollten dem Zwecke ihrer Erhebung angemessen, korrekt, vollständig und aktuell sein.

3. Zweckbestimmung: Der Zweck der Datenerhebung sollte vorher festgelegt werden.

4. Limitierte Nutzung: Zu einem bestimmten Zweck gesammelte Daten sollten nicht für andere Zwecke genutzt werden.

---

[49] Siehe: [EUD95-ol].

[50] OECD: Organisation für wirtschaftliche Zusammenarbeit und Entwicklung.

[51] Siehe: [OECD80-ol].

5. Sicherheit der Daten: Die gesammelten Daten sollten adäquat vor Verlust, Diebstahl oder unerlaubten Änderungen geschützt werden.

6. Transparenz: Die Methoden der Datenverarbeitung sollten offen gelegt werden.

7. Beteiligung: Dem Einzelnen sollte ein gebührenfreies Auskunftsrecht sowie die Richtigstellung und Löschung seiner Daten zustehen.

8. Verantwortbarkeit: Die für die Datenverarbeitung Verantwortlichen sollten für Verstöße zur Rechenschaft gezogen werden können [Lang04-ol, S.5f].

Insgesamt lassen sich die *Fair Information Practices* in fünf Grundsätzen zusammenfassen: Offenheit, Datenzugriff und -kontrolle, Datensicherheit, Datensparsamkeit und individuelle Einwilligung. [Cush03-ol]

Die Richtlinien der Europäischen Datenschutz-Direktive waren und sind Grundlage für die Umsetzung der Datenschutzgesetze in Deutschland. Das Bundesverfassungsgericht hat im Volkszählungsurteil vom 15.12.1983 anerkannt, dass ein Grundrecht auf informationelle Selbstbestimmung besteht. Dieses Grundrecht wird als besondere Ausprägung des grundrechtlich geschützten Persönlichkeitsrechts angesehen und verfassungsrechtlich aus Art. 2 Abs. 1 (allg. Handlungsfreiheit) in Verbindung mit Art. 1 Abs. 1 GG (Menschenwürde) hergeleitet [ViDa05-ol]. Die Privatsphäre im Sinne der informationellen Selbstbestimmung wird im Bundesdatenschutzgesetz (BDSG) umgesetzt. *„Zweck dieses Gesetzes ist es, den Einzelnen davor zu schützen, dass er durch den Umgang mit seinen personenbezogenen Daten in seinem Persönlichkeitsrecht beeinträchtigt wird“* [BDSG04-ol, §1]. Das BDSG findet Anwendung für die Erhebung, Verarbeitung und Nutzung personenbezogener Daten sowohl bei öffentlichen (z. B. Bund und Länder) als auch bei nicht-öffentlichen Stellen. Jede Art der Verwendung personenbezogener Daten bedarf einer Legitimation, die durch Zustimmung der betroffenen Person oder aus einer Rechtsvorschrift resultiert [BDSG04-ol, §4]. Das BDSG ist also auch in Bezug auf RFID-Systeme anzuwenden, sofern sich auf den RFID-Transpondern selbst personenbezogene Daten befinden oder wenn die Transponder aufgrund ihrer eindeutigen Kennung einer Person zugeordnet werden können. [MüHa04]

Eine weitere Berücksichtigung findet die Privatsphäre durch das Fernmeldegeheimnis gemäß Art. 10 GG, welches den Schutz von Kommunikationsbeziehungen erfasst. In Verbindung mit § 89 des Telekommunikationsgesetzes (TKG) wird das unbefugte Kommunizieren über eine Luftschnittstelle, also hier das nicht autorisierte Auslesen und Beschreiben von RFID-Transpondern, auch ohne Personenbezug verboten, weil dies einen Eingriff im Sinne von Abhören darstellt. [MüHa04]

9.4 Schutzanforderungen

Durch die Berücksichtigung der Datenschutzbestimmungen ergeben sich folgende Schutzanforderungen, die bei einem Einsatz der RFID-Technologie zu beachten sind:

- Datensparsamkeit: Das präventive Gestaltgebot der Datensparsamkeit aus § 3a BDSG lässt darauf schließen, dass ein RFID-Transponder als potenzieller Gegenstand einer Datenverarbeitung deaktiviert und entfernt werden kann. Das Recht auf Eigentum (§ 872 BGB) erlaubt grundsätzlich das Entfernen oder Deaktivieren eines am Gegenstand befestigten Transponders. Es sind aber auch die Möglichkeiten der Anonymisierung und Pseudonymisierung zu verwenden.
- Technisch-organisatorischer Schutz: § 9a BDSG verlangt vom Betreiber, die RFID-Kommunikation vor Abhören durch Dritte und die personenbezogenen Daten vor unbefugtem Zugang und Manipulation zu sichern. Dies dient gleichzeitig der Datensicherheit seitens des Betreibers.
- Transparenz: Die informationelle Selbstbestimmung soll vor allem durch Transparenz der datenverarbeitenden Vorgänge ermöglicht werden. Hierzu müssen die Betroffenen über Art, Umfang und Struktur der Datenverarbeitung sowie über die Verwendung der personenbezogenen Daten aufgeklärt werden. Zusätzlich sollten die Vorgänge der Datenverarbeitung auf dem Transponder sowie die zwischen Transponder und Lesegerät erkennbar sein.
- Zweckbindung: Die datenschutzrechtliche Zweckbindung soll sicherstellen, dass der Einzelne darauf vertrauen kann, dass die Datenverarbeitung nur zu dem von ihm oder dem Gesetz erlaubten Zweck erfolgt. Ein besonderes Risiko entsteht, wenn die personenbezogenen Daten über die Erhebung hinaus gespeichert und genutzt werden. Daher muss einer Weiterverarbeitung im Vorfeld explizit zugestimmt und eine zweckwidrige Verwertung ausgeschlossen werden.
- Informationelle Gewaltenteilung: Datenflüsse und -bestände müssen gemäß dem Zweckbindungsprinzip getrennt verwaltet werden. Nach dem Prinzip der informationellen Gewaltenteilung müssen somit Seriennummern oder andere ID-Nummern von Daten inhaltlicher Art beim Auslesen und der Weiterverarbeitung getrennt werden. Dies entspricht auch dem Prinzip der Datensparsamkeit aus § 3a BDSG. [MüHa04]

9.5 Möglichkeiten zur Umsetzung des Datenschutzes

RFID-Transponder stellen aufgrund der Identifikationseigenschaften prinzipiell ein Datenschutzproblem dar [Lang04-ol, S.13]. Einem Trend hin zu einer umfassenden

Alltagsüberwachung kann nur mit frühzeitigen Maßnahmen entgegengewirkt werden, damit die Anwendungen von Anfang an den Datenschutzbestimmungen entsprechen. Die *Fair Information Practices* und somit auch die Grundsätze des Bundesdatenschutzgesetzes können hierzu als Grundlage bzw. als Bauplan für eine datenschutzkonforme Behandlung persönlicher Informationen dienen und sollten in die Gestaltung zukünftiger RFID-Systeme mit einfließen. In der technischen Umsetzung müssen diese Grundsätze jedoch an spezielle Anforderungen angepasst werden, da jede Technologie auch Grenzen aufweist. Die Prinzipien sollen dabei als Mindeststandards dienen, deren Einhaltung durch staatliche, unabhängige Organe oder auch durch den Nutzer selbst überprüft werden sollte. Selbst eine vollkommene Einhaltung der Prinzipien kann nicht garantieren, dass einmal gesammelte Daten auch wirklich gemäß den Datenschutzbestimmungen verwendet werden. Somit ist es auch von Wichtigkeit, dass adäquate technische Mittel für eine Überprüfung zur Verfügung stehen, denn sonst bleibt ein effektiver Datenschutz illusorisch [Lang04-ol, S.9f]. In den folgenden Ausführungen werden nun Möglichkeiten aufgezeigt, die die Forderungen des Datenschutzes technisch umsetzen. Diese Lösungen stellen einen kleinen Ausschnitt von Schutzmaßnahmen dar, die je nach Anwendungsbereich und Problematik angepasst oder kombiniert werden können.

9.5.1 Datenhaltung im Backend

Persönliche Daten, die öffentlich zugänglich auf einem Transponder abgespeichert werden, entsprechen nicht der Zielsetzung des BDSG im Hinblick auf Schutz der persönlichen Daten und dem Prinzip der Datensparsamkeit. Deshalb muss diese Situation vermieden werden. Durch Zugangskontrollen zum Transponder in Form von z. B. Kennwörtern oder Verschlüsselungsverfahren werden zwar die Daten geschützt, allerdings auch zusätzlicher Speicherplatz beansprucht und die Auslesegeschwindigkeit verringert. Des Weiteren sind die Daten auf dem Transponder vor physikalischen Angriffen (Zerstörung des Transponders) nicht geschützt. Die Zugangskontrollmechanismen sind in diesem Fall nötig, aber aufwendig und somit teuer. Folglich sollten neben der eindeutigen Kennung (ID-Nummer, EPC) keine weiteren Daten auf einem Transponder gespeichert werden. Mit der eindeutigen Kennung als Code können die zugehörigen Daten in einer externen Datenbank (Backend), die sich in einer sicheren Umgebung befindet, abgelegt und bei Bedarf in Sekundenschnelle abgefragt werden. Flexible Zugriffsmechanismen lassen sich hier leichter anpassen und implementieren als auf einem Transponder. Ein weiterer Vorteil ist, dass die zugehörigen Daten auch ohne Präsenz des Transponders von autorisierten Personen geändert werden können. In fast allen oben vorgestellten Anwendungen werden daher die zugehörigen Daten im sicheren Backend gespeichert und über die Kennung abgerufen. Dies ermöglicht es, kleine und kostengünstige Transponder zu verwenden sowie die sicheren und flexiblen Zugriffskontrollen über das Backend zu nutzen [HMM04-ol]. Mögliche Angriffe auf das Backend durch Viren oder Manipulationen können mit den üblichen IT-Sicherheitsverfahren wie Antivirenprogrammen und sonstigen Authentifizierungsverfahren abgewehrt werden. [ÖWH+04, S.44]

9.5.2 Registrierbarkeit von Zugriffen

Das unbemerkte Auslesen von Transpondern stellt ein Problem für die Privatsphäre dar. Eine sehr einfache Lösung, um Auslesevorgänge festzustellen, bietet der Lesegerät-Warner. Trägt z. B. ein Kunde dieses Gerät mit sich, so erkennt es die Aktivität von Lesegeräten und zeigt diese dem Nutzer unmittelbar an. Über eine Protokollierungsfunktion können sämtliche Lese- und Schreibvorgänge aufgezeichnet und nachgewiesen werden.

Ein Transponder kann ebenfalls Zugriffe protokollieren, ähnlich wie ein Zugriffszähler auf Webseiten. Zu diesem Zweck wird beispielsweise ein 8-Bit großer Speicherbereich auf dem Transponder reserviert, mit dem bis zu 256 Auslesevorgänge registriert werden können. Über ein Zusatzgerät kann der Nutzer feststellen, wie oft Daten in einem bestimmten Zeitraum ausgelesen oder verändert wurden. [MüHa04]

9.5.3 Kill-Befehl zur Anonymisierung

Ein Kill-Befehl ermöglicht die Anonymisierung eines Transponders. Kann ein Transponder nach dem Verkauf nicht vom Produkt entfernt werden, muss dieser dauerhaft deaktiviert werden, um ein Auslesen außerhalb des Geschäftes und damit die Gefahren der unbemerkten Identifikation, der Lokalisation und Verfolgung sowie der unerlaubten Profilbildung zu verhindern. Dieses Verfahren soll zukünftig die Tranponder oder Smart-Labels im Einzelhandel deaktivieren. Der EPC–Standard schreibt für alle konformen Tags einen Kill-Befehl vor. Ein 8-Bit-Passwort schützt dabei vor nicht autorisiertem Deaktivieren. Erhält der Transponder an der Kasse das korrekte Passwort zusammen mit dem Kill-Befehl, so wird dieser deaktiviert und sendet keine Signale mehr. Allerdings hat dieses Verfahren auch Nachteile. Die Überwachung der Transponder und somit die Verfolgung der Kunden innerhalb des Geschäftes ist noch immer möglich. Demnach können auch Personendaten an der Kasse über Kunden- oder Kreditkarte erfasst und mit den Produkten in Verbindung gebracht werden. Auch das Deaktivieren ist mühsam, da jeder Transponder einzeln „stumm geschaltet" werden muss. Des Weiteren wäre eine flächendeckende Ausstattung mit Kill-Stationen nicht praktikabel, da sich für kleinere Geschäfte wie Kioske diese Stationen nicht rechnen würden. Ein permanentes Deaktivieren verhindert darüber hinaus mögliche Zusatzfunktionen, wie Garantieabwicklungen oder Ersatzteilidentifizierungen. [Lang04-ol, S.14]

Durch einen modifizierten Kill-Befehl kann der Zusatznutzen jedoch beibehalten werden. Hierzu wird nicht die komplette Kennung gelöscht, sondern nur der identifizierende Teil. Bei dem EPC wird zum Beispiel nur die Seriennummer gelöscht oder durch eine Inventarnummer ersetzt. Die Nummer der Objektklasse bleibt erhalten, so dass die Aussagekraft des EPC auf die eines Barcodes beschränkt wird. Eine Verbindung zu hinterlegten Informationen, insbesondere personenbezogenen Daten, ist somit nicht mehr möglich. Alternativ kann ein Löschungsbit auf dem Transponder integriert werden.

Registriert das Lesegerät an der Kasse dieses Bit, so wird eine Sperrung oder Löschung der hinterlegten Informationen veranlasst. [MüHa04]

9.5.4 Pseudonymisierung

Eine Möglichkeit, die Identität des Transponders zu verschleiern, so dass nur autorisierte Leser die gespeicherten Daten nutzen können, ist die Pseudonymisierung. Durch ein so genanntes *„Hash-Lock-Verfahren"* kann die Sicherheit gegen unautorisiertes Auslesen erhöht werden [ÖWH+04, S.52]. Das Verfahren basiert auf mathematischen Einwegfunktionen, so genannten „One-Way Hashes". Vorteil dieser Funktionen ist, dass sie sich relativ einfach berechnen lassen, jedoch ein Zurückrechnen auf die Eingabewerte der Funktion praktisch unmöglich ist. Um einen Transponder nun damit zu sichern bzw. zu sperren, wird mit Hilfe der Einwegfunktion und einem beliebigen Schlüssel k eine MetaID (Hashwert) erzeugt und auf dem Transponder abgelegt. Der Schlüssel k und die daraus erzeugte MetaID werden auf einer Datenbank abgespeichert. Transponder, die mit einer MetaID beschrieben wurden, antworten auf Leseanfragen ausschließlich mit der gespeicherten MetaID. Weitere Informationen wie EPC und sonstige Daten bleiben gesichert auf dem Transponder. Will der Besitzer die im Transponder enthaltenen Informationen abfragen, so liest er zunächst die MetaID aus, schlägt in seiner Datenbank den für diese MetaID passenden Schlüssel k nach und sendet diesen an den Transponder. Dieser bildet mit dem Schlüssel den Hashwert und vergleicht ihn mit der abgespeicherten MetaID. Bei Übereinstimmung kann auf die gespeicherten Informationen zugegriffen werden. Die Zugriffskontrolle mit Hash-Schlüsseln bietet mehrere Vorteile. Das Zurückrechen auf den Hashwert ist zwar mathematisch möglich, jedoch mit zu hohem Aufwand verbunden. Neben der Sicherheit von Hashfunktionen ist die einfache und kostengünstige Implementierung auf dem Transponder hervorzuheben. Dies ist der große Vorteil gegenüber komplexeren Ansätzen wie dem kryptologischen Verfahren bei Wegfahrsperren.

Das oben beschriebene Verfahren bietet aufgrund der Pseudonyme (MetaIDs) einen effektiven Schutz vor unerlaubtem Auslesen. Allerdings ermöglichen diese Pseudonyme immer noch die unauffällige Verfolgung (Tracking) von Personen, da sich die konstante MetaID auch als Identifikationsmerkmal für den Gegenstand eignet und somit in vielen Fällen auch für den Besitzer. Aus diesem Grund existieren verschiedene Erweiterungen zum Hash-Lock-Verfahren.

Mit *„Randomized-Hash-Locks"* soll verhindert werden, dass durch wiederholtes Auslesen ein Bewegungsprofil erstellt werden kann. Zu diesem Zweck werden bei jedem Lesevorgang jeweils neue MetaIDs generiert. Ein auf dem Transponder integrierter Zufallszahlengenerator liefert dazu die benötigte Zahl, die mit der ID-Nummer des Transponders „gehasht" wird. So erhält ein Lesegerät jedes Mal eine neue MetaID als Antwort, was ein Verfolgen des Transponders verhindert. Um einen Zugriff auf die Daten zu erhalten, müssen dem Lesegerät alle zur jeweiligen Applikation zugehörigen ID-Nummern bekannt sein. Das Lesegerät bzw. die zugehörige Datenbank generiert mit den vom Transponder gesendeten Zahlen die Hash-

Werte aller bekannten ID-Nummern, bis eine übereinstimmende MetaID gefunden ist. So kann zum einen nicht autorisiertes Auslesen und zum anderen ein unbemerktes Verfolgen durch wechselnde Kennungen vermieden werden. [Lang04-ol, S.17]

Noch mehr Sicherheit bietet ein *„RFID-Framework"* von Henrici und Müller. Diese Hash-Lock-Variante ermöglicht eine gegenseitige Authentifizierung von Transponder und Lesegerät, gewährleistet die Verschlüsselung der Kommunikation und verhindert die Erstellung von Bewegungsprofilen. Darüber hinaus werden auf einem Transponder keine Schlüssel oder andere verwertbare Daten längerfristig gespeichert, wodurch physikalische Angriffe auf die Chiphardware unbedeutend werden. Das Verfahren basiert auf einem geringen Datenaustausch und ist zudem gegen Störungen über die Luftschnittstelle resistent. Um ein Tracking zu verhindern, sendet der Transponder nie die aktuelle ID-Nummer, sondern ausschließlich einen wechselnden Hash-Wert. Dieser wird vom Transponder jeweils neu berechnet. Grundlage hierzu sind Transaktionsnummern, die jeweils mit dem Backend des Lesegeräts synchronisiert werden [HMM04-ol]. Die aufwendigere Datenhaltung und -synchronisation im Backend-Bereich stellen keine wesentliche Einschränkung dar, weil dort in der Regel ausreichende Ressourcen vorhanden sind. Hingegen werden an die Hardware des Transponders relativ geringe Anforderungen gestellt, da der Chip nur Hash-Werte berechnen können muss und keinen Zufallszahlengenerator benötigt. [ÖWH+04, S.53]

9.5.5 Distanz-basierte Zugriffskontrolle

Ein weiterer Ansatz, um den Zugriff auf Informationen zu steuern, ist die distanz-basierte Zugriffskontrolle. Sie ermöglicht es, gespeicherte Daten in Abhängigkeit von der Entfernung des Transponders zum Lesegerät auszulesen. Nach dem Prinzip „Entfernung impliziert Misstrauen" erhält ein Lesegerät umso mehr Informationen von einem Transponder, je näher es sich an diesem befindet [Lang04-ol, S.19]. Auch die Kombination dieser Zugriffkontrolle mit Verschlüsselungsverfahren ist denkbar. Somit wird ermöglicht, dass ein Lesegerät nur dann Informationen auslesen kann, wenn es nah genug am Transponder ist und die Authentifizierung erfolgreich war. [MüHa04]

Problematisch bei diesem Ansatz ist die Erkennung der Entfernung zwischen Transponder und Lesegerät, da derzeit keine zuverlässigen Verfahren zur Entfernungsbestimmung existieren. Die Signalstärke an einem Transponder ist stark abhängig von der Lage des Gegenstandes. Ändert sich die Lage des Gegenstandes und somit die des Transponders, so erscheint dieser plötzlich weiter entfernt, als er es in Wahrheit ist. Dies ist zwar unter Datenschutzgesichtspunkten tolerierbar, aber eine verlässliche Anwendung ist somit nahezu unmöglich. Darüber hinaus verzerren metallische Gegenstände und Wasser das Energiefeld einer Antenne erheblich, so dass zuverlässige Signalstärkemessungen erschwert werden. Aufwendige Antennen auf den Transpondern können Entfernungsmessungen zwar verbessern, jedoch ist dies relativ unpraktisch. Auch die erhöhten Kosten für die aufwendigen Messverfahren machen dieses Verfahren letztlich nur für wenige eingeschränkte Anwendungen interessant. [Lang04-ol, S.19]

9.5.6 Blocker-Tag

Eine komplette Deaktivierung oder Entfernung des Transponders steht nicht im Einklang mit möglichen Zusatzfunktionen, die einige Transponder auch außerhalb des Supermarktes erfüllen sollen. Um eine Deaktivierung zu umgehen und zumindest zeitweise das Problem der Privatsphäre zu kompensieren, wurden Blocker-Tags entwickelt, die das autorisierte oder unautorisierte Auslesen eines Transponders vorübergehend verhindern. Ein Blocker-Tag ist ein Gerät, das sich als Transponder ausgibt. Dieses antwortet auf jede Ausleseaufforderung mit mehreren Sendesignalen gleichzeitig und simuliert so das Vorhandensein von sehr vielen Transpondern. Der Blocker-Tag nutzt dabei aus, dass Lesegeräte immer nur eine Kennung nach der anderen auslesen können. Senden extrem viele Transponder gleichzeitig, kommt es zu einer Kollision. Durch permanentes Antworten auf Sendeaufforderungen eines Lesegerätes macht ein Blocker-Tag das Auslesen der sich gleichzeitig in seiner Umgebung befindlichen Transponder unmöglich. Die tatsächlich vorhandenen Transponder werden effektiv mit nicht endenden Sendesignalen von virtuellen Transpondern überdeckt. Ein Blocker-Tag kann somit ein Lesegerät blockieren, indem es vortäuscht, dass extrem viele Transponder gleichzeitig senden. Damit ein völliges Blockieren von RFID-Anwendungen verhindert wird, können die Blocker-Tags durch ein erweitertes Verfahren nur bestimmte Teile der im Transponder befindlichen Daten blockieren. Damit lassen sich auch definierte Datenbereiche schützen, in denen ein Auslesen blockiert wird, ohne dabei andere Anwendungen zu beeinträchtigen. [JRS03-ol]

Die Verlässlichkeit von Blocker-Tags ist gering und macht sie somit nur begrenzt einsetzbar. Da die Aktivierung des Blocker-Tags über das elektromagnetische Feld des zu blockierenden Lesegerätes erfolgt, können Abschirmungseffekte und wechselnde Entfernungen die Zuverlässigkeit des Schutzes einschränken. Der Benutzer kann sich auch nicht über die korrekte Funktion des Blocker-Tags vergewissern, und darüber hinaus lassen sich ungewollte Störungen von RFID-Anwendungen in der Nähe nicht ausschließen. [ÖWH+04, S.53]

9.6 Datenschutz in der Praxis

Die beschriebenen Anwendungen zeigen viele Vorteile auf, die sich aus der Nutzung von RFID-Systemen ergeben. Jedoch befürchten Datenschützer trotz Anonymisierung oder Pseudonymisierung den Missbrauch solcher Systeme zwecks Erstellung personalisierter Bewegungs- und Kontaktprofile [ÖWH+04, S.18]. Es werden deshalb Forderungen nach einer Änderung des Bundesdatenschutzgesetzes laut. Begründet wird dies damit, dass der Verbraucher das Recht haben müsse, die auf Transpondern gespeicherten Daten einzusehen. Weitere Forderungen sind die Kennzeichnungspflicht für RFID-gelabelte Produkte sowie die Möglichkeit zur Deaktivierung der Daten nach deren Kauf. Ebenso soll nach Ansicht der Datenschützer gewährleistet sein, dass so wenig Rückschlüsse wie möglich auf den jeweiligen Besitzer des elektronisch gelabelten Produktes möglich sind, d. h., die Technologie sollte möglichst datenschutzfreundlich gestaltet werden. [Barc04, S. 33]

Die Bundesregierung sieht derzeit jedoch keinen Regelungsbedarf und beruft sich dabei auf die geringe Reichweite im Endkundenbereich. Nach ihrer Auffassung ist das geltende Datenschutzrecht für die Belange der Verbraucher durchaus ausreichend. Im Staat Kalifornien (USA) erhielt hingegen ein im Februar 2004 eingereichter Gesetzesentwurf zum Datenschutz im Zusammenhang mit RFID-gelabelten Produkten eine Mehrheit [IX04d]. Mittlerweile haben staatliche Institutionen in Deutschland doch reagiert. So soll ein „Büro der Innovationsoffensive“ 10 Themenbereiche erforschen, darunter auch RFID [Metr04a, S. 8]. Darüber hinaus haben bereits Ende März 2004 die Datenschutzbeauftragten des Bundes und der Länder Entschlüsse zum Thema RFID veröffentlich und Ende Dezember das Bundesamt für Sicherheit in der Informationstechnik eine Studie erstellt [BSI04]. Beim Einsatz der RFID-Technologie sei demnach darauf zu achten, dass die datenschutzrechtlichen Prinzipien der Datensparsamkeit, Zweckbindung und Transparenz eingehalten werden. Außerdem müsse beim Auslesen und bei der Aktivierung von RFID-Etiketten aus der Ferne für den Besitzer des etikettierten Gegenstandes die Möglichkeit bestehen, diesen Vorgang wahrzunehmen und ihn zu beeinflussen. Außerdem wird gefordert, dass vor der Einführung von RFID zunächst Alternativen in Betracht zu ziehen sind [Schw04b]. Zwischenzeitlich wurde auch von Bürgerrechtsorganisationen aus mehreren Ländern ein gemeinsames Positionspapier zum Einsatz von RFID und den möglichen Gefährdungen für den Datenschutz veröffentlicht. [Barc04, S.34]

Auch wenn bei den entwickelten Szenarien weitgehend übertrieben wird, was eine unabhängige Bewertung der Universität Dortmund bestätigt [JaSS04-ol], beweist es doch auch, dass es wichtig ist, sich frühzeitig mit entsprechenden Experten zusammenzusetzen. Schon bei der Projektplanung und Softwareentwicklung sollte ein dem deutschen Datenschutzrecht entsprechendes Konzept entwickelt werden, wenn Daten auf Transpondern gespeichert werden, die einen Bezug zu Personen herstellen lassen [Schw04a]. Auch offene Standards sollten dem Verbraucher ermöglichen, sich darüber zu informieren, welche Daten eine RFID-Anwendung speichert. Die Einbeziehung aller betroffenen Gruppen wie Verbraucher und Arbeitnehmer in die Diskussion sollte eine Selbstverständlichkeit sein [Grun04b]. Denn welches Unternehmen will sich schon nachsagen lassen, dass es seine Kunden ausspioniert oder Mitarbeiter überwacht, auch wenn dieses vielleicht aus bestimmten Gründen, wie z. B. dem Marketing, erwünscht wäre. Wie fragwürdig müssen uns, bei dieser Diskussion, erst Punkte- und Bonuskartensysteme vorkommen, bei denen der Kunde schon heute seine Daten weiter streut, als dies mit RFID überhaupt sinnvoll ist.

Welche Unsicherheit bezüglich der RFID-Technologie beim Verbraucher besteht und dass die Diskussion noch viel offener und mit sachlicheren Argumenten geführt werden sollte, zeigt auch eine Umfrage der Rheinzeitung.

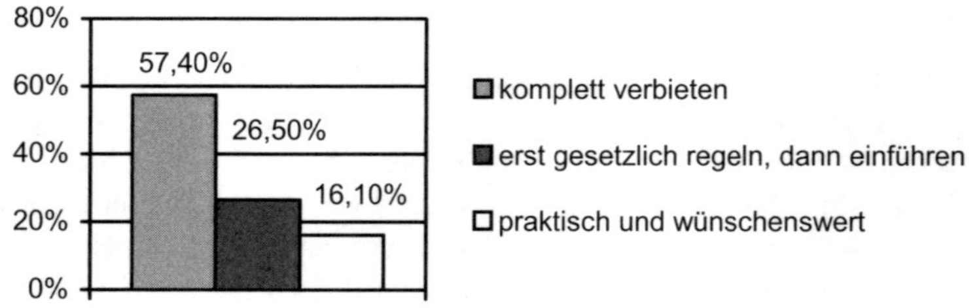

Abbildung 46: *Ergebnisse einer Online-Umfrage zum Thema RFID (Rheinzeitung) [GuSp04]*

Es ist deshalb wichtig, dass der Bürger in klarer und verständlicher Form darüber informiert wird, was mit RFID überhaupt technisch möglich ist, was hiervon legal ist und welche Vorkehrungen getroffen werden, um einen illegalen Einsatz der Technologie zu verhindern. [GuSp04]

Sachliche Diskussionen im Bereich des Datenschutzes können viele Befürchtungen und Bedenken relativieren. Beispielhaft sind hier einige Anwendungen aus der Praxis kurz beschrieben, um einen kleinen Einblick zu bekommen, inwieweit gegenwärtig Probleme in Bezug auf den Datenschutz existieren.

Ob Datenschutzrechte betroffen sind, also personenbezogene Daten auf einem RFID-Transponder gespeichert oder nicht personenbezogene Daten einer bestimmten oder einer bestimmbaren Person zugeordnet werden können, hängt von dem jeweiligen Anwendungsbereich ab. Wie in den Anwendungen beschrieben unterscheiden sich die RFID-Transponder hinsichtlich Gesamtkonzept, Bauart und Einsatzfeld. Insofern sollten datenschutzrechtliche Aspekte unter Berücksichtigung der jeweiligen Transponderart und Zielanwendung erörtert werden. Anwendungen, die keine personenbezogenen Daten beinhalten und bei denen sich kein Bezug zu Personen herstellen lässt, können von der Datenschutzproblematik grundsätzlich ausgeschlossen werden. Dies sind z. B. reine Automations-, Warenmanagement- oder Logistiksysteme. [Gold04-ol]

In einigen anderen Fällen ist es jedoch meist erforderlich, personenbezogene Daten zu erfassen, wie z. B. in der Bibliothek. Schließlich müssen Personen zur Verantwortung gezogen werden, falls ein Buch nicht zurückgebracht oder beschädigt wird. Die personenbezogenen Informationen werden in Datenbanken gespeichert und verwaltet. Lediglich über einen individuellen Nummern-Code sind diese Daten abrufbar bzw. einem Transponder zurechenbar. Anonymisierung oder Pseudonymisierung erschweren zusätzlich den Zugang zu den persönlichen Daten. Die internen Datenbanken unterliegen strengen Datenschutzrichtlinien, so dass Daten nicht ohne Zustimmung an Dritte weitergegeben werden dürfen. Eine direkte Verbindung zwischen dem Transponder und der Person kann durch das Auslesen der Transponder also nicht hergestellt werden. Die auf dem Transponder gespeicherten Daten sind zwar auch für andere Lesegeräte außerhalb der Bibliothek erkennbar, jedoch nicht interpretierbar und somit wertlos. Zudem lassen sich die in der Bibliothek gegenwärtig verwendeten RFID-Transponder nur in einer geringen Reichweite auslesen, so dass ein Verfolgen der Transponder bedeuten würde, dass diese regelmäßig und aus kurzer Distanz ausgelesen werden müssten. Abschirmungseffekte oder veränderte Lagen des Transponders erschweren zusätzlich die kontinuierliche Erfassung. Lesegeräte müssten also sehr nah an den Transponder herankommen, um ein zuverlässiges Auslesen der Daten zu ermöglichen. Lesegeräte oder -antennen sind zudem derzeit meist nur an Ein- und Ausgängen zu finden, somit kann die Erstellung von Bewegungsprofilen nahezu ausgeschlossen werden. [Kern04]

Im Bereich des Einzelhandels sind die Szenarien des „gläsernen Kunden“ noch nicht Realität, da derzeit auf der Produktebene nur wenige Artikel mit RFID-Etiketten versehen sind und die branchenweite Ausstattung mit Transpondern erst in zehn bis fünfzehn Jahren erwartet wird [Lied04-ol]. Die verwendeten RFID-Etiketten haben ausschließlich den EPC gespeichert und können frühestens an der Kasse, durch die Verbindung mit Kunden- oder Kreditkarteninformationen, Personen zugeordnet werden. Die so gewonnenen Daten sind jedoch keine Neuheit, da Kundenkarten bereits seit Jahren von vielen Personen verwendet und ebenfalls mit den Barcodedaten erfasst werden. Mehr Aussagegehalt wird den mit RFID gewonnen Daten nicht zugeschrieben, so dass auch diese Daten keine Verwendung finden, weil sich die Erstellung von Kundenprofilen nicht lohnt. Die derzeitigen RFID-Anwendungen im Einzelhandel zielen ausschließlich auf die Optimierung der Lieferkette ab. Selbst wenn RFID-Daten zum Tracking verwendet werden, wird es sehr schwierig, daraus Bewegungsprofile abzuleiten, da der Aufwand zur Erstellung von Bewegungsprofilen aufgrund unvollkommener und schwer zugänglicher Daten unverhältnismäßig hoch und daher nicht praktikabel ist. Blocker-Tags oder die Deaktivierung über den Kill-Befehl stellen zwar Schutzmaßnahmen dar, werden aber nur vereinzelt und zu Testzwecken eingesetzt. [ÖWH+04, S.63f]

In vielen dieser Bereiche greifen immer mehr Unternehmen und Hersteller auf Datenschützer zurück. Insbesondere die Entwicklung hin zu offenen Systemen, gepart mit den sinkenden Kosten für Transponder und der Erschließung zusätzlicher Anwendungsfelder wird zwangsläufig zu einem vermehrten Transpondereinsatz führen. Die Transponder werden dann am Ende der Kette auch irgendwann in zunehmender Anzahl den Kunden erreichen. Von der Zusammenarbeit mit den Datenschützern versprechen sich die Unternehmen, die damit zusammenhängenden möglichen datenschutzrechtlichen Unwägbarkeiten frühzeitig aus dem Weg zu schaffen.

Die Praxis sieht dann so aus:

- Derzeit arbeiten z. B. zwei Firmen in Sachen RFID mit dem Unabhängigen Landeszentrums für Datenschutz Schleswig-Holstein (ULD) zusammen. Die eine Firma ist Sun, die andere Siemens Business Service. Sun, die auf der CeBit 2004 die Demoinstallation eines Logistikprozesses mit RFID zeigte, übernimmt neben der technischen Beratung und dem Projektmanagement auch die Betreuung der

Softwareentwicklung und RFID-Chip-Reader [Schw04a]. Bereits bei der Planung eines ID-Karten-Projektes für mehrere deutsche Krankenhäuser hatte Sun Datenschützer einbezogen. Darüber hinaus will das Unternehmen durch die gegenseitige Zertifizierung aller an der SC beteiligten Unternehmen und ihrer Einbindung in das Liberty Alliance Project [Libe05-ol] Sicherheit und Datenschutz gewährleisten. In der 2001 gegründeten Organisation haben sich mittlerweile 470 beteiligte Firmen zum Ziel gesetzt, gemeinsame Standards für Federated Identity und Business-Tools zu entwickeln. Die Einhaltung der Standards soll auch Endkunden Datenschutz gewährleisten. [Schw04a]

- Zwischenzeitlich haben sich die Firmen, die RFID im Endkundenbereich einsetzen, wie z. B. Metro in seinem Future Extra Store, mit technischen Einrichtungen beholfen. Mittels eines Deaktivators kann der Datenspeicher der Transponder mit Nullen überschrieben werden. [Grun04a]

- Verschiedene Unternehmen haben außerdem gemeinsam mit dem European Institute for Computer Anti-Virus Research (EICAR) eine Arbeitsgruppe zum Thema RFID gegründet, die Informationen für die Öffentlichkeit und Entscheidungshilfen für Unternehmen bereitstellen will. Fallstudien und Lobbyarbeit soll Bürgern die Angst vor einer Überwachung nehmen. Ebenso sollen für einen sicheren, rechtskonformen Einsatz der Technik gesorgt werden, wobei auch kritische Stimmen Gehör finden sollen. Erste Ergebnisse und Arbeitspapiere wurden im Herbst 2004 veröffentlicht. [Zoto04]

Teil 10

Zusammenfassung und Ausblick

Zusammenfassung und Ausblick

10. Zusammenfassung und Ausblick

RFID-Systeme können grundsätzlich als die zukünftig besseren Identifikationssysteme gesehen werden. Bei der Identifikation von Objekten ergeben sich *verschiedene* Vorteile wie z. B. die Pulkerfassung oder der bessere Schutz vor Verschmutzungen. Außerdem können die Systeme weitere Aufgaben übernehmen, wie z. B. Prozesssteuerung oder Datenmanagement.

Um die vielen unterschiedlichen Systeme differenzieren zu können, ist es wichtig, allgemein gültige Unterscheidungsmerkmale zu finden, die zu Beginn des 2. Kapitels herausgearbeitet wurden. Dafür ist es auch von Vorteil, ein gewisses technisches Grundwissen zu haben, um die Möglichkeiten, die die Systeme bieten, zu erkennen, aber auch um die technischen und physikalischen Grenzen der Systeme berücksichtigen zu können.

Als eine der Hemmschwellen für die zügige Verbreitung von RFID-Systemen werden oft die fehlenden nationalen und internationalen Standards gesehen. Um international gültige Standards zu schaffen, arbeiten unterschiedliche Standardisierungsgremien, wie EAN und CCG, länderübergreifend, damit diese Eintrittsbarrieren möglichst bald abgebaut werden können. Einige Standards, wie der EPC Tag Data Standard oder verschiedene ISO-Normen, sind bereits verabschiedet und unterstützen die schnelle Verbreitung von RFID-Systemen.

Eine weitere Hemmschwelle sind die noch recht hohen Stückkosten der Transponder. Auf diesem Gebiet erhofft man sich durch die Entwicklung der polymeren Transponder, die Stückkosten soweit senken zu können, dass wirklich jeder „Jogurtbecher" mit einem Transponder versehen werden kann. Bis diese Technik marktreif ist, werden aber noch einige Jahre vergehen.

Die möglichen Einsatzgebiete der RFID-Technik sind vielfältig, und das Potential der Systeme wurde in der Industrie bereits früh erkannt, wo RFID schon seit einigen Jahren eingesetzt wird. Die in *diesem Buch* aufgezeigten Einsatzmöglichkeiten sind keine abstrakten Beispiele, sondern beziehen sich auf konkrete Anwendungsmöglichkeiten. Auf eine kostenorientierte *detaillierte* betriebswirtschaftliche Betrachtung des Einsatzes wurde hier verzichtet, *da jedes Projekt individuell auf das jeweilige Unternehmen zugeschnitten ist.*

Durch den Einsatz in der Lieferkette, in der Produktion oder im Lager ergeben sich Veränderungen in den Prozessen, die bei der Planung und Steuerung *dieser Prozesse* beachtet werden müssen. Werden diese Auswirkungen berücksichtigt, können die entstehenden Vorteile durch den RFID-Einsatz optimal ausgenutzt werden. Die Beurteilung der entstehenden Vorteile durch den Einsatz ist keine alltägliche und einfache Aufgabe für ein Unternehmen. Es muss am Anfang eines Projekts genau festgelegt werden, welche Verbesserungen durch den Einsatz erreicht werden sollen, und die dadurch entstehenden Einsparungen den entstehenden Kosten, wobei auch die Betriebskosten nicht vernachlässigt werden dürfen, gegenübergestellt werden.

Wichtig bei der Einführung neuer RFID-Systeme ist, dass die Unternehmen eine transparente Informationspolitik verfolgen, um die Akzeptanz bei den Verbrauchern zu verbessern. Die Unternehmen müssen versuchen, durch das Aufzeigen der erzielbaren Vorteile, auch für den Verbraucher, das Vertrauen in die Technologie zu erhöhen. Durch mehr Informationen für die Verbraucher kann die Akzeptanz schneller gesteigert werden als durch zusätzliche Gesetze und Datenschutzerklärungen.

Anhand der beschriebenen Fallstudie kann man sehen, was bereits mit dem heutigen Technologiestandard möglich ist und dass die aufgezeigten Einsatzmöglichkeiten nicht reine Zukunftsvisionen sind, sondern durchaus reelle Szenarien darstellen.

10.1 Vorteile bei flächendeckender Systemintegration

Eine Einführung von RFID über die gesamte Lieferkette kann zu einer übergreifenden Prozessoptimierung führen, von der alle an der Lieferkette beteiligten Unternehmen profitieren. Produktion oder Lager können durch RFID besser gesteuert werden, wobei die meisten Synergien sich durch ununterbrochene Lösungen, d. h. von der Rohstoffanlieferung, über die Produktentstehung bis zum Verkauf an den Endkunden ergeben können. Aber auch Insellösungen haben heute schon das Potential, im Unternehmen, zu einem besseren Management von Beständen und Prozessen zu führen, so dass diese effizienter gesteuert und wirtschaftlicher kontrolliert werden können.

Prozessverbesserungen lassen sich realisieren. Die Kosten in Lagerhaltung und Supply Chain werden gesenkt, und der Servicegrad wie die Verfügbarkeit der Waren oder anderer Leistungen können gesteigert werden. [Metr04d, S. 12]

Durch eine sinnvolle Filterung und Analyse der Daten kann deren Qualität erhöht werden. Diese können dann wiederum zur Prozessoptimierung oder für andere Managementaufgaben eingesetzt werden.

Insgesamt wird sich die Effizienz der Logistik durch den RFID-Einsatz steigern lassen. Die Auswirkungen und Verbesserungen, die durch den RFID-Einsatz konkret erzielbar sind, lassen sich in folgenden Punkten zusamenfassen:

- Beschleunigung des Produkt- und Materialflusses
- Präzisere Prognosen und verbesserte Unternehmensplanung
- Identifizierbarkeit von Problembereichen
- Reduzieren von Verzögerungen in der Lieferkette, höherer Servicegrad
- Senken der Service- und Prozesskosten
- Ermitteln der Position von Artikeln und ihre Rückverfolgbarkeit

- Untersuchen von Verfahrensabweichungen
- Effizienterer Einsatz von Investitionsgütern

[Inte04b]. Hierbei handelt es sich um keine abschließende Liste. Sie lässt sich beliebig fortsetzen. Schließlich wären die Auswirkungen immer vom jeweiligen Anwendungsbereich abhängig. Innerhalb der Unternehmen und der Supply Chain gibt es ausreichend Optimierungspotential, das den Einsatz von RFID wirtschaftlich rechtfertigt [Span04, S. 128] und zusätzliche Auswirkungen auf die Supply Chain haben kann. In den meisten Fällen werden sich, was sich je nach Einsatzbereich durchaus unterschiedlich bemerkbar machen wird, Unternehmen entscheidende Vorteile gegenüber dem Wettbewerb verschaffen. Anhand der drei anzustrebenden Erfolgsfaktoren kann man diese folgendermaßen zusammenfassen:

Kostenvorteile: Ressourcen werden geschont oder sind effizienter einsetzbar. Prozesse lassen sich automatisieren und beschleunigen. Das kann direkt oder indirekt zu Kostensenkung führen.

Zeitvorteile: Durch beschleunigte Prozesse und eine schnellere Reaktionsfähigkeit bei Neuentwicklungen, können Produkte schneller am Markt platziert, aufgefüllt oder ersetzt werden. Entscheidende Wettbewerbsvorteile lassen sich nutzen.

Qualitätsvorteile: Eine automatisierte Prozessabfolge kann einerseits die Qualität der Supply Chain verbesssern und qualitative und quantitative Informationen zur Verfügung stellen. Insgesamt wird sich die Qualität durch die Prozessoptimierung positiv beeinflussen lassen.

Jeder der oben genannten Punkte hat durch den RFID-Einsatz meist auch automatisch Auswirkungen auf die anderen beiden Punkte.

10.2 Ausblick

RFID etabliert sich langsam als Querschnittstechnologie in allen Wirtschafts- und Lebensbereichen [Kart04]. Von einer digital vernetzten Welt, in der jedes Objekt eine digitale Kopie hat, sind wir jedoch noch weit entfernt.

Langfristig wird sich die Technologie in Logistik und Handel durchsetzen. Am Anfang werden die Zielsetzungen der Unternehmen, die die Technik einsetzen, sehr unterschiedlich sein. Zuerst wird es um die Verwendung im B2B-Bereich gehen und sich der Einsatz auf die Kennzeichnung von Ladeeinheiten, Transportverpackungen und -hilfsmitteln oder Investitionsgütern beschränken.

Darüber hinaus ist entscheidend, wann Industrie und Handel die RFID-Technologie auch auf Artikelebene flächendeckend einsetzen. Dabei kann man jetzt schon absehen, dass es sich nicht mehr um die Frage handelt, ob ein flächendeckender Einsatz auf Artikelebene erfolgt, sondern lediglich wann und in einigen Bereichen auch wie (Investitionsgüter/Sensorik).

Dazu müssen aber auch bestehende Hemmnisse beseitigt werden. Inbesondere Probleme, wie

- die fehlenden oder lückenhaften Standards,
- die Investitionskosten (ROI),
- der Datenschutz und die Sicherheit

bremsen die flächendeckende Einführung [IX03b]. Diese Hürden dürften aber sehr wahrscheinlich in den nächsten Jahren fallen. Zumindest ein weltweiter Standard wird sich durchsetzen, und die vorzunehmenden Investitionskosten werden weiter sinken. Die Unternehmen werden Erfahrungen in der RFID-Disziplin machen. Durch Produktstandards und die erhöhte Nachfrage an Hard- und Software werden sich die Preise auf einem niedrigeren Level einspielen. Inwieweit die Datenschutzproblematik angegangen wird, kann an dieser Stelle nicht beantwortet werden. Jedoch dürften die Bemühungen der großen Handelskonzerne in diesem Bereich für weitere Entwicklungen sorgen.

Die flächendeckende Einführung von RFID zur Warenverfolgung wird dann wahrscheinlich ab 2008 erfolgen. Für 2013 wird der breite Einsatz auf Artikelebene prognostiziert. [Kran04b, S. 21]

Im Bereich der Artikelauszeichnung wird als Massenanwendung wahrscheinlich vorerst die Frequenz von 13,56 MHz nicht eingesetzt werden, da dies noch nicht wirtschaftlich ist. Experten gehen davon aus, dass die ersten Transponder ab 2010 unter 4 Cent kosten werden. Dann könnte sich der Einsatz in einem breiten Sortimentsspektrum als wirtschaftlich erweisen. [Metr04d, S.34f]

10.3 Fazit

Wenn auch das technologische Grundprinzip für heutige RFID-Systeme bereits mehrere Jahrzehnte alt ist, bietet die Technik selbst immer noch erhebliches Innovations- und Entwicklungspotential.

Dabei darf die Technik nicht als eine reine Weiterentwicklung des Barcodes missverstanden werden, sondern die zusätzlichen Potentiale der Technik müssen erkannt werden. In der Praxis wird sich dabei noch zu häufig an den Eigenschaften und Möglichkeiten des Barcodes orientiert [Pfla01]. Zukünftig werden RFID-Systeme nicht mehr ausschließlich zur Verbesserung der Identifikations- und Qualitätssicherungsprozesse verwendet, sondern übernehmen auch mehr und mehr Aufgaben der mobilen Datenspeicherung, wie z. B. für Objekthistorien oder Datenblätter, sowie Prozesssteuerungsaufgaben.

Der Einsatz von RFID kann dann zusammen mit diesen Prozesssteuerungsaufgaben und -änderungen zu Einsparungen entlang der gesamten Versorgungskette führen und den Umsatz erhöhen. Durch eine automatisierte Erfassung aller Daten und die Identifikation von Waren entlang der verschiedenen Stationen in der Produktions- und Versorgungskette kann ein geschlossenes Netz von Daten erzeugt werden, dass – bei richtigem Einsatz und der richtigen Planung – in einem vernünftigen Kosten-/Nutzen-Verhältnis stehen kann. Die Gewinnung von Echtzeitinformationen kann zu mehr Transparenz und Genauigkeit führen, die durch derzeitige Systeme nicht erreicht werden. Optimierungspotentiale lassen sich aufdecken und Produktqualität oder Warenströme verbessern. Zukünftig wird genau das produziert, was wirklich nachgefragt wird. Entwicklung und Produktion sind besser planbar und Produktionsfaktoren können effizienter eingesetzt werden. Durch die Flexibilisierung werden unerwünschte Situationen wie Stillstand von Produktionslinien aufgrund fehlender Teile und OOS-Situationen vermieden.

Im Bereich von Supply Chain und Lager zeigen Projekte wie das von METRO, dass die Technologie marktreif ist und mit der richtigen Strategie die Einführung messbare Erfolge bringen kann. Ein hoher betriebswirtschaftlicher Nutzen wird erzielt und es können langfristige Wettbewerbsvorteile mit RFID erreicht werden. Die derzeit am Markt erhältliche Hard- und Software lässt sich in bestehende informationstechnische Infrastruktur innerhalb der Supply Chain integrieren.

Dabei muss man aber auch beachten, *dass sich derzeit im Bereich der Produktionslogistik besonders* geschlossene Systeme *eignen*, die den Vorteil haben, nicht abhängig von allgemeingültigen Standards zu sein. Ein flächendeckender Einsatz entlang der *Liefer- oder* Versorgungsketten von RFID kann aber nur durch die vermehrte Einführung von offenen Systemen stattfinden, so dass mehrere oder alle Teilnehmer die Vorteile eines *komplexen* Systems nutzen können.

Was sich auf den ersten Blick einfach anhört, benötigt aber auch gewisse Voraussetzungen, um umsetzbar zu werden. Bei der Einführung von RFID-Systemen müssen die technologischen und physikalischen Grenzen berücksichtigt werden, wenn diese auch durch die Weiterentwicklung der Systeme weiter abnehmen werden. *So muss beispielsweise* im Vorfeld genau abgeklärt werden, welche Aufgaben der Transponder übernehmen soll. Im Zuge dessen dürfen dann keine Transponder ausgewählt werden, die durch ihre zu hohe Leistungsfähigkeit die Kosten unnötig erhöhen. Außer den technologischen und physikalischen Grenzen gibt es noch organisatorische. Beispielsweise ist eine gewisse Flexibilität notwendig, die erst einmal in den jeweils betrachteten Unternehmensbereichen vorhanden sein muss, bis sich das System entlang der ganzen Wertschöpfungskette durchsetzen kann oder lässt. Statische Bereiche können ansonsten die Effizienz hemmen, so dass die vorausgesagten und geplanten Einsparungen oder Vorteile durch den RFID-Einsatz nicht mehr realisierbar sind. Der Produktplanungs- und RFID-Einführungsprozess wird damit zu einer unternehmensübergreifenden Aufgabe. Zu Schwierigkeiten wird es bei Fragen *bezüglich der* Kostenverteilung kommen, die noch nicht hinreichend geklärt sind, wenn auch für die meisten Unternehmen die Verbesserung der Leistung und Qualität wichtiger ist als eine Senkung der Kosten. [HoLa04]

Wichtig bei all diesen Betrachtungen ist, dass zukünftig auf neue Anwendungsfelder flexibel reagiert werden kann. Die Unternehmen dürfen den Fokus nicht allein auf Einzelprojekte und

Insellösungen legen, sondern es sollte eine modulartige Vergrößerung des Einsatzbereiches jederzeit zulässig sein, um auf neue Anforderungen reagieren zu können. Nur dann ist das Abschöpfen weiterer Verbesserungspotentiale möglich. Nach und nach können sich auf diese Weise so die Informationslücken innerhalb der Supply Chain schließen und sich weitere Anwendungsbereiche abdecken lassen.

Literaturverzeichnis

[Acce04] Accenture: High Performance Enabled through Radio FrequencyIdentification. Studie, http://www.accenture.com, 2004

[AIK+04] Arnold, D.; Isermann, H.; Kuhn, A.; Tempelmeier, H.: Handbuch Logistik, Springer Verlag, 2004

[AIM01-ol] Landt, J.; Catlin, B.: Shrouds of Time – The history of RFID. AIM Inc. – Association for Automatic Identification and Mobility. http://www.aimglobal.org, 2001

[AIM04-ol] AIM Verband für Automatische Datenerfassung, Identifikation und Mobilität; http://aimgermany.aimglobal.org; 2004

[ALLF04-ol, A] ALLFA – Einfach alles fahren: Das Projekt. http://www.allfa-ticket.de, 19.12.2004

[ALLF04-ol, B] ALLFA – Einfach alles fahren: Das ALLFA Ticket. http://www.allfa-ticket.de, 22.12.2004

[AMS03-ol] Auto-Motor und Sport: 2003 – Das Jahr der Rückrufe. http://www.auto-motor-und-sport.de, 2003

[Ange04-ol] Angerer, A.: Out-of-Stock im Handel: Ausmaß-Ursachen-Lösungen. Logistik Inside, Fachwissen-Beitrag, http://www.logistik-inside.de, 2004

[Anim04-ol] Internationale Tierkennzeichnungsdatenbank: http://www.animaldata.com. 18.11.2004

[ATK04] A.T. Kearney: RFID/EPC: Managing the Transition (2004-2007). Publikation, http://www.atkearney.de, 2004

[ATK04-ol] A.T. Kearney: Nutzen für Händler – Kosten für Hersteller. News Release, http://www.atkearney.de, 2004

[Bain03-ol] Bain & Company: Die doppelte Chance – Sinkende Kosten und besserer Lieferservice. http://www.bain.de, 2003

[Barc04] Barck, R.: RFID – Die Angst vorm Big Brother. In: Logistik Inside, S. 33-35, Ausgabe 02/2004

[BDP+03] Busch, A.; Dangelmaier, W.; Pape, U.; Rüther, M.: Marktspiegel Supply Chain Management Systeme, Potenziale – Konzepte – Anbieter imVergleich. Gabler Verlag, 2003

[BDSG04-ol] Bundesdatenschutzgesetz: http://www.datenschutz-berlin.de, 12.01.2004

[Berg03-ol] Dominik Berger, Präsentation Infineon: Technische Grundlagen der Transpondertechnologie, http://www.scholz66.de; 2003

[Berg04-ol] Dominik Berger, Vortrag: Optimierter RFID-Gesamtnutzen jenseits der Prozesskostenreduzierung durch innovative Betreibermodelle; Warehouse Logistics http://www.warehouse-logistics.org; 2004

[BERU-ol] Beru AG, Hersteller von Zündungen, Elektronik und Sensorik. Internetseiten: http://www.beru.com; 2004

[BGE04-ol] Berufsgenossenschaft für den Einzelhandel: Gesetze, Verordnungen, Europarecht – Verordnung über den Bau und Betrieb von Verkaufsstätten (VkVO). Nordrhein-Westfalen, http://www.bge.de, 2004

[Bibl04-ol] Bibliotheca RFID Library Systems AG: References. http://www.bibliotheca-rfid.com, 22.11.2004

[Bibl05-ol] Bibliotheca RFID Library Systems AG: BiblioChip® RFID Library System. http://136.223.18.14, 20.01.2005

[Bito05-ol] Bito Lagertechnik: Eilige Arzneimittel. Pressemitteilung, http://www.bito.de, 2005

[BLG04b] BLG: RFID im Lagerwesen – Praxisbeispiel Tchibo Hochregallager Bremen, http://www.ihk-niederrhein.de, 2004

[BlIh97] Jürgen Bloech, Gösta B. Ihde: Vahlens großes Logistiklexikon. Verlag C. H. Beck, München, Verlag Franz Vahlen München, 1997.

[BME04] BME News: RFID – Wo liegen die Chancen und Risiken? In: Logistik Inside, S. 10, Ausgabe 09/2004

[BoDL04] Bone, T.; Dirkling, S.; Lammers, W.: Erwartungen bei Handel und Industrie. In: ten Hompel, M.; Lange, V. (Hrsg.): RFID 2004 – Logistiktrends für Industrie und Handel. Praxiswissen GmbH, 2004

[Born04] Born, A.: Prognosen und Ratschläge. In: iX – Magazin für professionelle Informationstechnik. Heise Verlag, S. 32, Februar 2004

[BSI04] Bundesamt für Sicherheit in der Informationstechnik: Risiken und Chancen des Einsatzes von RFID-Systemen. SecuMedia Verlags-GmbH, 2004

[BSI04-ol] Bundesamt für Sicherheit in der Informationstechnik; http://www.bsi.de; 2004

[BuDa04] Busch, A.; Dangelmaier, W.: Integriertes Supply Chain Management – ein koordinationsorientierter Überblick. In: Busch, A.; Dangelmaier, W.: Integriertes Supply Chain Management – Theorie und Praxis effektiver unternehmensübergreifender Geschäftsprozesse. 2. Auflage, 2004

[Buch04, B] Buchholz, T.: Am Strand von Westerland. In: Logistik inside, Verlag Heinrich Vogel GmbH, München, Heft 08/2004

[Buch04-ol] Buchholz, T.: RFID-Technologie zur Identifizierung von Hunden. In: Logistik inside. http://www.logistik-inside.de, 19.02.2004

[Buch04a] Buchholz, T.: Das RFID-Experiment. In: Logistik Inside, S. 38-41, Ausgabe 07/2004

[Buch04b] Buchholz, T.: Ordnung auf dem Hof. In: Logistik Inside, S. 51-52, Ausgabe 04/2004

[Buch04c] Buchholz, T.: Zeitschrift: Logistik inside; Ausgabe 03/2004; Artikel: Dokumentierte Sicherheit (S.50).

[Carp02-ol] Carpet24.com: Avantex – Symposium und Innovationsmesse. http://www.carpet24.com, 07.06.2002

[CeMa04-ol] CeMAT, Messe für Intralogistik; http://www.cemat.de; 2004

[Cham04-ol] ChampionChip: Chips. http://www.championchip.com, 28.11.2004

[ChFM03] Christ, O.; Fleisch, E.; Mattern, F.: M-Lab – The Mobile and Ubiquitous Computing Lab – Phase II. St. Gallen/Zürich, http://www.m-lab.ch, 2003

[Corn04-ol] Cornèr Bank Card Center: Weltneuheit: die erste Kreditkarte mit kontaktloser Zutritts-Funktion. http://www.cornercard.ch, 28.12.2004

[Cush03-ol] Cushman, R.: Privacy/Data Protection Project: Fair Information Principles and Practices. UM Department of Medicine. http://privacy.med.miami.edu, 2003

[Dang03a] W. Dangelmaier: Grundlagen von Informationstechnik von Produktions- und Logistiksystemen, 2003

[Dang03b] W. Dangelmaier: Produktion und Logistik – Methoden der Planung und Organisation (MPO), 2003

[Dang03c] W. Dangelmaier: Produktion und Logistik – Informationssysteme zur Produktionsplanung und -steuerung, 2003

[DEUT05-ol] DEUTZ AG: http://www.deutz.de, 2005

[Dial05-ol, A] Dialock; Häfele GmbH & Co. KG: Dialock Basics. http://www.dialock.de, 02.01.2005

[Dial05-ol, D] Dialock; Häfele GmbH & Co. KG: Project Reports – Golfanlage, Gut Wulfsmühle. http://www.dialock.de, 02.01.2005

[DIN04-ol] Deutsches Institut für Normung e. V.; http://www2.ni.din.de; 2004

[DWW04-ol] Tageszeitung Die Welt, Wirtschaft: VW Rückrufaktion. http://www.welt.de; 29.04.2004

[Eagl02-ol] Eagleson, J.: RFID – The Early Years. http://members.surfbest.net, 2002.

[EAN04-ol] Internetseiten EAN International; http://www.ean-int.org, 2004

[Ecin05-ol] Ecin: E-commerce ABC. http://www.ecin.de, 2004

[Efs02-ol] Europäische Behörde für Lebensmittelsicherheit (EFSA). http://www.efsa.eu.int, 2002

[Eng06-ol] ENGADINcard: Partner, http://www.engadincard.ch, 11.07.2006

[EPC04-ol] EPC Global Präsentation: RFID/EPC Stand der Standardisierung und Implementierung, http://www.epcglobal.de, 09.2004

[Erdm02] Erdmann, M.: Supply Chain Performance Measurement – Operative und strategische Management- und Controllingansätze. In: Schlüchtermann, J. (Hrsg.): Produktionswirtschaft und Industriebetriebslehre, Band 11. Josef Eul Verlag, 2002

[Etim04-ol] Etimark Etikettiersysteme: Die Bibliothek von morgen – mit der Technik von Heute: Das Smart Label als intelligenter Helfer. http://www.etimark.de, 28.11.2004

[EUC03] EuroCargo: Alles im grünen Bereich – RWE Umwelt Süd setzt auf ein ganzheitliches Dispositions-System von Nufatron und PTV. Zeitschrift, Ausgabe 06/2003

[EUD95-ol] EU Directive 95/46/EC. The Data Protection Directive – DIRECTIVE 95/46/EC OF THE EUROPEAN PARLIAMENT AND OF THE COUNCIL. http://www.dataprivacy.ie, 1995

[EuPN04-ol] European Pet Network: Who we are. http://www.europetnet.com, 18.11.2004

[Euro04] Euro ID: Projektbericht von Sahm, http://www.euroid.com/sahm1.htm, 2004

[Euro04, A] EURO I.D. Identifikationssysteme GmbH & Co. KG: Tieridentifikation mit Ohrmarken und Halsbandtranspondern. http://www.euroid.com, 03.12.2004

[EU05-ol] Europäische Union: Waste Electrical and Electronic Equipment. http://europa.eu.int, 2005

[FDA04-ol] Food and Drug Administration: FDA Announces New Initiative to Protect the U.S. Drug Supply Through the Use Of Radiofrequency Identification Technology. FDA, Rockville, Maryland, 11/2004. http://www.fda.gov, 11/2004

[Feld04-ol] Anja Feldwieser, Diplomarbeit: Entwicklung eines Mikrochips zur Realisierung von Identifikationssystemen. EDA Zentrum (FH Aalen), Fachbereich Elektronik/Technische Informatik. http://www.eda.fh-aalen.de/Projekte/identsyst/Dokumente/rfid.pdf; 2004

[FlDi03] Fleisch, E.; Dierkes, M.: Ubiquitous Computing aus betriebswirtschaftlicher Sicht. In: Wirtschaftsinformatik, S. 611-620, Ausgabe 45, 2003

[Fifa03-ol, A] Organisations-Komitee FIFA WM 2006: Arbeitskreis Zugangskontrolle im Februar. http://fifaworldcup.yahoo.com, 20.01.2003

[Fifa03-ol, B] Organisations-Komitee FIFA WM 2006: OK favorisiert „Smart Label RFID Ticket". http://fifaworldcup.yahoo.com, 18.02.2003

[Fink02] Finkenzeller, K.: RFID-Handbuch – Grundlagen und praktische Anwendungen induktiver Funkanlagen, Transponder und kontaktloser Chipkarten. Carl Hanser Verlag, 2002

[Flog04-ol] Flog an der Uni Dortmund: http://www.uni.dortmund.de/flog, 2004

[Fort03] Fort, P. K.: Rückverfolgung aus der Sicht Produktion und Logistik. Vortrag an der FH Aargau, http://www.ean.ch, 2003

[FpNv04-ol, A] Fachportal Nahverkehr NRW: Elektronisches Ticketing in NRW – Ausgangslage. http://www.fachportal.nahverkehr.nrw.de, 20.12.2004

[FpNv04-ol, B] Fachportal Nahverkehr NRW: Elektronisches Ticketing in NRW – Probleme und Aufgaben. http://www.fachportal.nahverkehr.nrw.de, 20.12.2004

[Fran04] Fransen, J. W.: Sahm investiert in innovatives Logistikzentrum und setzt dabei erstmals RFID ein. In: ten Hompel, M.; Lange, V. (Hrsg.): RFID 2004 – Logistiktrends für Industrie und Handel. Praxiswissen GmbH, 2004

[FS05-ol] Future Store: http://www.future-store.org, 2005

[GCI04] Global Commerce Initiative/IBM: EPC Roadmap – Executive Brief – Deutsche Ausgabe. Publikation, Mai 2004

[Geom02] Business Geomatics-Wirtschaftszeitung für Geoinformatik: Minisender steigern den Umsatz, http://www.business-geomatics.de, Ausgabe 3/2002 vom 06.05.2002

[GiDe04-ol] Giesecke & Devrient GmbH: Giesecke & Devrient hat die Technologielösung für eine Dual-Interface SIM-Karte. http://www.gi-de.com, 20.12.2004

[Glei04] Gleiss, M.: RFID-Projekt Smart Warehouse bei der SPAR Österreich. In: ten Hompel, M.; Lange, V. (Hrsg.): RFID 2004 – Logistiktrends für Industrie und Handel. Praxiswissen GmbH, 2004

[GuSp04] Günther, O.; Spiekermann, S.: RFID vs. Privatsphäre – ein Widerspruch? In: Wirtschaftsinformatik, S. 245-246, Ausgabe 46, 2004

[Goep04] Göpfert, I.: Einführung, Abgrenzung und Weiterentwicklung des Supply Chain Managements. In: Busch, A.; Dangelmaier W. (Hrsg.): Integriertes Supply Chain Management – Theorie und Praxis effektiver unternehmensübergreifender Geschäftsprozesse. 2. Auflage, S. 25-46, 2004

[Gold04-ol] Goldmann, M.; Mitglied des Deutschen Bundestages: Technologie der Radio Frequency Identification. BT-Drucksache 15/3025. Unter: http://marvin.unique.de, 05/2004

[Grun04a] Grunwald, L.: Kuck mal, wer da funkt – Transponder auslesen mit Linux. In: iX – Magazin für professionelle Informationstechnik, Heise Verlag, S. 120, Juli 2004

[Grun04b] Grunwald, L.: Funkschau – Handelsblatt-Tagung zum Thema RFID. In: iX – Magazin für professionelle Informationstechnik, Heise Verlag, S. 12, Juni 2004

[GS105-ol] CCG (Deutsche Vertretung der EAN): CCG. http://www.gs1-germany.de, 2004

[GHS+04-ol] Gille, C.; Hrabal, U.; Struck, N.; Neidlein, H.; Prop, G.; Roos, P.: Handelsgesetzbuch. http://www.handelsgesetzbuch.de, 2004

[Habe04] Haberger, K.: Funktionsweise der RFID-Technologie allgemein. In: ten Hompel, M.; Lange, V. (Hrsg.): RFID 2004 – Logistiktrends für Industrie und Handel. Praxiswissen GmbH, 2004

[Häfe04-ol,A] Häfele GmbH & Co. KG: Elektronische Schließanlage Dialock. Datenblatt-Nr. 834/01, S. 1. http://www.hbo.de, 28.12.2004

[Häfe04-ol, B] Häfele GmbH & Co. KG: Identifikations- und Schließsystem Dialock, Basisinformation. http://www.hbo.de, 28.12.2004

[Häfe04-ol, C] Häfele GmbH & Co. KG: Identifikations- und Schließsystem Dialock, Produktvarianten. http://www.hbo.de, 28.12.2004

[Heis00] Otto-Ernst Heiserich; Logistik: Eine praxisorientierte Einführung 2. Auflage September 2000

[HEIS04-ol] Heise Online, News Artikel: EU will RFID-Forschung steuern. http://www.heise.de/newsticker/meldung/46708; 21.04.2004

[Hell04-ol] Hellweg, E.: RFID zwischen Hype und realen Anwendungen. Technology Review aktuell, http://www.heise.de/tr, 19.07.2004

[Hell04-ol, A] Hellweg, E.: Tag-You're It. Technology Review, Cambridge. Unter: http://www.technologyreview.com, 13.07.2004

[Hill04-ol] Hillenbrand, T.: Zeigefreudige Models, hilfsbereite Mülltonnen. Spiegel online. http://www.spiegel.de, 03.09.2003

[HMM04-ol] Henrici, E.; Müller, J.; Müller, P.: Sicherheit und Privatsphäre in RFID-Systemen. AG Integrierte Kommunikationssysteme, Technische Universität Kaiserslautern. http://www.icsy.de, 28.12.2004

[HoLa04] Michael ten Hompel, Volker Lange: Radio Frequenz Identifikation 2004, Logistiktrends für Industrie und Handel, Fraunhofer Institut Materialfluss und Logistik. Praxiswissen GmbH

[HuSc04] Huelsebusch, R.; Schuldes, M.: Intel/SBS RFID Technology Center – Overwiew, Präsentation, Version 1.2, 2004

[IDEN04-ol] Ident Jahrbuch 2004: Aktuelle Situation der RFID Standards für die Logistik; http://www.ident.de ; 2004

[IDS05-ol] I.D. Systems: Containerlogistik am Beispiel industrieller Flaschengase. http://www.idsystems-ag.de, 2005

[IDSy04-ol] I.D. Systeme AG, http://www.idsystems-ag.de, 2004

[IDSy05-ol, A] I.D. Systems: Zufahrtskontrolle mit dem ExID-Reichweitensystem. http://www.idsystems-ag.de, 05.01.2005

[IDSy05-ol, B] I.D. Systems: Reichweitensystem. http://www.idsystems-ag.de, 05.01.2005

[IDSy05-ol, D] I.D. Systems: Produktkatalog. http://www.idsystems-ag.de, 05.01.2005

[IM+C04-ol] IM+C: Institut Management und Consulting; Newsletter. http://www.imc-ag.com; 08.06.2004

[ISO04-ol] International Organization for Standardization; http://www.iso.org ; 2004

[IHK04-ol] IHK Stade: Neues Geräte- und Produktsicherheitsgesetz tritt am 01. Mai 2004 in Kraft. http://www.stade.ihk24.de, 2004

[Inme04] Intermec: Automation from Supplier to Buyer. Publikation, http://www.intermec.co.uk, 2004

[Inte04a] Intel: Einzelhandel der nächsten Generation. Publikation, 2004

[Inte04b]	Intel: Standpunkte-RFID: Was bedeutet es? Wie muss damit umgegangen werden? Publikation, 2004
[Inte04c]	Intel: Kaufhof Pilots RFID Solution for End-to-end Supply Chain Visibility. Solution Brief, 2004
[Inte04d]	Intel: Creating the Future at METRO Group. Case Study, 2004
[IX03a]	IX – Magazin für professionelle Informationstechnik: Produktdaten per Funkverkehr. Heise Verlag, S. 32, April 2003
[IX03b]	IX – Magazin für professionelle Informationstechnik: Noch Probleme mit RFID. Heise Verlag, S. 34, September 2003
[IX04a]	IX – Magazin für professionelle Informationstechnik: Metro setzt umstrittene RFID-Chips ein. Heise Verlag, S. 23, Februar 2004
[IX04b]	IX – Magazin für professionelle Informationstechnik: SAP funkt mit RFID. Heise Verlag, S. 38, März 2004
[IX04c]	IX – Magazin für professionelle Informationstechnik: Kein RFID-Chip in Metro-Kundenkarte. Heise Verlag, S. 30, April 2004
[IX04d]	IX – Magazin für professionelle Informationstechnik: RFID – Gesetzliche Regelung nicht in Sicht. Heise Verlag, S. 24, Juli 2004
[IX05]	IX – Magazin für professionelle Informationstechnik: Lieferketten ohne Strategie. Heise Verlag, S. 54, Januar 2005
[JaRF04]	Jahn, C.; Richter, K.; Fröhlich, S.: LogMotionLab – Locate, Communicate, Accelerate. In: Fraunhofer Institut Fabrikbetrieb und -automatisierung: Logistik Verbindet 2004, S. 28-30, 2004
[JaSS04-ol]	Jansen, R.; Schmidt, J.; Schneider, J.: Diskussion und Realität von RFID unter Datenschutz-Aspekten. Logistikinside, http://www.logistikinside.de, Fachwissen, 2004
[JHN+04-ol]	de Jong, E.; van den Hil, M.; van Nederpelt, M.; van den Berghe, J.; Köster, J.: Making Waves: RFID Adoption in Returnable Packaging. LogicaCMG, http://www.logicacmg.com, 2004
[JRS03-ol]	Juels, A.; Rivest, R. L.; Szydlo, M.: The Blocker Tag: Selective Blocking of RFID Tags for Consumer Privacy. RSA Laboratories, Bedford. http://www.rsasecurity.com, 2003
[Juri05-ol]	Juris: Gesetze im Internet. http://bundesrecht.juris.de, 2005
[Kahn04-ol]	Khan, F.: Museum Puts Tags on Stuffed Birds. RFID Journal. http://www.rfidjournal.com, 07.11.2004

[KaKe97] Kaluza, B.; Kemminer, J.: Dynamisches Supply Management und Dynamische Produktdifferenzierungsstrategie. In: Kaluza, B.; Trefz, J.: Herausforderung Materialwirtschaft. Steuer- und Wirtschaftsverlag Hamburg, 1997

[Kart04] Kartes, C.: RFID-Systeme – Chancen und Risiken. In: Funkschau, S. 6, Ausgabe 24-25/2004

[Kern04] Kern, C.: Datenschutz und RFID-Technologie in Bibliotheken – RFID schafft keinen gläsernen Leser. In: B.I.T. Bibliothek, Information und Technologie, Dinges & Frick, Wiesbaden, Ausgabe 3, S. 197-198, 2004

[Kern04-ol] Kern, C.: RFID – neue technische Möglichkeiten in der Bibliotheksautomatisierung. Arbido. http://www.bibliotheca-rfid.com, 06/2004

[Klau04] Klaus, P.: Supply Chain Management. In: Klaus, P.; Krieger, W. (Hrsg.): Gabler Lexikon Logistik – Management logistischer Netzwerke und Flüsse. Gabler Verlag, 2004

[KlKr00] Klaus, P.; Krieger, W.: Gabler Lexikon Logisik. 2. Auflage, Gabler Verlag, 2000

[KlKr04] Klaus, P.; Krieger, W.: Gabler Lexikon Logistik – Management logistischer Netzwerke und Flüsse. Gabler Verlag, 2004

[Kran04a] Kranke, A.: Aktiv statt passiv kühlen. In: Logistik Inside, Ausgabe 09/2004

[Kran04b] Kranke, A.: RFID: Nägel mit Köpfen. In: Logistik Inside, Ausgabe 05/2004

[Kran04c] Kranke, A.: Interview mit Udo Scharr (Procter & Gamble) – Also ein bischen Hightech-Tinte und fertig. In: Logistik inside, S. 27-30, Ausgabe 09/2004

[Kräm04] Krämer, K.: SECUSAD – Das System Satteltransponder. In: ident Verlag, Rödemark, 06/2003

[KuP04-ol] Krug und Petersen Government Affairs & Consulting GmbH: E-Schrott und Siedlungsabfall gehen ab August 2005 getrennte Wege. http://www.krug-und-petersen.de, 26.11.2004

[Kush04-ol] Kushner, D.: RFID geht unter die Haut. Heise Zeitschriften Verlag, 2004. http://www.heise.de, 28.01.2005

[Lang04-ol] Langheinrich, M.: Die Privatsphäre im Ubiquitous Computing – Datenschutzaspekte der RFID-Technologie, ETH Zürich. http://www.vs.inf.ethz.ch, 22.12.2004

[LaRu04]	Lackner, U.; Riedel U.: RFID und die (R)Evolution in der Supply Chain. In: IM – Die Fachzeitschrift für Information Management & Consulting, S. 12-15, Ausgabe 4/2004
[Legi04-ol]	LEGIC Identsystems AG: 13.56 MHz Contactless Smart Card Technology. http://www.legic.com, 03.12.2004
[LHun02-ol]	Landeshundegesetz NRW, Landtag NRW. http://sgv.im.nrw.de, 18.12.2002
[Libe05-ol]	Liberty Alliance Project: http://www.projectliberty.org, 2005
[Lied04-ol]	Liedtke, D.: Der gläserne Kunde. Stern.de. http://www.stern.de, 2004
[Log05-ol]	Log Motion Lab: http://www.logmotionlab.de, 2005
[Logi04]	Logistik Inside: Vier Prozent Umsatzverlust. Ausgabe 01/2004
[Loin04b]	Zeitschrift: Logistik inside; Ausgabe 04/2004; Artikel: Die Frequenz-Frage (S. 42-43)
[Loin04c]	Zeitschrift: Logistik inside; Ausgabe 06/2004; Artikel: RFID fährt langsam an (S. 38-39)
[Loin04d]	Zeitschrift: Logistik inside; Ausgabe 07/2004; Artikel: Der Weg von EAN zu EPC (S.46-47)
[Loin04f]	Zeitschrift: Logistik inside: Ausgabe 10/2004; Artikel: Etikettendrucker-Serie Teil 1 „Einstig in die Oberliga".
[Loma04-ol]	Logistikmarkt: Studie von Deutsche Post und European Business School – Nur 12 Prozent sind Logistik-Champions. http://www.logistikmarkt.ch, News vom 25.10.2004
[Ludw03-ol]	Ludwigs, H.: RFID, Präsentation Transpondersoftware. Integral Logistics, http://integral-logistics.de/toc.htm, 23.09.2003
[Mafl01-ol]	Materialfluss – Das Fachmagazin für den Logistiker: Antenne am Werkstor. http://www.idsystems-ag.de, Heft 11/12, 2001
[Maue01]	Mauermann, H.; Leitfaden zur Erhöhung der Logistikqualität durch Analyse und Neugestaltung von Versorgungsketten; HNI-Verlagsschriftenreihe; 2001
[McCu03-ol]	McCullagh, D.: RFID tags: Big Brother in small packages. CNET News.com. http://news.com.com, 2003
[Meri04-ol]	Merial GmbH: Tieridentifikation. http://de.merial.com, 20.11.2004
[Metr04a]	Metro Group: RFID Newsletter, Ausgabe: 01/2004
[Metr04b]	Metro Group: RIFD Newsletter, Ausgabe: 03/2004

[Metr04c] Metro Group: RFID Innovation Center – Schlüsseltechnologie im Praxistest. Publikation, 2004

[Metr04d] Metro Group: RFID im Praxiseinsatz – Ein Pilotprojekt von Kaufhof und Gerry Weber. Publikation, 2004

[Metr05-ol] Metro Group: Internetseiten, http://www.metro.de, 2005

[Mieb04] Miebach, J.: Lagermanagement. In: Klaus, P.; Krieger, W. (Hrsg.): Gabler Lexikon Logistik – Management logistischer Netzwerke und Flüsse. Gabler Verlag, 2004

[Mifa04-ol] Mifare Philips: NASA selects Philips' advanced MIFARE DESFire contactless smart card chip technology to meet its secure facility access needs. http://www.mifare.de, 27.07.2004

[Mika04-ol] Mika Timing GmbH: ChampionChip und Zubehör. http://www.mika-timing.de, 15.12.2004

[MKS+04-ol] Müller, G.; Kreutzer, M.; Strasser, M.; Eymann, T.; Hohl, A.; Nopper, N.; Sackmann, S.: Geduldige Technologie für ungeduldige Patienten: Führt Ubiquitous Computing zu mehr Selbstbestimmung? Universität Freiburg. http://www.vs.inf.ethz.ch, 02.12.2004

[ML04-ol] myLogistics: Seeburger integriert RFID in Middleware. http://www.mylogistics.net, Meldung vom 15.09.2004

[ML05-ol] myLogistics: ADT neuer Partner der Metro Group Future Store Initiative. http://www.mylogistics.net, Meldung vom 04.01.2005

[Moba04-ol] MOBA Mobile Automation AG: MAWIS – Gefäßidentifikationssystem für Haushaltsabfälle. http://www.moba.de, 03.12.2004

[MTL95] Meyers Großes Taschenlexikon, 5. Auflage 1995

[Muks04-ol] Muks automotive ticker; Marschner+Kühn GmbH & Co. KG; Elegante Türöffner ganz ohne Bart. http://www.muks.de, Ausgabe 03/2004

[Murr03-ol] Murray, C., Artikel in der EETimes: RFID-Technik: Jetzt kommt die totale Vernetzung. http://www.eetimes.de; 23.09.2003

[MüHa04] Müller, J.; Handy, M.: RFID und Datenschutzrecht – Risiken, Schutzbedarf und Gestaltungsideen. In: Datenschutz und Datensicherheit (DuD), Vieweg Verlag, Wiesbaden, S.655-659, 11/2004

[Müll04-ol] Müller, D.: Wildwuchs bestimmt die RFID-Welt der Autokonzerne; ZDNet. http://www.zdnet.de; 21.06.2004

[Nahv04-ol] Nahverkehr in NRW: ÖPNV. http://www.nahverkehr.nrw.de, 20.12.2004

[Neub04-ol] Neuber, H.: Das Konto im Oberarm. Heise Zeitschriften Verlag. http://www.heise.de, 25.06.2004

[Noki04-ol] Nokia: Philips and German Public Transport Network Operator RMV trial NFC for ticketing. Unter: http://press.nokia.com, 02.11.2004

[NRZ01-ol] Neue Reifenzeitung: Notlaufreifen/Druckkontrolle, Systemschwemme. http://www.neuereifenzeitung.de; 9/2001

[OECD80-ol] Organisation für wirtschaftliche Zusammenarbeit und Entwicklung (OECD): Empfehlung des Rates über Leitlinien für den Schutz des Persönlichkeitsbereichs und den grenzüberschreitenden Verkehr personenbezogener Daten. http://www.datenschutz-berlin.de, 23.09.1980

[Ostl03-ol] Ostler, U.: Trotz Probleme – Anwender wollen RFID in der Lieferkette. In: http://www.zdnet.de, 08.07.2003

[OsWa98-ol] Oschatz., H.; Weisner, M.: Entwicklung von Verarbeitungstechnologien für künftige Erzeugnisgestaltung für Automobilinnenauskleidung aus Polypropylen in Verbindung mit Leinen unter dem Gesichtspunkt der Vollrecyclingfähigkeit. http://www.titv-greiz.de, 1998

[ÖPNV03-ol] ÖPNV-Spiegel: Die Stadtwerke Osnabrück AG und die Teltix GmbH melden: Handy-Display als Fahrschein im Stadtbus. ÖPNV-Spiegel. http://www.oepnv-spiegel.de, 28.01.2003

[ÖWH+04] Oertel, B.; Wölk, M.; Hilty, L.; Köhler, A.; u. a.: Risiken und Chancen des Einsatzes von RFID-Systemen. BSI-Bundesamt für Sicherheit in der Informationstechnik, Bonn; SecuMedia Verlags-GmbH, Ingelheim, 2004

[Pank04] Pankoke, I.: Transponder zur Identifikation von Fässern und Getränkecontainern in der Getränkebranche. In: ten Hompel, M.; Lange, V. (Hrsg.): RFID 2004 – Logistiktrends für Industrie und Handel. Praxiswissen GmbH, 2004

[PCCo04-ol] PC-Control Artikel: PC-Control für Polo Motorenproduktion; http://www.pc-control.net; 2004

[Pfla01] Pflaum, A.: Transpondertechnologie und Supply Chain Management, Elektronische Etiketten – Bessere Identifikationstechnologie in logistischen Systemen. In: Klaus, P. (Hrsg.): Edition Logistik, Band 3. Deutscher Verkehrs-Verlag, 2001

[Phil99] Philips Semiconductors: I-CODE in Retail. In: On the Move, S. 5, http://www.semiconductors.philips.com, Ausgabe Februar/März 1999

[QuNL04] Quiede, U.; Németh, M.; Lammers, W.: RFID in der Textillogistik, Pilotprojekt Kaufhof – Gerry Weber. In: ten Hompel, M.; Lange, V.

(Hrsg.): RFID 2004 – Logistiktrends für Industrie und Handel. Praxiswissen GmbH, 2004

[Rees04] Rees, R.: ISO Supply Chain RFID Standards. RFID and Telecommunication Servicese, http://portal.etsi.org, Vortrag am 25.05.2004

[Rei04-ol] Reichl, H. Vortrag: Visionen einer Polymerelektronik. http://www.polytronik.fhg.de; 2004

[Rent04-ol] Rentrop, C.: RFID: Mit Funkchips gegen Produktpiraten. http://www.netzwelt.de, 11.11.2004

[RiGe05] Ries, U.; Geiger, J.: Toll Collect, die Zweite? In: PC Professional, Ausgabe 02/2005

[RMV04-ol, A] Rhein-Main-Verkehrsbund: get»in Elekronic Ticket. http://www.rmvplus.de, 27.12.2004

[RMV04-ol, B] Rhein-Main-Verkehrsbund: get»in Elekronic Ticket – Die Best-Preis-Abrechnung. http://www.rmvplus.de, 27.12.2004

[Röss01] Rössler, B.: Der Wert des Privaten. Suhrkamp Verlag, Frankfurt, 2001

[Röss02] Rössler, B.: Den Wert des Privaten ergründen. In: digma – Zeitschrift für Datenrecht und Informationssicherheit, S.106-113, Schulthess, Zürich, 2002

[Rötz04-ol, A] Rötzer, F.: Mexikanische Strafverfolger an der elektronischen Leine. Heise Zeitschriften Verlag. http://www.heise.de, 13.07.2004

[Rötz04-ol, B] Rötzer, F.: Der ID-Chip muss endlich unter die Haut. Heise Zeitschriften Verlag. http://www.heise.de, 15.04.2004

[SAD03-ol] Siemens AG Automation and Drives, Pressemitteilungen. http://www2.automation.siemens.com; 2003

[SADP05-ol] Internetseiten Siemens Automation and Drive, RFID-System MOBY. http://www2.automation.siemens.com/fas/moby ;2005

[Sahm05-ol] Sahm: http://cms.sahm.de, 2005

[SaIn03] SAP/Intel: EPC RFID-based Inventory Management Solution Delivers Faster, Better Goods Logistics. Solution Blueprint, Retail, 2003

[Salo04-ol] Salomon Automation: Keine Angst vor RFID. In: Logistik-Report, http://www.salomon.at, S. 2, Ausgabe Dezember 2004

[Sana05-ol] Sanacorp Pharmahandel AG: http://www.sanacorp.de, 2005

[SATO05-ol] Internetseiten SATO DCS & Labeling Worldwide America. http://www.satoamerica.com ; 2005

[SBS04-ol] Siemens Business Services Inc.: Case Study: Jocobi Medical Center – Hospital Gains Efficiency with Innovative RFID Pilot. Siemens Business Services. http://www.sbs-usa.siemens.com, 2004

[Scha04-ol] Schulz-Haddouti, C.: Einkaufen mit RFID steckt noch in den Kinderschuhen. Online-Artikel, http://www.heise.de, 25.02.2004

[Scha04a-ol] Schauer, A.: Auf dem Vormarsch: E-Ticketing. Giesecke & Devrient. http://www.gyd.com, 2004

[Schm04] Schmid, F.: Radio Frequency Identification, Standards – Produkte – Vorgehen in Projekten. In: IM – Die Fachzeitschrift für Information Management & Consulting, S. 6-11, Ausgabe 4/2004

[Schr04-ol, A] Schreiner LogiData GmbH & Co. KG: Aufspendbare ((rfid))-FoldCard von Schreiner LogiData. http://www.schreiner-group.de, 13.12.2004

[Schr04-ol, B] Schreiner LogiData GmbH & Co. KG: TLMI-Wettbewerb in USA: Zwei erste Preise für Transponder-Lösungen von Schreiner LogiData. http://www.schreiner-group.de, 13.12.2004

[Schu99] Schulte, C.: Lexikon der Logistik. R. Oldenbourg Verlag München, Wien, 1999.

[Schu04-ol] Schuler, R.: ETH-Zürich, Seminar „Smart Environments“: RFID Anwendungen und Auto-ID Center Initiative. http://www.vs.inf.ethz.ch; 06.2004

[Schw04a] Schwonbeck, S.: Chipmania – Wirtschaftlichkeit contra Datenschutzrisiko. In: IX – Magazin für professionelle Informationstechnik, Heise Verlag, S. 12, Mai 2004

[Schw04b] Schwonbeck, S.: Datenschützer nehmen Stellung zu RFID. In: IX – Magazin für professionelle Informationstechnik, Heise Verlag, S. 40, Mai 2004

[ScJa99] Scholz-Reiter, B.; Jakobza, J.: Supply Chain Management – Überblick und Konzeption. In: HMD, Heft 207, 1999, S. 18-24

[ScSt03] Schoch, T.; Strassner, M.: Wie smarte Dinge Prozesse unterstützen. In: Praxis der Wirtschaftsinformatik, dpunkt.verlag, S. 23-31, 02/2003

[Semi04-ol, A] Philips Seminconductors: E-ticketing. http://www.semiconductors.philips.com, 13.12.2004

[Semi04-ol, B] Philips Seminconductors: Philips Chip-Techologie für erste landesweite Implementierung von kontaktlosen Smart Cards im niederländischen öffentlichen Verkehr. http://de.semiconductors.com, 17.12.2004

[Siet04-ol] Sietmann, R.: Fußball-WM 2006: Nur mit RFID ins Stadion. Heise online. Unter: http://www.heise.de, 15.01.2004

[Siem] Siemens Business Service: RFID in der Supply Chain von Gerry Weber bis in die Kaufhof Filialen, Publikation, ohne Jahr

[Skid04-ol, A] SKIDATA AG: Exklusive Datenträgerfamilie. http://www.skidata.com, 12.12.2004

[Skid04-ol, B] SKIDATA AG: Nassfeld. http://www.skidata.com, 12.12.2004

[Skid04-ol, C] SKIDATA AG: Datenzentrale. http://www.skidata.com, 12.12.2004

[Skid04-ol, D] SKIDATA AG: Kitzbühel. http://www.skidata.com, 12.12.2004

[SLD05-ol] Internetseiten schreiner LogiData http://www.schreiner-group.de; 2005

[Smar05-ol] smart-Tec: smart-Plate – Das intelligente Typenschild aus Metall. http://www.smart-tec.com, 2005

[Soft04-ol] Softlab Präsentation: RFID – zwischen Vision und Realität. http://www.softlab.de; 11.11.2004

[SOL05-ol] Siemens Online Lexikon; http://www.networks.siemens.de ; 2005

[Sore04-ol] Soreon Research: Überholspur – RFID-Markt Handel in Europa 2004-2008. Studie, zu beziehen über: http://www.soreon.de, 2004

[Span04] Spannaus, D.: Einführung der RFID-Technologie in Produktion und Logistik. In: ten Hompel, M.; Lange, V. (Hrsg.): RFID 2004 – Logistiktrends für Industrie und Handel. Praxiswissen GmbH, 2004

[SPAR05-ol] Spar Österreich: http://www.spar.at, 2005

[Spie04-ol] Spiegel Online: US-Regierung genehmigt Funk-Implantat. http://www.spiegel.de, 14.10.2004

[Stör02] Störmer, W.: Trends bei Systemkomponenten zur Zeiterfassung und Zutrittskontrolle. GIT Sicherheit + Management, GIT VERLAG, Darmstadt, S. 20–21, 05/2002

[Swiss04-ol] Swisslog: Swisslog Healthcare Solutions und Theriak schließen Partnerschaft. MyLogistics – Das Logistikportal. http://www.mylogistics.net, 05.04.2004

[Tagn04-ol, A] TAGnology RFID Limited: Anwendung Abfallmanagement. http://www.tagnology.com, 02.12.2004

[Tagn04-ol, B] TAGnology RFID Limited: Anwendung Ticketing. http://www.tagnology.com, 02.12.2004

[TaKu04-ol] Taplick, N., Kuhnert, J.; SAP Info Artikel: Wege zur Rückverfolgbarkeit. http://www.sap.info; 29.11.04

[Tane02] Tanenbaum, A. S.: Moderne Betriebssysteme. Pearson Education Deutschland GmbH, 2002

[Taut03-ol] Tautz, J.: Mit Chips bepackte Bienen haben keine Geheimnisse mehr. Universität Würzburg. Unter: http://www.uni-wuerzburg.de, Pressemitteilung Nr. 049/2003

[TBD+03] Thonemann, U.; Behrenbeck, K.; Diederichs, R.; Großpietsch, J.; Küpper, J.; Leopoldseder, M.: Supply Chain Champions – Was sie tun und wie Sie einer werden. Financial Times Deutschland, Gabler Verlag, 2003

[Tenh04] ten Hompel, M. in: ten Hompel, M.; Lange, V. (Hrsg.): RFID 2004 – Logistiktrends für Industrie und Handel. Praxiswissen GmbH, 2004

[Terz04-ol] Terzidis, O.: Von der Vision zum realen Produkt. http://www.sap.info, SAP Research, 13.12.2004

[Texa04-ol, A] Texas Trading GmbH: Produktübersicht: Rinderprodukte/Elektronische Tiererkennung. http://www.texas-trading.de, 20.11.2004

[Thal03] Thaler, K.: Supply Chain Management – Prozessoptimierung in der logistischen Kette. 4. Auflage, Fortis Verlag, 2003

[Trau02] Trautner, S.: Radiofrequenz-Identifikation in der Supply Chain. Präsentation, http://www.logistics.de, Juni 2002

[Tren05a-ol] Trenstar: http://www.trenstar.com, 2005

[Tren05b-ol] Trenstar: Turn Kegs into Cash and significantly reduce Costs. Smart Industry Paper, http://www.trenstar.com, 2005

[TsPi03] Tsai, M.; Pike, T.: Auf der Suche nach dem entscheidenden Wettbewerbsvorteil: Handel on Demand. IBM Business Consulting Service, http://www-1.ibm.com, 2003

[VEG03, ol] Verordnung (EG) Nr. 998/2003 des Europäischen Parlaments und Rates. Das Europäische Parlament und der Rat der Europäischen Union. http://europa.eu.int, 26.05.2003

[ViDa05-ol] Virtuelles Datenschutzbüro: Informationelle Selbstbestimmung – Was bedeutet das? http://www.datenschutz.de, 12.01.2005

[Voig02-ol] Voigt, S.: Handel setzt auf Transponder. Logistik inside, Online-Artikel, http://www.logistik-inside.de, 26.04.2002

[Voig04] Voigt, S.: Warehousing – Mehr Effizienz im Distributionszentrum. Logistik Inside, S. 34-39, Ausgabe 09/2004

[Voig04a] Serge Voigt, Zeitschrift: Logistik inside; Ausgabe 05/2004; Artikel: Professioneller Einkauf kann Umsatz ersetzen (S.18).

[Voig04-ol] Voigt, S.: Otto startete RFID Praxistest. Logistik Inside, Online-Meldung, http://www.logistik-inside.de, 07.09.2004

[Voll04] Vollmer, M.: Effiziente Warenrückverfolgung durch RFID. In: ten Hompel, M.; Lange, V. (Hrsg.): RFID 2004 – Logistiktrends für Industrie und Handel. Praxiswissen GmbH, 2004

[Vrie05-ol] Vries, M. de: Rentex - Fortex: Höherer Durchsatz dank schneller RF-Tags. Zetes. http://www.zetes.com, 17.01.2005

[VRS04-ol] Verkehrsverbund Rhein-Sieg: Elektronisches Fahrgeldmanagement. http://www.vrs-info.de, 13.12.2004

[VUWi04-ol] Veterinärmedizinische Universität Wien: Chippen – Die Zukunft der Tierkennzeichnung. http://www.vu-wien.ac.at, 20.11.2004

[Waro04-ol] WAROK: Sichere Container-Identifizierung bei RWE Umwelt. Presseinformation. http://www.warok.de, 11.05.2004

[WaWa04] Walk, E.; Walk, F.: Aktuelle Situation der RFID-Standards. In: ten Hompel, M.; Lange, V. (Hrsg.): RFID 2004 – Logistiktrends für Industrie und Handel. Praxiswissen GmbH, 2004

[Weiss04] Weiss, R.: Eine Hightech-Bibliothek in mittelalterlichen Mauern: Die neue Stadtbibliothek Winterthur ist seit einem Jahr in Betrieb – und ein echter Publikumsrenner. In: BuB-Forum für Bibliothek und Information, BOCK + HERCHEN Verlag, Bad Honnef, S. 590-594, Heft 09/2004

[WeKe04-ol] Kern, C.; Weiss, R.: Zentrale und dezentrale Positionierung der Funktionseinheiten in der Bibliothek – Raumplanung für die Integration von RFID. http://www.bibliotheca-rfid.com, ABI-Technik 24, Heft 02/2004

[Wern02] Werner, H.: Supply Chain Management – Grundlagen, Strategien, Instrumente und Controlling. Gabler Verlag, 2002

[Zeid04] Zeidler, M.: RFID – Der Schnüffel-Chip im Jogurtbecher. In: WDR, Monitor Nr. 513, Fernsehsendung am 08.01.2004

[Zoto04] Zotow, N.: EICAR gründet RFID Task Force. In: IX – Magazin für professionelle Informationstechnik, Heise Verlag, S. 40, August 2004